国家科学技术学术著作出版基金资助出版

海洋极寒环境服役材料

尹衍升　常雪婷　王东胜　高　珊　著

U0209952

科学出版社

北　京

内 容 简 介

本书共分为6章。第1章从极寒海洋环境与材料科学结合研究角度出发，总体介绍了极地船舶、极地平台、极地考察站、超低温特殊用途船舶等对低温材料服役性能的需求。第2~5章在课题组多年研究成果支持下，以海洋极寒环境服役钢铁材料为主体，介绍了船级规范的要求以及实际冰区环境对钢材力学性能、耐腐蚀性能、冰区摩擦磨损性能等的影响，以及极寒海洋环境用钢发展趋势和增韧机理、防护技术，着重介绍了冰载荷条件下材料各项性能的评价方法。第6章对典型极寒环境钢铁材料研究案例进行了介绍，为后续钢材性能研究提供技术和方法支持。

本书内容针对性强、介绍全面，能够为极地相关行业领域提供材料方面的相关信息，有利于为极地装备设计单位、建造单位及管理部门提供技术支持，也可为极地装备生命周期管理及预测、性价比优化等工作提供帮助。本书可供有关高等院校、研究院所、企事业单位等使用参考。

图书在版编目(CIP)数据

海洋极寒环境服役材料 / 尹衍升等著. —北京：科学出版社，2023.9

ISBN 978-7-03-076441-6

Ⅰ. ①海⋯ Ⅱ. ①尹⋯ Ⅲ. ①海洋工程-低温材料-钢-研究 Ⅳ. ①P75

中国国家版本馆CIP数据核字(2023)第182532号

责任编辑：张 析 / 责任校对：杜子昂
责任印制：徐晓晨 / 封面设计：东方人华

科 学 出 版 社 出版
北京东黄城根北街 16 号
邮政编码：100717
http://www.sciencep.com

北京建宏印刷有限公司 印刷
科学出版社发行 各地新华书店经销
*
2023 年 9 月第 一 版 开本：720×1000 1/16
2023 年 9 月第一次印刷 印张：15
字数：290 000
定价：118.00 元
(如有印装质量问题，我社负责调换)

前　言

极地领域的研究涉及众多学科，例如大气、环境、海洋、机械和海冰等。材料作为各学科研究的物质基础，具有重要的研究价值。但是，应用在极地船舶及装备上的海洋极寒环境服役材料通常会被涂料覆盖，其使用性能也往往被冰载荷结构力学计算替代。因此，在很长一段时间里一直被极地研究领域所忽略。然而，也正因为极地条件的特殊性，各环境因素相互耦合，在极地船舶及装备的设计过程中应密切关注低温-海水-海冰冲突需求的可能性，需要在对立的约束条件之间进行更系统的协调设计。

科学技术部"十三五"首批国家重点研发计划中的"极寒与超低温环境船舶用钢及应用"项目支持了该领域材料研究，开启了我国海洋极寒环境服役材料领域前沿研究新阶段。目前，关于极地船舶及装备用材料研究成果大多以科研论文的形式撰写和出版，能够系统汇总低温环境对材料性能评价要求研究结果的书籍却很少，无法满足国内各大研究机构及设计、建造单位的使用要求。

本课题组在过去十余年的时间里，针对极地海洋环境用材料，尤其是低温钢材进行了大量的理论和经验方面的研究工作。因此，撰写本书的主要目的是综述极地海洋环境特点，及其对材料性能特殊要求，如强度、韧性、耐蚀、耐磨等，并从材料设计、选择及评价标准等方面为读者介绍整体、系统、可靠的海洋极寒环境服役材料研究进展。

本书可为极地相关装备及应用研究的海洋工程和船舶设计人员提供材料支持，也可为在学术和科研机构开展前沿研究的专家提供参考。特别感谢中国极地研究中心的专家，在完成本书的过程中，提出了诸多在极地船舶、极地平台及极地站使用过程中的材料相关问题。本书也针对这些问题，尽量提供解决方案。此外，本书主要基于目前国内广泛采用的中国船级社对低温钢材性能要求进行了材料设计和分析，但是由于对低温冰载荷条件下的钢材-海冰之间腐蚀及摩擦磨损问题的研究尚不广泛，该领域的研究介绍以本课题组相关工作为主，也希望与有相关领域研究经验的读者积极交流，共同为我国极地领域解决相关问题提供支持。

本书共分为6章。第1章从极寒海洋环境与材料科学结合研究角度出发，总体介绍了极地船舶、极地平台、极地考察站、超低温特殊用途船舶等对低温材料服役性能的需求。第2～5章为在课题组多年研究成果支持下，以海洋极寒环境服役钢铁材料为主体，介绍了船级规范的要求以及实际冰区环境对钢材力学性能、耐腐蚀性能、冰区摩擦磨损性能等的影响，以及极寒海洋环境用钢发展趋势和增韧机理、防护技术，着重介绍了冰载荷条件下材料各项性能的评价方法。第 6 章对典型极寒环境钢铁材料研究案例进行了介绍，为后续继续系统开展钢材性能研究提供技术和方法支持。

在此，由衷感谢中国极地研究中心、洛阳船舶材料研究所、宝山钢铁股份有限公司、江南造船集团有限公司等单位专家的指导和大力支持，感谢上海海事大学低温钢课题组成员的鼎力相助，感谢中国极地研究中心黄嵘正高级轮机长提供的封面图片，也一并感谢科学出版社的辛勤劳动。

由于本书内容涉及领域多、范围广，难免有不足之处，敬请各位读者指正。

2023 年 8 月 28 日
于上海滴水湖畔

目　　录

第1章 海洋极寒环境下的工程与材料科学

海洋对政治、经济、环境和生命都具有至关重要的意义。只要人们有兴趣进入海洋和海底，就需要用各种类型的结构和设备来支持这种活动。当更多的人类活动关注于海洋设备的自动化、智能化，以及海洋能源的节能减排、海洋环境的安全及保护等领域，常常被忽略或标准化的海洋环境材料的适用性和耐久性就显出其更高级别的重要性。所有海洋装备的基础是耐用的材料，否则就会变成纸上谈兵。事实上，工程开发直接受到材料技术发展的刺激，海洋和海洋工程师的需求也刺激了材料技术的发展，二者缺一不可，互相扶持。

传统海洋技术的应用大多关注海上运输、军事、运输和贸易以及渔业和潜水，尤其是各类船舶或潜水器。现代海洋技术将研究范围拓展至石油和天然气勘探和开采、海底采矿、海洋发电站(风、波浪、潮汐、热能转换等)、娱乐、海产养殖、港口和河口开发等领域。

Birchon[1]提出的设计-环境-材料三角形的概述，如图 1.1 所示，说明了海洋环境和材料的性能如何与工程设计过程密不可分，三角形任何顶点因素的变化都会对其余两个因素带来决定性的影响。本章将从极寒海洋环境、海洋装备设计以及海洋材料之间的关系展开讨论，重点介绍极寒海洋环境特点。针对极地装备的发展需求，包括极地船舶、极地平台、海底车辆和极地站，甚至一些内海冰区设施，深层次的讨论海洋极寒环境服役材料性能需求及评价技术，探索海洋极寒材料的发展方向。

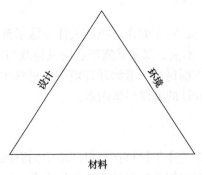

图 1.1 材料、环境与设计的内在联系

1.1　极寒海洋环境

覆盖地球 70%面积的海洋环境包罗万象，且其大部分因素都与材料使用性能息息相关。由于本书内容主要讨论低温、高湿度、强紫外线等极地海洋环境材料的服役性能，将海洋环境分为一般海洋环境和极寒海洋环境。然而，两部分内容事实上无法绝对分离，存在部分交叉，因此在一般海洋环境中针对海洋普遍特点进行介绍，而极寒海洋环境侧重于二者的区别之处，强调极寒条件对材料的特殊影响。除了本书讨论的海洋化学及海洋物理因素，海洋生物环境也是需要在海洋材料设计使用过程中考虑的重要因素，其中对渔业相关材料的影响最为明显，另外涉及暴露表面上的动植物群落，也就是生物(微生物)污损造成的各类材料问题。生物污损可能发生在宏观和微观层面，其影响范围从增强腐蚀到增加结构载荷，过滤器(微观水平)和摄入量(宏观水平)的堵塞也会带来各类问题，污垢还会对船体产生不可接受的阻力。目前最广泛关注的微生物附着主要是硫酸盐还原菌，在某些条件下会产生腐蚀性很强的环境，特别是对于钢材。对于极寒材料，生物附着或微生物附着都微乎其微，相比较冰载荷的作用，几乎可以忽略，因此，本书关注的环境因素不包含生物因素。但是极端海洋环境材料的科研人员也需要意识到逆效应，即极地范围人类的活动可能对极地海洋生物和极地海洋环境产生影响。尤其是针对极地这样一个特殊的地理位置，其对于地球气候、生物、水源的影响十分巨大，凸显了使用材料的环保需求。因此，极地材料研究者必须随时考虑所使用的材料是否能够最大限度地保护极地环境，是与其他海洋材料存在区别的最关键点，而我们的材料，尤其是涂料材料研发，距离完全无害、无污染还有很长的路要走。

1.1.1　一般海洋环境

就材料研究人员而言，对于海洋环境的关注点除了常规的化学、生物和物理因素，还需要讨论波浪、水流，以及暴露地点的风荷载与冰、沙或沉积物的运动。本节将分别从以下几个方面讨论一般海洋环境中与材料相关的各个因素，重点关注影响海上和海底装备设计的海洋环境因素。

1.1.1.1　海洋化学

提及海洋材料，更多关注于材料在含氯环境中的腐蚀失效情况。因此，首先要考虑的是与材料腐蚀密切相关的海洋中的化学因素，如盐度、氧含量、pH 等。众所周知，海水中主要含有钠离子和氯离子，以及可观的镁离子和硫酸根离子，如表 1.1 中给出的典型海水化学成分所示。过去，从工程的角度来看，海水中与材料最相关的化学性质(以及最常测量的)是盐度、pH 和溶解氧含量。随着科研进步，其余因素逐渐进入与材料有关的环境考察范围，如海水对钢结构腐蚀性的测试项目一般包括：水温、pH、氧化还原电位、溶解氧；海水对混凝土结构腐蚀性的测试项目包括：pH、Mg^{2+}、SO_4^{2-}、侵蚀性 CO_2、NH_4^+；海底沉积物对钢结构腐蚀性的测试项目包括：pH、氧化还原电位、极化电流密度、电阻率；海底沉积物对混凝土结构腐蚀性的测试项目包括：泥温、pH、Mg^{2+}、SO_4^{2-}；海水及海底沉积物对钢筋混凝土结构中钢筋腐蚀性的测试项目包括：Cl^-。但是，由于包括岩石风化、洋流流动、水汽蒸发、雨水、光合作用和火山反应在内的动态过程，海水的化学成分随着不同的季节和气候变化，会有很大差异，如图 1.2 所示。

表 1.1　典型海水化学成分表[2]

成分	浓度/wt‰
钠	10.8
镁	1.3
钙	0.41
钾	0.40
锶	0.008
氯化物	19.3
硫酸盐	2.7
溴化物	0.07
碳(碳酸氢盐、碳酸盐和溶解二氧化碳)	0.02～0.03

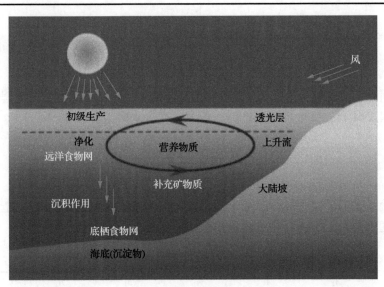

图 1.2　海水化学成分转移示意图(图片来源：Wikibooks: The Nutrient Cycle)

盐度一般被定义为每千克(部分水)溶解无机盐的总量,对于开放海洋海水通常约为35‰。海洋表面盐度的全球和季节变化非常小(通常为31‰~36‰),且深度越大,盐度越一致(图1.3)。然而,海水盐度除了对腐蚀的影响外,还会影响声音的传播速度(从而影响水下声学中的折射)和海水密度、浮力,进一步影响海洋装备的设计。

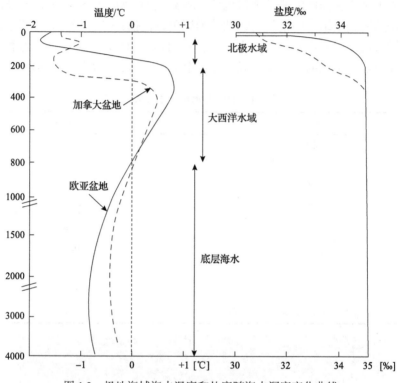

图1.3 极地海域海水温度和盐度随海水深度变化曲线

不同海域溶解氧含量比无机离子变化的程度更大,会对腐蚀产生相当大的影响。根据式(1.1),盐度和温度都会影响氧气在海水中的溶解度:

$$\ln(O_2) = A_1 + A_2 \cdot \frac{100}{T} + A_3 \cdot \ln\frac{T}{100} + A_4\frac{T}{100} + S\left(B_1 + B_2\frac{T}{100} + B_3\frac{T^2}{100}\right) \quad (1.1^{[3]})$$

式中,盐度 S 的单位为‰;温度 T 的单位为 K;氧浓度单位为 ml/L。对于100%相对湿度的大气,式(1.1)中的常数由表1.2给出。

表1.2 式(1.1)中的常用参数

A_1	A_2	A_3	A_4	B_1	B_2	B_3
−173.4292	249.6339	3843	−21.8492	−0.033096	0.014259	−0.001700

在普通温度和盐度下，表面溶解氧的变化通常接近饱和，在充分的洋流条件下，如北海，深度对溶解氧的影响很小。大多数变化是由温度和盐度的变化引起的。在大西洋表面，氧气水平通常低于太平洋，然而，大西洋深海溶解氧浓度通常高于太平洋海域。

海水的 pH 主要受碳质平衡及其对二氧化碳影响的控制。二氧化碳(及其酸性离子解离产物)通过空气-海洋交换引入，氧气也是如此，而且更重要的是通过水柱中的光合作用进行反应：

$$CH_2O + O_2 \underset{\text{生物氧化}}{\overset{\text{光合作用}}{\rightleftharpoons}} CO_2 + H_2O \qquad (1.2)$$

式中，CH_2O 代表典型的碳水化合物分子，生化氧化通过呼吸或有机物分解进行。海洋区域的海水 pH 约为 8，范围为 7.5～8.3。

1.1.1.2　海洋物理

涉及海洋工程勘察的海洋物理因素包括：海洋水文、气象和泥沙特征、地形、地貌、地层、地质构造、海底障碍物分布位置、形状、类型、范围，以及海底岩土工程条件和地质环境特征等。而影响海洋材料使用的海洋物理因素主要包括温度、压力、洋流与海浪等。其中，海水温度的变化对海洋材料的影响甚至远大于盐度。另外，温度还会影响海洋生物生长率、氧气溶解率等其他因素。

水深是海洋装备最重要的设计参数之一，因为它从根本上影响整个装备作业施工安全及施工类别的可行性。随着深潜技术的进一步发展，海上油气产业逐渐由浅海向深海进军。极地领域的油气勘探、开采面临更复杂的海底类型。不同类型海床特征如图 1.4 所示，海底山脊和海洋马鞍形式的形貌也存在于海洋中，水深可能局部远小于平均水平，在设计海洋装备时更应该考虑水深影响。在海洋工程勘察领域，一般定义登陆段是指水深小于 5m，近岸段是指岸线至水深 20m，浅海段是指水深为 20～1000m，深海段是指水深大于 1000m。大陆边缘由靠近岸边的相对平坦的区域(通常约为 70km)组成，靠近岸边的深度增加，深海逐渐倾斜。

水深产生的静水压力除了众所周知的对潜水船和潜艇船体的结构影响外，还对钢材、铝合金的腐蚀以及密封和浮力结构完整性有一定的影响。另外，不同海深的海底本身被各种不同的矿物或生物沉积物覆盖[4]，海洋沉积物的移动(有时是生物化学)行为也是海洋装备设计的重要组成部分。特别是若沉积物在底流的影响下可移动的情况，例如在结构周围的冲刷或海底管道上的自由移动(图 1.5)，那么除了腐蚀问题，还需要考虑不同沉积物及其运动产生的摩擦磨损对材料的影响。

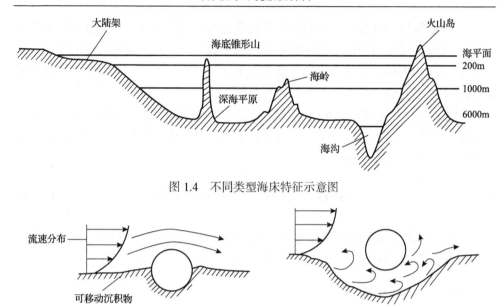

图 1.4 不同类型海床特征示意图

图 1.5 海底管道沉积物移动过程图

除了相对比较静止的温度、水深等海洋物理条件，始终在变幻的海洋大气也对海洋材料腐蚀产生巨大的影响。从腐蚀的角度来看，主要因素是空气污染水平、温度和冷凝、雨水和风载喷雾形式的水蒸气。显然，这些因素中的一些取决于海拔，但其他因素取决于天气特征，因此是季节性和地理性的环境因素。空气污染，特别是二氧化碳和二氧化硫水平，也可能是海洋大气腐蚀的重要因素。

几乎所有暴露在海面上的海洋装备都意味着要承受海洋大气在未衰减条件下的撞击。根据 Patel 的说法[5]，风力占结构总流体负荷的15%左右，风载荷引起的倾覆力矩当然比上述水深增加的比例要大得多。海洋环境中的风荷载主要的考虑因素是阻力系数和风速的非稳态导致疲劳载荷的可能性。而水下和水面洋流也会在海洋结构上产生稳定和不稳定的载荷，稳定载荷仅仅是由于流体动力学阻力，但是涡旋可能进一步产生动态载荷，从而导致疲劳影响。海底海流对于产生沉积物运动也很重要，沉积物运动可能掩埋海床结构或使海底结构产生其他影响。洋流可能来自潮汐、风或循环效应，并且取决于水深和水源。一般来说，洋流的速度相当低(很少大于 2.5 m/s)，但由于水比空气密度更大，因此洋流对结构载荷的影响大于风载荷。在大陆架相对较浅的区域，底流主要是由潮汐引起。对于给定的位置，可以通过假设它表现为简单的渐进波来进行非常粗略的潮流估计，使得当前速度 c 非常简单地与潮汐振幅 a 相关，通过式(1.3)确定：

$$c = \sqrt{g/D} \cdot a \tag{1.3}$$

式中，g 为重力加速度；D 为水深，这个等式基本能够完全满足所有海洋结构设计要求，也说明了水深对潮流的影响。

当风与自由水面相互干扰，就会产生波浪，波浪遇到海洋结构时就可能产生非常高的载荷或位移，这取决于结构的顺应性。从静态和动态(疲劳)载荷的角度来看，海洋波浪是最重要的因素。虽然深水中的小幅波通常可以描述为正弦波，但它们在浅水中的形态更接近次摆线。

1.1.2　极地海洋环境

极地地区气温较低，常年覆盖厚厚的冰雪，并暗藏巨大的冰川，对于人类来说生存条件比较恶劣。在极地地区，夏季太阳的高度一直相对较低，与地平线的夹角永远不会超过 23°。因此高纬度地区顶层大气接收到的日光照射比太阳近乎悬挂在头顶之上的热带纬度地区小很多。但是，影响日光到达大气表面的最主要因素是日照时间的长度，在南极高原，连续长时间的日照，以及清洁、相对无风的大气环境对该地区而言就意味着可以接收到比地球上任何一个地区都要多的日光照射。虽然大量日光照射到地球表面，但冰雪覆盖的高反射率使大量日光又反射回太空。初落雪的高反射率达 90%，随着积雪堆积时间的增加，反射的光照量通常会降至总量的 80%，而暴露在外层的冰川冰(常称之为蓝冰)通常的反射率大约为 70%，表层覆盖尘粒的雪花反射率相对较低，并且随着雪的融化，下面的岩石和土壤表面逐渐暴露出来，反射率会逐渐降低到裸露地面的反射水平，通常只有 15%~20%。因此，南极高原处在地球上一个独一无二的位置上，虽然夏季接收到大量的太阳光照，但由于其中的绝大部分被反射回太空，也就造成了地球上夏季的最低气温。

在海冰区，其表层通常是由反射率为 70%~80% 的浮冰以及反射率为 10%~15% 的无冰水面组合而成。因此这一部分的冰层对于大气表面所吸收的日光照射量的影响至关重要。南北两极间一个重要的区别在于多年海冰(即一个夏季过后仍存在的海冰)的数量。在南极，大量的海冰会在夏季末融化，南极洲东海岸沿线以及威德尔海西部只有很少一部分海冰能坚持到即将来临的冬季，然而，北极的多年期海冰所占的比例要高很多。

由于南北极的海洋环境存在较大差异，本节将南极与北极分别进行讨论，由于海冰在极寒环境中与材料关系密切，因此将其单独列出。

1.1.2.1　南极环境

南极储存了全世界冰雪总量的 95%，其冰盖平均厚度为 2500m，最大厚度达 4800m，被誉为"地球冰库"，常年被冰雪覆盖，年平均气温为 -30~-25℃，最低气温达 -89.6℃。南极一年中高于 0℃ 的时间为 25~75 天，冬天土壤温度一般为

−60～−40℃，土壤温度变化幅度非常大，即使在夏季，最高温度也只为17～26℃，日温差可达到20℃以上，一天内可发生多次冻融交替，比北极的年平均气温低15℃～20℃。随着纬度的增加，南极昼夜现象逐渐增长，在南极点，半年是极昼，半年是极夜，南极大陆常年为固态冰雪交加，降雨量极少，年平均降雨量不足50mm，但蒸发量却很大，因此土壤含水量一般低于2%，与世界上最热的沙漠地区土壤含水量相当，被称为"白色沙漠"，南极大陆年平均风速为18～20m/s，最大风速可达100m/s（相当于12级台风风速的3倍[6]。南极只有约0.4%的陆地没有被冰川覆盖，主要包括南极海岸带和麦克默多干燥谷地区（下面简称干燥谷），干燥谷是世界上最寒冷、最干旱、养分最匮乏的地区，自然条件非常恶劣，如低温、强紫外线、土壤贫营养、干旱和高盐分[7]。

南极冰盖底部超过50%的部分存在液态水，自20世纪70年代在南极冰盖底部首次探测到冰下湖以来，至今在南极冰盖已经探测到379处冰下湖。除冰下湖外，南极冰盖底部还存在间歇流动的河流、水饱和冰碛物及相关的海水。冰下环境除了相对浅层区域的液态水外，地球物理探测数据表明，冰岩深层14km处还存在大量的沉积物，这些沉积物在地热条件下也可能处于冻融状态，因此，南极冰盖底部被推测曾是地球上最大的湿地[8]。

1.1.2.2 北极环境

北冰洋是北极地区的核心和主体，面积约为1470万km^2，海冰平均厚度约为3m，中心洋区是地球上唯一终年被冰雪封冻的白色海洋。北极也是终年气候酷寒、多暴风雪，极昼、极夜现象与南极相类似；年平均气温为−10℃左右，一年中有明显的四季特征，冬季为11月～次年4月，平均气温为−30～−20℃，7月、8月为夏季，平均气温也只有5～8℃。北极地区年降水量为100～200mm，夏天常常是漫天低云，雾气弥漫，多阴霾天气；冬季北冰洋海域时常出现强烈的暴风雪。北极地区近三分之二被海水覆盖，由于这些水域对深海洋流和全球海洋环流的影响，它们是全球气候系统的重要组成部分。

北极是由北冰洋及其若干岛屿，包括北美洲、格陵兰岛、俄罗斯和北欧的部分区域组成。格陵兰岛的巨大冰盖足有3km高，冰含量达3×10^{6}km^3，这对北大西洋的大气环流产生了巨大影响，而且冰盖对欧洲气候的影响不可估量。然而，北极其他地区的地形相对较低，并被广阔的海洋区域所环绕，如格陵兰海，这样的地形环境使得中纬度的天气系统可以直接影响高纬度地区。随着海洋气团北上并在此过程被冷却，广阔的区域会形成云层，从而对辐射情况产生影响。因此，多云就成为北极的一个特点，但温度极低的空气无法承载大量的水蒸气，降水量也就相对较少。例如，阿拉斯加的巴罗每年只有约115mm的降雨量。

北冰洋包含三个基本的水团，在厚度达200m的近地表层上有极地表层水，其位于温暖的大西洋水上层，下层是在水深 800m 以下的北冰洋深层水。极地表层水盐分较低，因为有大量的淡水通过主要的河流系统注入北冰洋，诸如勒拿河、叶尼塞河以及麦肯齐河。海冰是北冰洋的一大特色，在冬季形成初生冰或是一年冰的时期，海洋的上层开始冻结，此时正是海冰形成的时间。在深冬季节，约三四月的时间，海冰的面积达到最大，约为 $15×10^6 km^2$，将北冰洋绝大部分以及附近海域覆盖在海冰之下。夏季海冰大量融化，九月份时，海冰所覆盖的面积仅是冬季峰值的一半，多年海冰可达数米之厚。近几年来，北极海冰总量已经出现大量的消退状况，气候预测表明未来海冰覆盖的区域会进一步缩小。

气候变化对北极海洋环境最直接的影响是酸化。海洋酸化是海洋和大气之间气体交换的结果，二氧化碳在水中溶解并降低其碱度。一般来说，海洋是二氧化碳的沉淀池，但是人类的大气二氧化碳浓度的增加已经导致了更高的海洋酸化速率和范围，因为二氧化碳更易溶于冷水，因此与其他海洋相比，北冰洋因为吸收更多的二氧化碳而面临着更快的酸化速度。海冰的融化使北冰洋更大的区域暴露在大气中，从融化的冰川进入北冰洋的淡水增加了海洋对二氧化碳溶解的潜力，同时降低其缓冲能力。

北极冰川多为温型冰川(整个冰床都处于冻融状态)和多热型冰川(冰床边缘处于冷冻状态而中心处在压力融点)，因而底部多存在液态水。液态水的存在为基岩的化学风化以及微生物的生命活动提供了必要的环境。冰下环境可以通过冰川物理过程获得氧化剂(如冰川流动导致基岩中矿物基体的粉碎，由此向冰下环境释放碳酸盐、硫化物、铁和有机质等氧化剂)，这样即使冰下水体中溶解 O_2 和 CO_2 耗尽后，仍然可以由微生物源源不断地参与生物化学作用，产生其生存代谢所需要的能量。最新研究表明，西南极惠兰斯湖水主要来源于冰川冰的融化，其水质分析表明湖水中含有岩石风化成分和少量的海水成分。

1.1.2.3 海冰环境

海冰可以按照运动形态分为固定冰和浮冰，也可以按生成时间分为初生冰、当年冰、次年冰和多年冰。世界气象局根据海冰的类型及厚度将海冰进行了划分，具体如表 1.3 所示。

表 1.3 世界气象组织的海冰类型及厚度的定义

冰类型		厚度/cm
新冰	新冰	≤10
初期冰	灰冰	10~15
	灰白冰	15~30

续表

冰类型		厚度/cm
当年冰	薄当年冰，第一阶段	30~50
	薄当年冰，第二阶段	50~70
	中等当年冰	70~120
	厚当年冰	≥120
旧冰	二年冰	≥250
	多年冰	≥300
	陆缘冰	
冰架	海岸连接露出水面2~50mm的浮动冰层	
固定冰	沿着海岸并与海岸牢固冻结的海冰，其附着在海岸、冰壁、冰崖以及浅滩或搁浅的冰山	

　　当年冰是海水从海洋表面向下结冰过程形成的，这些冰片可以自上而下分成三个区域：随机定向的冰晶、垂直的冰柱，以及垂直定向的薄冰片。最初形成一个薄的冰层有几厘米厚的无定向颗粒冰晶（自水面开始），另一层冰晶垂直向下生长到水中，形成一个水平的长垂直冰柱。第二层继续向第三层区域生长，该区域由从第二层底部延伸的垂直方向的薄板层（也可能是几厘米厚）组成。第三层的冰颗粒越来越厚，越来越长，最终形成柱状的冰晶体，成为第二层的一部分。因为盐或其他外来物质不能成为形成冰晶的氧和氢原子的规则晶格的一部分，盐水在冷冻过程进入第二层的薄片之间。当薄片逐渐变大并一起生长形成第二层的垂直冰晶时，盐水（可能还有一些空气）被封闭在长方形的垂直空间中，散布在冰晶中的冰薄片之间。其结果是柱状冰晶的水平层中含有垂直的、长方形的、薄的盐水和空气泡。

　　二年冰和多年冰则十分复杂。由于每年的温度变化，盐水和气穴往往会随着时间向冰盖的上下表面迁移。因此，冰盖的内部成分会发生变化。此外，最初相对均匀的冰盖在水平面上通过压缩和剪切而断裂并形成脊状。漂流也有助于形成不均匀的冰层厚度，漂流过程中冰层破裂，两边相互挤压。随着冰的年代变老，如果它在温暖的季节里不会融化，就会成为冰盖的一部分，山脊变得更加明显，二年冰和多年冰的厚度呈高度单峰形，演变过程如图1.6所示。

　　冰雪化学杂质主要包括极地冰雪沉积中的各种可溶性和不可溶性杂质，一般有三大来源[9]：①被风吹起的陆地尘埃等碎屑风化物质，是冰雪融样中的 Mg^{2+}、Ca^{2+}、CO_3^{2-}、SO_4^{2-} 和铝硅酸盐（即不可溶性微粒）的主要来源；②大洋表面气泡破

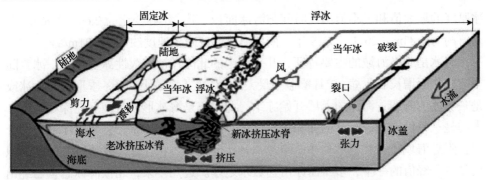

图 1.6　海冰时间和运动演变进程示意图

碎产生的海盐物质，在冰雪融样中主要为 Na^+、Cl^-，也包括少量 Mg^{2+}、Ca^{2+}、SO_4^{2-} 和 K^+；③大气中的各种气体(硫、氮、碳、卤素等的气态化合物)的氧化或光化学作用产生次生气溶胶，主要包括 H^+、NH_4^+、Cl^-、NO_3^-、SO_4^{2-}、$CH_3SO_3^-$、F^-、$HCOO^-$ 和一些其他有机化合物[10]。

目前，整个南极大陆被一个巨大的冰盖所覆盖，冰容量约有 $30×10^6km^3$，含有地球上 70%的淡水资源。南极洲是全球平均海拔最高的大陆，东南极的最高海拔可达 4000m 以上，平均海拔为 2350m，由三个单独的形态学区域组成——东南极(覆盖了 $9.90×10^6km^2$ 的区域)、西南极(覆盖了 $1.96×10^6km^2$ 的区域)以及南极半岛(覆盖了 $0.39×10^6km^2$ 的区域)。南极冰盖的最大厚度约为 4700m，总面积的 11% 由冰架组成，其中最大的两个冰架为菲尔克纳冰架与罗斯冰架，面积分别为 $0.53×10^6km^2$ 和 $0.50×10^6km^2$。几百米厚的冰架以下覆盖的海洋对于形成寒冷、浓度大的南极底层水起了很大的作用，其蕴藏的矿物达 220 余种。除了溶解氧，冰川底部沉积物还含有大量氧化剂，如 NO_3^-、Fe^{3+} 和 SO_4^{2-} 等，这些氧化剂可以作为电子受体参与硫化物矿物氧化、有机质降解等生物化学过程，使得水中 O_2 浓度逐渐趋于 0。

大部分的南极海冰会在夏季融化，致使秋季的海冰面积只有约 $3×10^6km^2$。因此，南极大部分海冰只是当年冰，大部分的多年冰大多出现在威德尔海以西，这就造成了南极大陆附近绝大多数的海冰厚度相对较薄，平均厚度只有 $1\sim2m$。在 $10\sim11$ 月，海冰面积和厚度均达到季节性最大值，平均厚度为 $2.10\sim2.59m$；$2\sim3$ 月海冰变薄，海冰群主要分布在威德尔海西部，平均厚度为 $1.48\sim1.94m$；$5\sim6$ 月厚度为 $1.32\sim1.37m$[11]。

南极海冰面积随着时间波动减少，年际变化为 $8.288×10^6\sim9.283×10^6km^2$，平均值约为 $8.932×10^6km^2/a$，$2012\sim2015$ 年海冰面积均高于多年平均水平。2014 年达到最大值，$2015\sim2017$ 年逐年减少，于 2017 年达到最小值，在 2018 年有略微的上升，呈现减少的趋势，2018 年较 2014 年整体减少约为 $-0.1517×10^6km^2/a$。海冰厚度的最大值和最小值出现时间与海冰面积一致,年际变化为 2.69~2.96m,平均值约为 2.83m。2011~2018 年,南极海冰厚度减少速度约为-0.021m/a。

海冰是北极海域的主要特征,几乎一半的北冰洋被永久性冰盖覆盖,冰盖随季节变化而增长和收缩,3 月覆盖率最大,9 月覆盖率最小。在冬季形成初生冰或是一年冰的时期,海洋的上层开始冻结,此时正是海冰形成时间。在深冬季节,大约是三月份末时,海冰的面积达到最大,约为 $15\times10^6km^2$,将北冰洋绝大部分以及附近海域覆盖在海冰之下。夏季海冰大量融化,9 月时,海冰所覆盖的面积仅是冬季峰值的一半,多年海冰可达数米之厚。近几年来,北极海冰总量已经出现大量的消退状况,而且对于 22 世纪的气候预测表明海冰覆盖的区域会进一步缩小。

冰川结合的冰层通过改变北极水域的盐度而使海平面上升,并影响海洋环境。北冰洋的垂直水结构也受不同流入的影响;它的冷地表水被分成极性混合层,低盐度(深度为 30~50m)和一个温度升高和盐度升高的水层(盐跃层,深度为 200m),这与进入太平洋和大西洋的水域不同。盐跃层通常将上层与中深层(200~900m)大西洋水域中储存的热量隔离开来,从而影响海冰覆盖。

近几十年来,北极海冰明显减少,且每个月都呈下降趋势。通常 9 月是全年北极海冰覆盖率最小的月份,也是北极海冰衰减速度最快的月份。1979 年 9 月的最小冰区面积为 $7.2\times10^6km^2$,至 2018 年降为 $4.7\times10^6km^2$。2012 年 9 月出现了有史以来最低的 $3.39\times10^6km^2$,仅为 1981~2010 年平均最小值的 54%。北极海冰面积的缩小不断打破纪录,由最新的气候环境仿真模型研究发现,到 2035 年,北极夏季的海冰范围将减少到 $1.7\times10^6km^2$,而到 21 世纪中期可能出现无冰状态。就全年来看,2011~2015 年北极冰雪覆盖面积也低于往年平均水平[12]。

海冰对结构的主要危害是由于海冰移动而导致的负荷,这种效应的大小取决于海冰的厚度和状况、冰的运动速度、接触的几何形状和结构的形状,许多北极结构属于人工岛型,但有一些较窄的类型,如灯塔和桥墩(受河冰影响),一些防冰负荷的主要结构类型如图 1.7 所示。可以看出,其中一个基本策略是尝试使冰在向上或向下弯曲时断裂,但如果破碎的冰无法快速地远离结构物,则可能会失败,因此设计负荷必须是垂直双面结构。另一个主要策略是鼓励形成一个接地的冰瓦堆,它承载并消散后续冰的负荷,把它带到顶端产生冰岛。对于破冰船舶,还需要考虑防冰负荷设计(图 1.8),由非常重的钢板制成倾斜弓断冰器。断冰器可以在船舶行进于冰层时以连续模式操作,打破较薄较软的冰,或者在打夯模式下,将船体骑在冰上然后在其重力下破碎[13]。但是在寒冷的条件下,冰还可能从大气中积聚到船体结构和船舶上层结构的暴露表面上,导致静态和空气动力载荷增加。

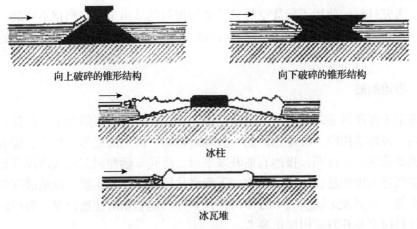

向上破碎的锥形结构   向下破碎的锥形结构

冰柱

冰瓦堆

图 1.7 应对冰载荷的不同结构

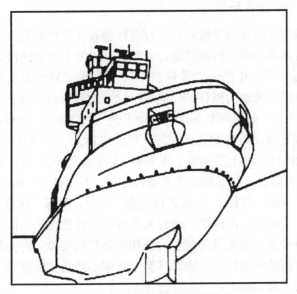

图 1.8 破冰船船艏破冰结构设计

1.2 海洋极寒环境工程

最早用于海洋环境的工程设施毫无疑问是船只，早期的船只主要是用木材建造的，但是结构也非常复杂。材料选择因素也很重要，例如英国和法国的船只使用橡木而西班牙的船只使用具有优异的抗腐烂性桃花心木作为船体，而且这种船的船体紧固件，从钉子到螺母和螺栓，可以用各种材料制造，包括硬木、煅铁、铜和青铜。当然，船舶上使用的加农炮也是由金属制成的，通常是铸铁或铜合金。

因此,研究材料的使用不能凭空想象,必须按照其适用条件,根据不同装备的受力及使用环境情况设计相应的材料,以满足各类海洋环境工程日趋严苛的使用需求。

1.2.1　极地船舶

适用于海洋极寒环境的海洋工程装备主要以各类极地船舶为主,包括:极地科考船、极地勘探船、极地巡航船、极地运输船、极地潜艇等。另外,随着极地海底能源的进一步探明,极地石油开采平台、海底车辆和固定式或漂浮式极地站等也逐渐进入极地建设项目清单中。下面将从极地科学考察船、极地破冰船、极地勘探船、开采及运输船三个方面讨论代表性极地船舶的建造情况,为后续关于极地材料研究及开发应用提供参考。

1.2.1.1　极地科学考察船

极地科考船是专门在南北极海域进行海洋调查和考察的专业海洋调查船,具有船体坚固、破冰能力强、防寒性能好等特点。世界上著名的极地科学考察船有美国的"Sikuliaq"号、中国的"雪龙 2"号、苏联的"M.萨莫夫"号。破冰科学考察船一般配备用于极地勘测(声学、地震、海底)的最新技术设备,包括 ADCP(声学)、回声测深仪、生物回声测深器、生物声呐、全向声呐、USBL、遥测和网络监测系统、机载气象站、货物处理设施、机载机器人、科学月球池、ROV(遥控潜水器/机器人潜艇)、海上滑翔机、皮划艇(大容量充气船)等。其他船上设施包括电动绞车(机械设备)、集装箱化实验室和车间、专用科学设施(生物科学、地质和地球物理、海洋和大气科学)、乘客休息室、食堂、厨房、休息室、会议室、桑拿室、健身室、洗衣店、医院等。研究人员可从海底直接采集样本,或远程操控绞车以升降科研设备。最先进的船上设施和集装箱化实验室将为各国不同专业领域的科学家提供新的研究机会,协助其努力认识不断变化的世界,包括从大气到海床环境变化的社会影响。

斯库里奥克号科学考察船(research vessel Sikuliaq)(图 1.9),由美国国家科学基金会(NSF)决定建造,由阿拉斯加州费尔班克斯大学(UAF)渔业与海洋科学学院负责其管理运行。该船采用英纽特语命名,意为"新凝结的海冰",反映该船从事科学考察的范围重点在北极地区和阿拉斯加地区附近。该船由格罗斯顿联合海洋建筑工程公司设计,2011 年 1 月 14 日在威斯康星州马里内特海事公司的船厂开工建造,2011 年 4 月 11 日铺设龙骨,2012 年 10 月 13 日下水,整个项目预计花费 2 亿美元。斯库里奥克号总长为 80m,宽为 16m,型深为 8.53m,吃水为 5.7m,排水量为 3724t,可提供 26 名科研人员的膳宿。该船采用柴电推进系统,4 个柴油发电机组,2 台电动机,持续功率为 4290kW,装备有倾斜的破冰船艏、加强型船体、2部可旋转360°的冰区加强推进器和带有圆齿的螺旋桨桨叶，其加固的船体可以在冰层厚度达到0.8m的海域通行。该船船体的船艏比船艉宽0.61m，能有效减小冰的阻力，采用的电力推进系统非常安静，是声学研究与海洋生物观测的理想平台[14]。

图1.9　斯库里奥克号科学考察船下水

"雪龙2"号是中国第一艘自主建造的极地科学考察破冰船，于2019年7月交付使用。"雪龙2"号是全球第一艘采用船艏、船艉双向破冰技术的极地科学考察破冰船，实船照片如图1.10所示。"雪龙2"号能够在1.5m厚冰加0.2m雪中连续破冰航行，填补了中国在极地科学考察重大装备领域的空白。该船由国外公司完成基本设计，国内由中国船舶与海洋工程设计院完成详细设计，江南造船厂实现国内建造。总长为122.5m，排水量约为1.4万t，破冰等级为PC3，满足包括极区在内的无限航区航行和作业需求，艏向破冰时能以2~3节船速连续破1.5m厚的冰加0.2m的雪；艉向破冰可在20m当年冰冰脊（含4m堆积层）中不被卡住，可实现冰区快速掉头[15]。

2021年10月28日，英国新的极地科学考察船RRS Sir David Attenborough

（图 1.11）在伦敦亮相，该科学考察船由英国自然环境研究理事会（NERC）出资，由位于别根海特的 Cammell Laird 公司建造，将服役于英国南极调查局（是英国开展南北极科学研究的下一代极地海洋科学平台，旨在确保英国在极地科学领域的世界领先地位）。

图 1.10　"雪龙 2"号实船图（摄于 2019 年 11 月）

图 1.11　英国新的极地科学考察船 RRS Sir David Attenborough

　　RRS Sir David Attenborough 船长为 129.6m（425ft），横梁为 25m（82ft），吃水为 7.5m（24ft），排水量为 14098t，货物空间为 4200m³，救生艇及其吊艇架的工作温度可低至–35℃。该船的混合动力系统由两台六缸和两台九缸罗尔斯·罗伊斯·卑尔根柴油发动机提供动力，发电机与一系列电池组协作，为电动推进马达和船舶系统提供恒定负载，可以在南极和北极地区的极端条件下运行，承受长达 60 天的海冰环境，帮助科学家收集气候和海洋数据。加固船体设计使其可以突破 1m 厚的冰层。这艘船能全年运行，它在南极和北极的 BAS 行动中搭载过 60 名科学家和支持人员。

　　Atair Ⅱ是联邦海事和水文局(Bundesamt für Seeschifffahrt und Hydrographice)在德国伯尔尼 Fassmer 造船厂建造的一艘新研究船(图 1.12)，该船于 2020 年服役，是世界上第一艘由政府机构拥有的液化天然气(LNG)动力研究船。2017 年 5 月，康斯伯格获得了该船的设计、采购、建造和安装(EPCI)合同。该船的长度为 74m，横梁约为 17m，吃水深度为 5m。它是 BSH 船队中最大的船只，能为 18 名船员和 15 名研究人员提供住宿。Atair Ⅱ将获得 DNV-GL SILENT 等级符号 SILENT R。该船设计为环保型，对海洋环境的影响可忽略不计，并为船上的科学工作提供理想条件。推进系统将集成两个六缸瓦锡兰 20DF 双燃料发动机、一个六缸瓦锡兰 20 发动机、两个排气净化系统以及一个瓦锡兰 LNGPac 燃料储存、供应和控制系统。瓦锡兰 20DF 发动机可以燃烧常规液体船用燃料，如轻燃料油(LFO)、重燃料油(HFO)和液体生物燃料或液化天然气。它可以在不损失功率和速度的情况下切换燃料。发动机能产生 1110kW 的最大功率输出。Atair Ⅱ研究船还遵守严格的国际海事组织(IMO)三级氮氧化物(NO_x)排放法规和美国环境保护局(US EPA)四级烟尘颗粒排放法规。它还满足"蓝天使"环保船舶设计标准(RAL-UZ 141)的要求。这艘研究船能在北海和波罗的海进行水文调查和沉船搜索作业，以及海洋环境观测，可以对导航和雷达设备进行技术测试。

图 1.12　德国 Atair Ⅱ液化天然气(LNG)动力研究船

1.2.1.2　极地破冰船

与在开阔水域航行相比，在结冰水域航行面临更大的风险就是冰载荷，通常会导致船舶围困、与船体发生碰撞甚至被破坏等严重问题。对于冬季仍持续海上交通的国家和地区则更为重要，因此，新型高冰级破冰船的研发以俄罗斯、美国、加拿大及北欧国家为主。波罗的海地区是海上运输最重要、最繁忙的地区之一，占全球货运量的 15%，而该地区的海上交通在冬季持续。每年冬天，当波罗的海开始结冰时，破冰船援助行动就会启动，进入该区域的商船受芬兰-瑞典冬季导航系统(FSWNS)规定的限制。船舶可以独立或在破冰船协助下航行于冰封水域。这取决于 FSWNS 要求的商船的功率容量和冰等级以及当前的冰况。

破冰船协助是冰封区域广泛使用的一种作业。一般来说，破冰船援助行动可分为五种不同的模式，包括护送(escort operation)、护航(convoy operation)、双护航(double convoy operation)、破冰(breaking loose)和牵引(towing operation)(F1)。护航时破冰船作为主导船只破冰，商船跟随破冰船，而双护航包括一艘破冰船作为引导船只，以及至少两艘辅助船只跟随破冰船。最近的风险分析表明，破冰船护航和护航作业的船舶性能调查是降低航行风险的最有效选择之一。俄罗斯、美国、加拿大是少数几个拥有重型破冰船装备的国家，近几年上述国家已建造或正在建造及拟建造的重型破冰船均有相应的计划，以提升两极地区的装备能力。

俄罗斯近几年重型破冰船的建造，包括新"北极"级（"Arktika"-Class）首制船"Arktika"号已于 2020 年 10 月交付，船舶照片如图 1.13 所示。该型船任务使命主要为包括大型 LNGC 在内的运输船提供抵达俄罗斯各资源产出地港口的破冰服务，并为浅海区的码头、海洋平台、油田等提供物资燃料、设备运输补给。新"北极"级达到 2 节持续破冰能力为 2.8~2.9m。该船为电力推进，配备 2 台 36MW

图 1.13　俄罗斯新"北极"级"Arktika"号

的主汽轮发电机组，推进功率约为 60MW，分别采用 3 台 20MW 的推进电机驱动三轴桨[16]。

　　"领袖"级（"Lider"-Class）是俄罗斯冰山设计局主持研发的最新一代重型破冰船[3]，其任务使命较新"北极"级而言，除了保持全年东北航道的畅通，还需要保持从航运经济性角度考虑的引航航速。从破冰能力上看，该型船的设计指标达到了以 2kn 在 4.3m 层冰（考虑 0.2m 积雪）持续破冰航行，而在 2m 层冰中的连续破冰速度则达到 12kn。该船推进形式也是电力推进，由推进电机驱动轴系和螺旋桨，船舶照片如图 1.14 所示[17]。

图 1.14　俄罗斯"领袖"级破冰船

　　美国海岸警卫队（USCG）极地安全舰（polar security cutter）预计在 2025 年实现首舰交付，满载排水量约为 23300t，冰级为 PC2 级，采用柴电动力系统，推进功率达到 33.7MW，主机采用 Caterpillar M32E 机型，如图 1.15 所示。全船采用中间一组轴桨加两侧吊舱的混合推进模式。此种推进方式是近年来在重型破冰船型应用较多的方案，一方面吊舱提供在冰区良好的操纵与回转性能，另一方面根据敞水、冰区等不同的功率需求切换推进形式和功率分配，提升综合节能效果。该船为电力推进，推进形式为双吊舱加一个中间轴系驱动螺旋桨[18]。

　　加拿大也在加紧建造自己的重型破冰船"John G. Diefenbaker"号，如图 1.16 所示。目前公布的首舰交付时间预计为 2030 年。其排水量约为 23700t，冰级为 PC2，总装机功率约为 39.6MW，推进功率达到 34MW，采用 12MW 的中间吊舱和两侧 11MW 的轴桨混合推进方式[19]。"John G. Diefenbaker"号包括物资运输、科学考察、模块化搭载等多种功能。根据资料显示，该型重型破冰船具备在 2.6m 层冰厚度下连续破冰航行的能力，且具有较好的冰区回转、星状回转操作性能。

该船为电力推进，推进形式为两侧电机驱动轴系及螺旋桨，中间为一个吊舱推进器[20]。

图 1.15　美国重型极地安全巡逻舰

图 1.16　加拿大重型破冰船 "John G. Diefenbaker" 号

2022 年 5 月，10 艘破冰船在 NSR 航线上提供了安全保障——4 艘柴油破冰船和 6 艘核破冰船。马卡罗夫海军上将号柴油破冰船在卡拉海 (Kara Sea) 作业后前往摩尔曼斯克港；杜丁卡破冰船于 5 月 23 日离开杜丁卡港抵达摩尔曼斯克港；破冰船 Kapitan Dranitsyn 号在卡拉海-塞弗湾-巴伦支海航线上作业，并于 6 月继续作业；新的柴油破冰船 "维克多·切尔诺梅尔丁" 号 (Viktor Chernomyrdin) 在卡拉海和叶尼塞湾 (Yenisey Bay) 进行了冰上试验，之后前往摩尔曼斯克港。至于核破冰船船队：50 年胜利号 (50 Let Pobedy) 在卡拉海-奥布湾航线上工作，并将前往摩尔曼斯克和瓦伊格奇破冰；破冰船 "Arktika" 号整个月内都在鄂毕湾(Ob Bay)航行，之后也前往了母港；Sibir 破冰船的主要工作区域是卡拉海、鄂毕湾和叶尼塞湾，该破冰船于 6 月与亚马尔(Yamal)和泰米尔(Taimir)一起在 NSR 水域继续工作。

1.2.1.3　极地勘探、开采及运输船

适合北极海上油气勘探的装备非常有限，主要采用抗冰钻井船与抗冰半潜式钻井平台，还研发了圆形钻井平台概念设计，可全年在北极工作。北极油气勘探海洋装备主要设计因素包括海冰、波浪、水深、气象与作业时间，其关键系统为钻井装置、海冰控制系统、定位系统、举升系统和水下设备[21]。

2022 年 5 月，北海航线的航运活动总共有 68 艘船只进行了 201 次航行，如表 1.4 所示。值得注意的是，运输船的航行次数与 4 月份完全相同，但破冰船船队的活动略有减少。亚马尔液化天然气项目的主要航次为 47 次(包括回程)。25 艘液化天然气运输船从萨贝塔港向西发送：10 艘前往法国，6 艘前往比利时，3 艘前往荷兰，5 艘前往西班牙，1 艘船只抵达基尔丁岛(摩尔曼斯克附近)进行进一步转运。在 NSR 水域的第二个大型项目下进行了 34 次航行——从北极门码头出口石油产品。17 艘船只从 Mys Kamennyy 运往科拉湾，以便进一步转运石油，并在卸货后折返。为开发亚马尔 LNG-2(萨尔马诺夫斯克油田)-20 和沃斯托克石油(叶尼塞湾的石油和煤炭码头)-11 项目进行了 31 次航行，共有 15 艘杂货船、集装箱船、油轮和散装船从阿尔汉格尔斯克、摩尔曼斯克、塞韦洛德温斯克和杜丁卡抵达工作区。第一批液化天然气于 2022 年 5 月从亚马尔运往东部。而冰级为 Arc 7 的液化天然气运输船尼古拉·埃夫根诺夫于 6 月 16 日晚上 8 点离开萨别塔港，在核破冰船西比尔号护送下从奥布湾通过维尔基茨基海峡。需要注意的是，几艘常年不在亚马尔液化天然气项目下工作的液化天然气运输船 2022 年已申请了进入 NSR 水域的许可，获批 NSR 西部/东部边界——萨贝塔港——NSR 东部/西部边界的航行路线。

表 1.4　2022 年 5 月北极航线的航运船舶信息

船名	冰级	挂旗
Clean Vision	Arc 4	马耳他
Yamal Spirit	No ice class	巴哈马
LNG Phecda	No ice class	中国香港
LNG Merak	No ice class	中国香港
LNG Megrez	No ice class	中国香港
LNG Dubhe	No ice class	中国香港

续表

船名	冰级	挂旗
Clean Horizon	Arc 4	马耳他
Clean Ocean	Arc 4	马绍尔群岛
Clean Planet	Arc 4	马绍尔群岛
Yenisei River	Arc 4	马绍尔群岛
Lena River	Arc 4	马绍尔群岛

以 Stena Drilling 为代表的极地钻井平台设计及建设公司已经开发了适用于极地环境的第七代增强型超深水 DP3 钻井船，能够在水深达 12000ft（3657.6m）和钻井深度达 40000ft 的情况下作业。该公司开发的 Stena IceMAX 是世界上唯一的第六代冰级恶劣环境双活动动态定位（DP3）钻井船（图 1.17），能够在水深达 10000英尺（1 英尺=0.3048m）的水域进行钻井。Stena IceMAX 专为在最恶劣的环境中运行而设计，具有高水平的防冻保护，以及结构完整性的双层外壳。

图 1.17　极地钻井平台“Stena”号

2007 年英国 Stena 钻井公司委托韩国三星重工业株式会社建造的全球首艘极地深水钻井船 DRILLMAX ICE IV，造价 11.5 亿美元，相当于 2～3 倍常规钻井船造价。该船船体规格为 228m（长）×42m（宽）×19m（模制深度），排水量为 9.7×104t，设计作业水深为 3000m，最大钻井深度为 10 000m，采用动力定位 DP3，抵抗 16m海浪和 41m/s 海风，运输速度最高 12 节，最大水深 3000m/设计水深 2285m 装配，最大钻孔深度为 10700m，具有偏置回缩能力；该船设计温度为–40℃，PC5 冰级，能够全年在中等厚度的当年冰状况下航行。

1.2.2　极地平台

许多国家和机构对于北极的油气资源有极大的兴趣。2009 年，美国地质调查局(USGS)发布对北极油气资源的评估报告。调查资料显示，超过 70%的未开发石油资源分布在五个地区：阿拉斯加北极区、美亚海盆地区、东格陵兰裂谷盆地、东巴伦支海盆地和西格陵兰-东加拿大地区；超过 70%的未开发天然气分布在三个地区：西西伯利亚盆地、东巴伦支海盆地和阿拉斯加北极部分。相关研究数据显示，北极未发现的常规油气资源总量估计约为 900 亿桶石油、1669 万亿立方英尺天然气和 440 亿桶液化天然气，其储量分别占全球尚未开发石油和天然气储量的13%和30%。此外，IHS Energy 公司及俄罗斯、挪威等国家也对北极地区的油气资源做出不同程度的勘探和评估，认为北极地区是块"宝地"，其油气资源储量十分可观，开发潜力巨大。根据目前全世界每天的原油需求量计算，北极地区可开发的油气储量能够满足全球近 3 年的供应。

由于全球变暖，北极的海冰正在迅速融化，因此北极水域对资源勘探和开发越来越开放。极地技术、船舶设计、钻井设备和物流方面的进步，使进入北极水域比以前更容易，以便进行海上油气勘探和开采。如果发生石油泄漏，海上石油和天然气活动可能会对当地海洋环境产生潜在的不利影响，这可能会对该地区产生直接或间接的社会和经济影响。因此，极地平台一般需要多艘极地多功能船舶辅助运行。

随着俄罗斯石油和天然气行业陷入严重危机，造船厂 Sevmash 表示开始为 Kamenno Myskoye 油田建造平台。该项目多年来一直由俄罗斯天然气工业股份公司及其子公司进行规划。Sevmash 是以建造核潜艇而闻名的 Sevrodvinsk 造船厂，它表示已经与设计公司 Korall 签署了项目准备合同。附近专门从事海军维修工程的造船厂 Zvezdochka 也可能参与 Kamenno Myskoye 平台的建造。Sevmash 告知，该装置将长 135m，宽 69m。该油田位于鄂毕湾，距离俄罗斯天然气工业股份公司(Gazprom Neft)经营的其诺维港码头的地方不远。

其拥有约 5500 亿 m^3 的天然气，计划从 42 口井生产。附近海域还有几个天然气田，其中包括 Severo Kamennomyskoye。鄂毕湾将亚马尔半岛和格丹半岛分隔开来。是俄罗斯石油和天然气最丰富的地区之一，目前正在进行几个主要的油田开发。海湾在一年中的大部分时间都被厚厚的冰层覆盖，所有现场设施都必须采用极端的防冰措施。Sevmash 和 Zvezdochka 都参与了在 Pechora 海开采石油的平台普里拉兹洛姆纳亚(Prirazlomnoye)油田(图 1.18)的建设[22]。

Arctech 赫尔辛基造船厂是设计和建造复杂北极船舶的卓越中心，专注于北极造船技术和破冰船、北极近海和其他特殊船舶的建造(图 1.19)。Arctech 结合了 STX Finland 和联合造船公司两大造船公司的专业知识，并联合了俄罗斯和芬兰的海洋产业集群。该造船厂历史悠久,成立于 1865 年,在同一地点建造了近 150 年的船舶,已经在全球交付了约 60%的破冰船。

图 1.18 Prirazlomnoye 油田(引自知乎@泛海英才)

图 1.19 Arctech 赫尔辛基造船厂

Arctech 的主要产品之一是多功能北极近海船舶。2012 年和 2013 年交付的 Vitus Bering 和 Aleksey Chirikov 代表了下一代多功能破冰补给船。这些破冰船将用于俄罗斯远东地区的库页岛 1 号、阿库图恩-达吉油田和天然气田。这些船只的主要目的是为石油和天然气生产平台提供补给,并保护其免受冰的影响。这些船只是为北极的极端环境条件而设计的。这些船只的破冰能力极高——它们能够在1.7m 厚的冰层中独立作业，并能打破 20m 深的冰脊。

Vitus Bering 和 Aleksey Chirikov 的设计基于 2005 年交付的 SCF 萨哈林号，是有史以来为北极航行建造的最复杂、最通用的船舶之一。SCF 萨哈林号是专门为俄罗斯远东奥尔兰油田萨哈林 1 号的冰管理而设计的。目前，Arctech 正在建造一艘破冰应急救援船 NB-508，该船采用专利的倾斜设计，具有不对称的船体和三个方位推进器，使船能够高效地向前、向后和侧向运行。该船可以在 1m 厚的水平冰上以连续模式前进，在倾斜模式下，它将能够在 0.6m 厚的冰上形成 50m 宽的航道。该设计基于 ARC 100 概念，由 Aker Arctic Technology 为 Arctech 开发。NB-508 代表了一种全新的防溢油技术，也适用于在大浪中作业，该船将在芬兰湾使用。

1.2.3　极地考察站

世界第一个永久极地考察站是奥尔卡德斯站，位于南奥克泥群岛。该考察站成立于 1804 年，是阿根廷开办的南极科学考察站。在这个基地中，有 11 座建筑和 4 个主要研究方向，分别是大陆冰川学、海洋冰川学、地震学、气象观测。目前全世界共 31 个国家拥有 76 个南极考察站，对南极地区进行了多学科考察研究，其中俄罗斯、阿根廷、美国和智利拥有的考察站数量最多。许多重要的科学研究都是在南极取得突破的，例如：在南极大气中发现和研究臭氧洞，南极冰下大湖——东方湖的发现和研究等。因此，南北极地区是与全球环境变化、经济可持续发展、人类生存与命运休戚相关的科学研究与实验圣地。

全球气候变迁加剧，极地冰层持续融化，法国塔拉海洋基金会计划 2025 年要在北极启动极地站。这座极地站宛如一座漂流实验室，预计要在冰层漂流长达 500天，要深入北极海洋，记录极端气候下的北极生态圈，希望能为人类找出应对气候暖化的一套方程式。塔拉海洋基金会执行董事特鲁布莱提出："北极点是气候变迁的前哨站，那里的气候变迁严重程度是欧洲的两到三倍。"极地站预期会收集有关全球暖化和北冰洋生物多样性的数据，要探索神秘的极地生物，而为了扩大研究范围，法国斥资大约 1308 万欧元，把极地站打造成一座长 26m、宽 14m 的椭圆形漂流实验室，航行动力当然是无碳能源。

中国的极地站有长城站(图 1.20)、中山站、昆仑站、泰山站、黄河站。前四个站位于南极，最后一个站位于北极，另外还有难言岛在建的第五个科学考察站——中国南极罗斯海新站。这些站的设立是为了解决空间物理和空间环境探索的许多谜团，有利于探索冰冻的南极和北极。其中长城站建成于 1985 年 2 月 20 日，坐落在南设得兰群岛乔治王岛，占地面积约为 2.5km^2。站区是火山岩组成的丘陵地形，呈台阶型，西高东低，平均海拔为 10m。地表由卵砾石和砂石组成，平均 1.2m

以下为永久冻土层。长城站的夏季代表月——一月的平均气温为 1.3℃，最高为 11.7℃，最低为–2.7℃；冬季代表月——七月平均气温为–8℃，最高为 2.6℃，最低为–26.6℃。年降水量为 630mm 左右，以降雪为主。暴风雪频繁是长城站的最大特点，每年大风(17m/s)日数在 60 天以上，最大风速可达 40.3m/s。

图 1.20　中国南极长城极地科学考察站

1.3　特殊用途船舶对低温材料的需求

1.3.1　LNG 燃料动力船舶的结构及要求

随着对清洁能源的需求不断增长，液化天然气(liquefied natural gas, LNG)在能源工业中的地位越来越重要。天然气的主要成分是甲烷，它无色、无味、无毒且无腐蚀性，是一种清洁、高效的能源。为了提高效率和便于长距离运输，通常在低温或加压的条件下将天然气或石油气液化后进行储存和运输。天然气在–161℃液化，液化天然气的体积仅为同质量气体的 1/600 左右[23]。

装载液化天然气的舱内温度为–163℃左右，液货舱低温维护系统的安全性是设计、建造 LNG 船的主要难题之一。如果低温维护系统损坏，轻则发生液化天然气的泄漏而导致外层结构的冷脆性开裂，重则导致火灾、爆炸等事故[24]。

为保证在储存和运输过程中 LNG 和 LPG(液化石油气)不会气化，液舱(液罐)内的温度必须低于液态货物的液化温度，这就带来了液舱(液罐)的材料选择以及焊接的问题，液舱(液罐)材料的耐低温性能和焊接性是保证结构安全性的关键，尤其是存在液体晃荡时。LNG 和 LPG 船的液舱(液罐)耐低温材料包括镍钢(殷瓦钢，含镍 5%的钢，含镍 9%的钢)、5083 铝合金和奥氏体不锈钢(304 不锈钢、316L 不锈钢)。

LNG 低温运输船中低温材料的发展：根据我国及国际 LNG 低温运输船的总体设计及其构造，其中应用的低温材料主要有 9%Ni 钢、Ni36 殷瓦合金以及 5 系铝合金等。首先是 9%Ni 钢最早是 20 世纪 50 年代由美国人研发并投入使用的，到 60 年代末日本将这项工程和材料的技术进行了改进，使之在 LNG 运输上发挥了较大的作用。9%Ni 钢是一种 Ni 含量较高的低碳调质钢，在实验室–196℃时仍然能够保持着较高的韧性和强度，因此在大型 LNG 低温储罐中的用处非常大[25]。

其次是 Ni36 殷瓦合金，该合金于 1986 年被法国物理学家发现，该合金是含有 36%Ni 的面心立方体结构，属于一种铁镍合金，性能优良，其较低的热膨胀性能会使之在温度变化时的基本尺寸规格等不至于产生较大的形变。实验已经证明在–273℃下的殷瓦合金仍然能够保持稳定的奥氏体状态，因此，该合金材料的发展与应用极大地提高了低温运输时的安全系数。

最后，关于铝合金的低温性能已经被广泛认可了，由于铝合金是由面心立方体结构的铝和其他材料结合而成的，其具备了铝在低温状态下的力学性能，铝合金没有低温脆性，而 5 系铝合金更是其中的佼佼者，其中 5083 铝合金是 LNG 运输船的储罐材料之一，主要用于制作罐顶。

LNG 船建造的发展方向：

(1)LNG 船用低温钢生产复杂，质量把控较难，国内只有少数几家企业具备生产条件，导致低温钢的生产被垄断，因此实现 LNG 船用低温钢的大量国产化，降低建造成本，提高质量势在必行。

(2)确保 9%Ni 钢的优良焊接性能是 LNG 低温储罐建造时的难点和重点，其占据船舶制造成本的大部分比例，9%Ni 钢焊接时经常发生的问题主要包括焊接接头的低温韧性、焊接冷(热)裂纹以及焊接时电弧的磁偏吹现象等，其中主要是焊接材料会影响其低温韧性[26]，低熔点化合物是热裂纹的主要成因，焊接工艺不适当时，就会有冷裂纹的倾向，9%Ni 钢的高导磁性和剩余磁感应强度导致在焊接过程中容易产生电弧的磁偏吹现象。因此，根据 9%Ni 钢的焊接性提出合理的焊接工艺和焊接参数，得到较好的焊接接头，确保 LNG 储罐安全运行是很有必要的。

1.3.2　液化石油气(LPG)运输船的结构及要求

液化石油气(liquefied petroleum gas, LPG)液化温度一般为–104～–45℃。液化石油气船主要运输以丙烯和丁烯为主要成分的石油碳氢化合物，近年来乙烯也列入其运输范围。

LPG 船按货物运输方式分为全压式(装载量较小)、半冷半压式(装载量较大)和全冷式(装载量最大)三种船型[27]。

全压式又称常温压力式，是把货物置于常温条件下加压超过蒸发气压的压力，使货物变成液化状态。通常最高设计温度为 45℃，最高设计压力为 1.75～2.0MPa[28]。

半冷半压式又称低温加压式，这类船冷却工作温度为–5℃左右，压力为0.8MPa 左右，运载液化气接近于全压式 LPG 船，现已很少建造。

全冷式又称为低温常压型，该型 LPG 船的液舱由耐低温特殊钢材制成，外面敷有绝热材料，冷却工作温度为–48℃左右，储存于液舱内的 LPG 可在常压下运输，液舱设计压力一般为 0.025MPa。

全冷式液化石油气船又称低温常压型 LPG 船，对于此类船舶，液化石油气储存于不耐压的液舱内，处于常压下的沸腾状态，液舱设计压力一般不大于 0.07MPa，单个液舱容积很少受限制，适宜建造大型船舶，容量大都为 50000～90000m³。超大型全冷式液化气船 VLGC(very large gas carrier)是国际海上运输 LPG 的主要船舶，也是以高技术、高难度、高附加值著称的三高船舶，其建造需要大量的低温钢板。LPG 船的建造主要集中在韩日中三国，江南造船(集团)有限责任公司为中国首家能承接 VLGC 订单的船厂。目前国内 LPG 船用低温碳钢板全部依赖国外进口，因此开展 LPG 船用低温钢板的研制与开发，生产具有良好低温冲击韧性和焊接性能的低温钢板，实现 LPG 船用低温钢板国产化应用，对于提升我国 LPG 船制造能力具有重要意义。

1.3.3　超大型集装箱船的结构及要求

结构强度和疲劳强度一直是集装箱船设计的关键，全船有限元分析是必需的设计内容。但是对超大型集装箱船来说，船体结构的刚度问题同样不容忽视[29]。

超大型集装箱船船长、船宽远超过一般的集装箱船，货舱开口达到船宽的90%，由于大开口的特性，仅考虑垂向作用力对船体梁的影响是远远不够的，还应考虑其他各种载荷的作用，包括水平波浪弯矩、水动力扭转、货物箱重等。联合载荷作用下船体强度和结构变形显得尤为突出，特别是舱口围板和上甲板的舱口角阀、纵向舱口围板的前后两端、船体结构的折角处等重点受力区域，应力集中现象较为明显[30]。

来自船级社的研究表明，超大型集装箱船船体梁因刚性不足在波浪中更易发生扭转和垂向弯曲振动；由于尺度效应，超大型集装箱船船体梁振动会因遭遇波浪载荷发生弹振(springing)和顺振(whipping)现象，进一步增加了船体结构疲劳和失稳断裂的风险。

超大型集装箱船通常采用双岛式布局，居住区域与机舱区域分离，居住区域作为一个单独的区域模块布置在船舯位置附近，远离机舱区域。其主要优点如下[31]：

(1)由于驾驶室前移，驾驶室与船头之间的距离缩短，带来明显的驾驶视线改善。

（2）驾驶室后方与机舱烟囱之间的主甲板上方可以堆放更多的集装箱，提高了装箱量，与居住区布置在机舱上方的单岛布置方案相比，集装箱装载量可增加约5%。

（3）居住区域远离机舱与主机，主机运转产生的噪声与振动对居住舒适性的影响大大降低，居住区的噪声水平和振动水平也大大降低。

由于双岛布置型集装箱船的燃油舱也布置在前岛居住区域的下方，中间由隔离空舱进行隔离，在船舶离港装满油水的情况下，由于重量分布不均也会对船舶产生其他的影响如静水弯矩分布、静水剪力分布等。

北极航道缩短我国与西欧、我国与北美洲东海岸的距离，北极黄金水道全部开通将为我国降低 533 亿～1274 亿美元的国际贸易海运成本，降低途经马六甲海峡、苏伊士运河和索马里海域等高敏感区的政治风险。极地运输需重点关注北极东北航道，而北极西北航道仅有少量的商业航行。从北极航道发展趋势来看，多用途船、油船、LNG 船、集装箱船将成为未来极地海域内的四大主力运输船型。

鉴于北极新航道的开辟，极地船舶在航运过程中被困等诸多因素的影响，未来极地船舶需要有更高强度的船体结构。未来北极航道将会形成东北、西北、中央三条航线。其中，中央航道航行路线距离较短，开发运营指日可待，但中央航道存在着海冰数量多、环境较为恶劣等特点，对极地船舶有一定的设计建造要求和难度。因此，未来极地船舶船体结构将会布置更多的强构件以满足应对恶劣海况的要求。但是，在加强结构强度的同时如何保证运营经济性也是一个不可忽略的问题[32]。

极地船舶发展可拉动众多高技术密集型产业发展，包括低温材料、极地通信导航、全回转推进器、高端制造、智能船舶等。保守估计，极地船舶及相关配套产业未来需求超过 1000 亿美元，市场需求巨大，极地船舶必将成为我国供给侧结构性改革的重要方向。围绕国家海洋强国战略和北极发展目标，迫切需要发展极地船舶装备与技术，突破冰载荷、防冻除冰、功率推进等基础技术瓶颈，解决船舶研发、设计、建造中的关键问题，打造极地船舶设计建造的国际品牌，积极拓展国际船舶市场[33]。

1.3.4　极地破冰船的结构及要求

随着全球气候变暖影响以及极地科学考察的深入，南北极的地理位置和环境资源价值不断显现，极地领域的竞争越发激烈，权益争端也不断加剧[34]。而极地破冰船担负着保证极地航线畅通以及开辟新航线的重要任务，是到达极地核心区域开展极地科学考察作业的基本条件，同时也是各国实施两极战略布局、拓展战略空间的关键力量。

破冰船需要在极地冰区内承担破冰、清理航道、救援被困船舶等任务，这对于船体外形、建造材料以及结构的布局形式等方面提出了很高的要求，因此船体结构在破冰船的设计中占据着至关重要的地位。

极地破冰船的性能很大程度上依赖于船体结构设计，破冰能力、破冰效率以及对螺旋桨等重要部件的保护能力是极地破冰船结构设计考虑的核心因素。因此，首先在总体结构设计上，相较于一般海船，极地破冰船不仅拥有更大的自重，而且长宽比也更小，约为 5:1，而一般海船远远大于这个比例，如"高月"级驱逐舰船长为 136m，宽却只有 13.4m。该设计使极地破冰船船身纵向短横向宽，具有更好的操纵性。其次，为减少破冰过程中，碎冰对船体的损害，极地破冰船通常没有减摇装置和突出部分，并将船身设计为有利于保护舵和螺旋桨的结构，防止倒车时舵和桨叶被海冰撞坏。此外，为使破冰船更易冲上海冰进行破冰作业，破冰船的船艏一般设计为勺型，底部具有平缓的角度（约为 15°）[35]，以提高破冰效率。

船体设计的改进主要是为了适应恶劣的海冰环境，同时在这种情况下，破冰船有更强大的破冰能力。随着造船材料的不断创新，高强度、耐低温的新型钢材的广泛应用对提高破冰船的功能有一定程度的帮助[36]。

1.4　海洋极寒环境材料属性范围和选择过程

在过去的船舶设计中，材料选择通常不是独立的过程，并且会严重依赖以前类似的设计和应用经验。因此，正式选择材料时，即使在大数据时代，有时也可能不会与实际应用十分贴切，大部分会为保证安全而超标选择；或因为缺乏标准而忽略应该关注的某些材料性能。例如，在设计冰区船舶管道时，几乎没有人会考虑碎冰冲击对管道内壁造成的冲蚀影响。

然而，随着科研人员对使用环境的进一步全面考虑，以及层出不穷的新材料突破环境对其使用性能的限制，特别是在进行特别创新的极寒环境装备设计工作时，其实各类材料（金属、陶瓷、涂料、高分子等）的可行性可以随着经济或技术条件的微小变化而变化。因此，需要以极其广泛的方式讨论极寒环境装备对各类工程材料的使用要求，材料的适用范围及其检测和评价方式，在海洋极寒环境中使用的主要材料如表 1.5 所示。

表 1.5　海洋极寒环境材料的分类

种类	材料名称	具体分类	一般用途
金属	铁基合金	C-Mn 碳钢	海上平台及船体，如 API 2HGr50
		低合金钢	海上平台及船体，如 A32-F460

续表

种类	材料名称	具体分类	一般用途
金属	铁基合金	不锈钢	海上重型设施水下组件，如管道和格栅、冒口、热交换器、扶手、梯子、灯柱等，SS316L、S32205(双相)、S32750、S32760
		铸钢	自升式、半潜式钻井平台和导管架平台的节点关键部位
	铝合金	形变铝合金	船舶甲板和上层舾装壁板油箱、水泵、导管、散热器、烟囱等船舶零配件、深潜器、鱼雷外壳及其发射器 5 系、7 系
		铸造铝合金	舰船箱类和发动机零件 ZL104
	铜合金	纯铜	电线、电缆、电刷，防磁性干扰的磁学仪器、仪表，如罗盘、航空仪表等
		铜镍合金(白铜)	冷凝管、齿轮、螺旋桨、轴承、衬套及阀体
		青铜	耐蚀承载件，如螺旋桨、弹簧、轴承、齿轮轴、涡轮、垫圈等
		黄铜	电器上的结构件，如螺栓、螺母、垫圈、弹簧
		复杂合金	
	镍合金	3Mo、6Mo、9Mo、12Mo	水下控制装置和配件的组件、海上钻井平台上的平台立管和钢制塔架支腿的防波涛护层
	其他(钛、镁、锌)		钛合金(潜艇和深潜器、高速、大型快艇和扫雷艇、螺旋桨、管系、阀门沿海发电装置、海水淡化装置、舰艇零部件)
聚合物	热塑性塑料	聚乙烯	海洋浮标
		聚氯乙烯	涂料、围油栏
		聚丙烯	薄膜
		聚苯乙烯	发泡剂
	热固性塑料	氨基塑料	隔声、隔热
		聚氨酯	涂料、浮力材料
		聚酯	薄膜、纤维
		酚类化合物	高分子合成原料
		环氧	涂料
		聚酰亚胺	保温、防冻、隔热
	弹性材料	天然橡胶	减震、密封
		丁苯橡胶	轮胎、胶管、输送带
		丁二烯橡胶	轮胎、胶管、胶带
		乙丙橡胶	绝缘层、耐热胶管
		其他(如硅酮、腈)	密封、润滑

续表

种类	材料名称	具体分类	一般用途
无机材料	玻璃		监视、结构
	陶瓷		浮力、透明陶瓷、防护涂层
	混凝土	水泥	硅酸盐、铝酸盐、硫铝酸盐
		钢筋	不锈钢钢筋、钢筋涂层
		添加物	粗骨料、细骨料、硅灰、减水剂、钢筋阻锈剂、防锈辅助剂
	其他无机材料		例如碳纤维
复合材料	聚合物基	结构复合材料	中小型舰船壳体、舱室隔板、门等舾装件
		声学复合材料	透声复合材料(声呐导流罩)、吸声复合材料(稳定翼、舵、指挥台围壳、上层建筑)、隔声复合材料(指挥台围壳、上层建筑、舷间隔声器、支撑件)
		阻尼复合材料	螺旋桨、基座、筏架、推进轴、管路系统
		隐身复合材料	围壳顶部、桅杆、上层建筑
		防护复合材料	指挥舱、弹药舱、燃油舱
木材	硬木		甲板垫木
	软木		地板、装饰
	层压板	胶合板	隔断、底板、天花板

　　参照普通船舶需求或参照寒区普通材料需求为极寒海洋环境装备选材,逐渐无法满足重型、极低温船舶等设计要求。极寒海洋条件下使用的船体、管道、海上平台、涂层或建筑系统必然与普通海洋环境存在较大差异,参照现有的大多数可行的材料选择标准,会导致各种使用缺陷,或为了避免缺陷增加材料使用规格,例如原本通过受力分析等结构设计,确定 25mm 厚船板钢即可满足性能需求,但是为了避免船舶在冰载荷条件下船体材料开裂,通常会选用(25+3)mm 的船板钢进行船舶制造。这样的问题不可避免地出现在现有的极区装备设计中,增加成本的同时,增加了船重,违背了节能减排的国家政策要求。

　　针对海洋极端环境设计新材料势不可挡,但是全部使用新材料又完全不现实,如何了解海洋极端环境需求,并对材料做出正确选择,避免可能出现的各类缺陷问题,是材料、极地、船舶等多个专业共同面对的问题。随着针对低温环境下材料评价方法和评价数据的丰富,材料的选择将更有针对性,也更加符合实际需求,本书整理了材料选择流程图(图 1.21),该图需要特别关注的是装备设计、材料选择与材料评价标准、材料数据库的关系,作为一种"粗糙"的材料选择指导为读者提供帮助。当然，除了材料特性的明显考虑外，有效的设计还必须考虑到材料的可制造性和成型性。

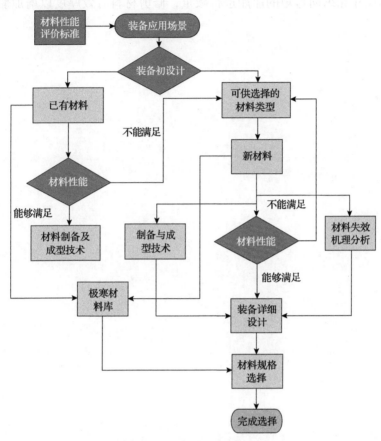

图 1.21　材料选择流程图

海洋极寒环境服役材料的选择应重点考虑的几个方面：环保、经济、冰载荷、低温、腐蚀、磨损等。鉴于极地地区特殊的地理位置，材料的使用问题必须与环境问题并行提出，即所使用的材料是否会释放有毒物质，是否会破坏生态平衡，是否会引起碳排放增加？环保问题是海洋材料中一个非常重要的问题，如钢铁的密度会影响船舶重量，从而影响能耗；船舶涂料会释放毒性物质从而防止微生物附着；有机材料的脱落会影响极地地区微塑料结构。另外，低温会增加钢铁脆裂的风险，而且对于涂料、密封材料、聚合物结构都有致命的影响；冰载荷不仅会增加船体结构受力，影响船舶结构安全，而且也会破坏船体表面涂料，增加船体表面钢铁腐蚀风险，甚至由于冰载荷摩擦发生腐蚀-磨损耦合作用而产生局部孔蚀问题，严重影响钢材性能。

　　在船舶设计领域，一般通过增加钢铁厚度预留腐蚀余量，如更准确判断钢铁的耐蚀性及全寿命周期的腐蚀失重，就可以将保存的重量转移到货物上，使具有相同外部尺寸和纵向弯矩的船舶进行减重，修剪材料有效厚度以增加船舶运载能力。

第 2 章 海洋极寒环境服役钢铁材料

2.1 极寒环境钢材简介

1860 年，第一艘铁壳装甲战舰 "HMS 战士" 出现，从此，钢铁成为造船业最关注的材料，其抗拉强度、冲击韧性、硬度、密度、耐蚀性成为船舶设计选择材料的关键因素。而决定这些性能的重要条件之一就是钢铁成分及微观组织结构。1982 年英国皇家海军第一艘潜水艇 "荷兰 I 号" 被修复，该船于 1902 年下水并于 1913 年在前往好望角时沉没。然而专家发现，虽然那时的冶金技术远非当今科技可比，但是该船体材料表面腐蚀速率出人意料之外的缓慢。表 2.1 是 "荷兰 I 号" 船体上金属材料化学成分表，可以看出虽然没有添加大量的合金元素，该钢材仍然保持了优秀的耐蚀性能，显示了当时高超的制钢水平。

表 2.1　"荷兰 I 号" 部分金属材料化学成分表

船上部件	Cu/%	Zn/%	Fe/%	Sn/%	Mn/%	Pb/%	Ni/%	Al/%	C/%	P/%	S/%
齿轮	其余	39.2	3.8	0.8	0.5	0.7					
鱼雷发射管	其余	35.5	3.4	1.2	0.4	0.7					
潜望镜	其余		2.8	9.3		2.1					
指挥塔	其余		1.2	11.3		0.6					
电阻器	55.8	26.2	0.35	0.06		0.04	17.9	0.05			
船身			其余		0.34				0.12	0.06	0.11
甲板			其余		0.45				0.21	0.09	0.09

极寒船用钢材的另一个重大进步就是制造过程使用了焊接技术。虽然氩弧焊是在 1880～1910 年发展起来的，但是第一艘全焊接远洋船直到 1921 年才建成，直到第二次世界大战，焊接仍然是困扰船舶建造的一个难题，尤其是大型制造结构的设计经验十分不足。仅在 1942～1952 年就有超过 200 艘船破裂失效，其中最引人注目的可能是停泊于码头的 T2 油轮的一分为二。科研人员积极开展对这些失效的研究，也促进了新型结构钢的开发，提出船舶用钢的韧性是决定钢材使用性能的重要因素，尤其是进行焊接时必须提供钢材使用韧性的验证，接下来，在对两起严重钻机事故的调查中强调了对钢材疲劳和断裂因素的设计和施工方法的需求，并且继续开展该方面的研究。20 世纪 60～80 年代，装备设计师们强调更

清洁、更轻、更复杂的大规模刚性的结构设计，主要用于海洋油田和深水探测，而现在海洋装备研发的驱动力则是向更高强度的钢材和其他材料改性，以用于减轻装备重量，例如使用不锈钢复合钢材。

　　适用于极地环境的材料包括需要保持在水线以上的部分及水线下的部分。水线上使用的钢材需要承受更低的温度、湿度、光照、空气对流以及盐雾腐蚀，而水线下则要承受冰载荷、波浪冲击、海水腐蚀及疲劳腐蚀。针对特殊使用环境进行材料和结构设计是极地海洋领域研究的有效途径。然而目前对于一般的极地船舶设计，通常是在船级社提供的标准基础上，利用极少的经验（基本基于强度、韧性）进行材料粗选。但是船级社没有对钢材耐磨性、耐腐蚀性的要求，并不表示其缺乏重要性，而是缺乏相应的标准进行指导，尤其是在冰区航行过程中，或在极地使用过程中的气候条件、冰区航线情况等缺乏，导致标准的建立极其困难。另外，由于不同钢材密度相差不大，一般是被忽略掉的性能，然而由于整船使用钢材量巨大，极小的密度差异也会因此大大影响船重，且密度与材料硬度、强度、杨氏模量关系密切，应是后续被关注的重点参数。

　　目前，只有少数环北极国家积累了部分极地用钢的相关经验，大部分的国家和船级社都缺少极地船舶材料的研究和数据。但是，随着北极资源开发的竞争日趋激烈，发达国家纷纷加强了极地船舶用钢的研发，目的是为资源开采和运输提供更安全且低成本的极地低温材料。芬兰与俄罗斯合作开展北极材料技术开发项目获得欧盟资助，由芬兰的 Lappeenaranta 工业大学与俄罗斯的 Prometey 研究院共同承担。挪威的北极材料项目则是一个包括日本的新日铁、JFE 和 DNV 船级社等多家企业和海事组织参与的国际研究项目，致力于开发新一代更高强度级别极地船舶用钢[37]。俄罗斯在北极具有很长的海岸线，在北极开发最活跃，其积累了长期和大量的极地船舶用钢工程应用经验。俄罗斯 Prometey 研究院还开发了屈服强度为 315～690 MPa 级的极地船舶"纳米结构钢"系列产品，具有优异的低温韧性，在北极钻井平台和运输油轮上获得了应用。在优质钢材支持下，2007 年 8 月 2 日，俄罗斯科学考察队在破冰船的带领下，驾驶"和平一号"深潜器在北冰洋海底 4261m 处的北极点插下了一面钛合金制造的俄罗斯国旗[38]。美国重型破冰船壳体结构用钢主要由海军用钢 HY-80、CG-ASTM 537M、EH36-060（Mod）等特殊钢种组成。美国海军用调质型高强钢 HY-80 和 HY-100 可满足破冰船的要求，但合金含量太高，可焊性差，导致成本太高而只用于海军破冰船。

　　得益于 20 世纪 80 年代日本 TMCP 快速发展的技术优势，新日铁等企业在 EH36 船舶用钢基础上开发了最厚 75 mm 的极地船舶和海工用钢 EH36-060［或 EH36（Mod）］，采用低碳 Mn-Cu-Ni 合金体系，屈服强度达到 430 MPa 以上、–60℃ 夏比冲击功达 300J 以上、50%FATT 温度在–100℃左右，而碳当量只有 0.38，并可实现大线能量焊接。在完成母材和 SAW 及 GMAW 焊接部位、HAZ 的 COD 裂纹尖端张开位移试验等一系列应用性能评价后，EH36-060 被大量用于包括美国破冰船、极地油船和极地海洋平台的建造，其中极地油船钢板使用厚度最大达到70.5mm。

随着韩国造船企业在极地船舶上的领先，韩国钢铁企业加大了极地用钢的研发，浦项制铁和现代制铁分别开发了耐极地低温钢 FH32、FH36 以及极地 LNG 船用 EH500 和 FH500 钢，并应用在科学考察破冰船 "Araon" 号及俄罗斯 Yamal 项目极地油轮和极地 LNG 船上。

另外，由于冰层对破冰船的反复冲击和摩擦会严重破坏外壳表面涂层而加速腐蚀损坏，还有些破冰船船艏和两侧壳体等承受冰层冲击的部位采用了不锈钢复合板来建造，如芬兰 Fennica、Botnica 和 Nordica 破冰船采用了爆炸复合焊的不锈钢复合板，日本 Shirase 破冰船则采用轧制不锈钢复合板。随着极地船舶的大型化发展趋势，船体减重的需求越发迫切，采用的钢级强度也越来越高，如芬兰 Arctech 公司建造的多功能破冰船已经使用了 1070 t EH500 钢板代替 EH36 级钢[39]，达到了目前民用船舶用钢应用的最高级别，其船体减重可达 30%左右，而若采用690 MPa 级则可更进一步减重约 50%。因此，开发与应用更高强度级别的极地船舶用低温钢是未来发展的趋势。

我国钢铁装备技术整体上已达到国际一流水平，国产船舶及海工钢产品可以满足绝大部分造船和海工建造需求，并具备了优异低温韧性超高强 E 级和 F 级海工钢的生产能力，有力地支撑了我国造船与海工行业的快速发展。鞍钢研制的TMCP 供货状态 EH36 级船舶用钢已应用于我国自主建造的小型破冰船，舞阳钢铁公司研制的大线能量焊接 NVE36 钢板为广船国际承建的极地重载甲板运输船提供了所需钢板。宝钢集团则试轧出厚度为 68mm 的高强度 EH40、FH40 船舶用低温钢，在–60℃的低温条件下，钢板横向、纵向夏比冲击功依旧在 200J 以上。但是我国传统高级别超高强海工钢主要采用淬火+回火生产工艺，以中碳成分为主，钢板焊接性较差，焊接性能处于难焊接区，满足不了极地船舶建造焊接和超低温焊接维修的要求；E 级和 F 级高强度级别的船板还没有获取国外多家船级社的认证而无法大批量生产，与日、韩、俄等国家存在明显的差距。因此，必须设计基于低碳当量的新型 TMCP 工艺技术，开发高强韧且易焊接的极地船舶用钢。

随着全球海洋资源开发向深海和极地环境拓展，以及 LPG（液化石油气）、LNG（液化天然气）等清洁能源的大量使用与运输，适应极寒与超低温环境的高技术船舶成为海洋经济和国家能源战略发展的重要支柱。极寒与超低温环境船舶用钢板的需求量也越来越大，但我国超大型集装箱船用大厚度止裂钢、极地破冰船用超低温船板、LPG 船用低温钢、LNG 船用殷瓦钢等关键材料目前尚未摆脱国外进口制约，严重影响了我国高端船舶的制造和产业升级。

本章将从低温钢材分类、使用性能、发展趋势等宏观背景，以及不同船用低温钢板微观结构、合金元素添加、轧制工艺等对钢材性能影响等方面分别讨论极寒海洋环境用钢的研究情况，后续也将随着试验的开展而进一步优化，望能够为读者提供一些帮助。

2.2 极寒海洋环境用钢船级规范

极地破冰船特别是重型破冰船结构通常采用特殊钢，与冰层接触线以下部位船体用钢要求最高，此部分船体必须承受冰层的反复撞击，必须具备足够的低温韧性、强度、可焊接性、疲劳强度等综合性能[40]。虽然《钢质海船入级规范》[2022年]（简称《钢规》）、《极地船舶指南》（简称《指南》）及《材料与焊接规范》（简称《规范》）等对于极地航行船舶的各种钢材进行了限定。但是《钢规》明确指出，所有的规定不针对破冰船，只针对极地航行船舶。而由于钢级规范是以冲击试验温度来进行定义的，将最高级别的–60℃冲击温度船用钢板定义为 F 级，是否能够满足评价极地船舶在航行过程中承受冰层的动态、连续冲击以及航行于不同海域、昼夜的温差变化等苛刻条件要求尚无法确定。根据英国 LR 船级社对近 700 艘极地航行船舶 40 年来的跟踪，有 57%的极地船舶在平均服役 13 年后，船体钢结构出现裂纹和断裂现象[41]。中国"雪龙"号极地考察船每次完成极地考察任务后也要定期进坞对船体上出现变形、裂纹和腐蚀的船板及焊缝进行维护。

航行于极地海域的船舶可能遭遇海冰、冰川、低温等苛刻的自然环境，特别是海冰和低温对于船舶的型线及船体结构提出了较高的要求。为了确保船舶在极地冰雪区域的航行安全，防止海洋污染（船体破损导致的石油泄漏、海洋作业平台的泄漏污染），北极周边国家纷纷制定和实施相关冰级规范。

冰级规范里最重要的是芬兰-瑞典冰级规范（Finnish-Swedish Ice Class Rules, FSICR）和国际船级社协会 IACS 极地冰级规范（Polar Class Rule）[42]。其次，比较重要的规范包括俄罗斯船级社（Russian Maritime Register of Shipping, RMRS）冰级规范和加拿大北极船舶污染阻止条例（Canadian Arctic Shipping Pollution Prevention Regulations，CASPPR）[43]。世界上主要船级社（ABS，BV，DNV，LR，GL，CCS，NK）也有各自的冰级规范。

最早的芬兰-瑞典冰级规范可以追溯到 1890 年，它是现在人们熟知的芬兰-瑞典冰级规范（FSICR）的起源。第一版芬兰-瑞典冰级规范于 1971 年发布，当时芬兰和瑞典就破冰船项目合作达成一致意见。芬兰-瑞典冰级规范主要适用于冬季航行于北波罗的海的商船。从它第一次发布至今，芬兰-瑞典冰级规范很长时间都作为波罗的海冬季航行控制条例的重要组成部分执行实施。随着时间的推移，事实上，它已经被认为是冰区船舶加强设计的标准。芬兰-瑞典冰级规范将船舶分为四种冰级（ⅠA Super，ⅠA，ⅠB，ⅠC），另外还有两种没有定义冰级的船舶，具体如表 2.2 所示。

表 2.2　FSICR 冰级划分

冰级	描述
Ⅰ A Super	船舶通常能够航行通过较厚冰区，不需要破冰船辅助
Ⅰ A	船舶能够航行通过较厚冰区，必要时需要破冰船辅助
Ⅰ B	船舶能够航行通过中等厚度冰区，必要时需要破冰船辅助
Ⅰ C	船舶能够航行通过较薄冰区，必要时需要破冰船辅助
Ⅱ	钢制船体船舶结构满足航行于开阔水域要求，尽管没有航行于冰区的结构加强因素，仍能够通过自身推进系统航行通过较薄冰区
Ⅲ	不属于上述冰级的船舶

　　国际船级社协会 IACS 于 2007 年发布了极地冰级规范 *Polar Class*，并于 2016 年、2019 年进行了修订。该规范对全球的海冰情况进行了比较全面的描述，将船舶分为七个冰级，应用于除破冰船外的极地水域航行的船舶。船舶冰级根据不同海冰情况划分，主要基于船舶航行水域的海冰厚度确定，海冰越厚，航行于这些水域的船舶结构强度要求越高，推进动力越大。国际船级社协会 IACS 冰级要求和冰级划分具体如表 2.3 所示，七种冰级要求涵盖了船舶航行水域的所有可能的海冰情况，它不仅给设计者提供设计的灵活性，还可以避免给船东和船舶操作者造成混乱。

表 2.3　国际船级社冰级描述[44]

冰级	描述
PC1	全年航行于所有水域
PC2	全年航行于中等多年冰水域
PC3	全年航行于两年冰水域，可能含有多年冰
PC4	全年航行于一年厚冰水域，可能含有旧年冰
PC5	全年航行于一年中等厚度冰水域，可能含有旧年冰
PC6	夏/秋季航行于一年中等厚度冰水域，可能含有旧年冰
PC7	不属于上述冰级的船舶

　　由于极地航行船舶面临着腐蚀、摩擦、低温、海冰、极寒、极湿的恶劣服役环境，极地船舶必须具有良好的结构安全性能和低温服役性能，这意味着必须采用特殊的船舶型线及结构设计、利用性能良好的船用材料、采用合理的制造工艺以实现其服役性能。为保证船舶的安全性和可靠性，各国船级社对不同规格、牌号的船板化学成分、机械性能和交货状态都做了严格的规定。有的在要求船板钢

强度达到一定水平的基础上，还要求具有良好的低温冲击韧性，同时还要求各牌号的船板具有良好的焊接性能和耐海水腐蚀性能[45]。

IMO 先后发布通过了《在北极冰覆盖水域内船舶航行指南》《在极地水域内船舶航行指南》《国际极地船舶水域作业规则》，IACS 也发布了《极地船级统一要求》（IACS UR）。这些规则和指南构成极地船舶设计、建造和航行作业的主要公约规范。CCS 也于 2016 年发布了《极地船舶指南 2016》（简称《指南》），并在《钢质海船入级规范 2022》（简称《钢规》）的第八篇第 13 章发布了极地航行船舶的专门规定[46]。根据中国船级社发布的《材料与焊接规范 2022》（简称《规范》）[47]，船舶结构钢分为一般强度船体结构用钢、高强度船体结构用钢及焊接结构用高强度钢。其中，一般强度的船板钢主要用于建造沿海、内河和万吨级以下的海洋航区的船舶壳体；而高强度船板钢由于具有强度高、综合性能好、承受载荷大的优点，适用于建造远洋万吨级以上的船舶壳体[48]。

厚度不超过 150mm 的钢板和宽扁钢、厚度不超过 50mm 的型钢和棒材使用的一般强度船体结构用钢按最小屈服强度划分为 A、B、D、E 四个级别。高强度船体结构用钢按其最小屈服强度划分强度级别，每一强度级别按其冲击韧性的不同分为 A、D、E、F 四个级别[49]，规定适用于厚度不超过 150mm 的 AH27、DH27、EH27、FH27、AH32、DH32、EH32、FH32、AH36、DH36、EH36、FH36、AH40、DH40、EH40 和 FH40 等级的钢板和宽扁钢；还适用于上述等级厚度不大于 50mm 的型钢和棒材。厚度不大于 250mm 的钢板和扁钢、厚度不超过 50mm 的型钢，以及直径/厚度不超过 250mm 的钢棒，拟用于海洋结构工程的热轧、细晶、可焊接高强度结构钢、型钢或无缝钢管与上述船体结构钢是分别进行规定的，同样按其最小规定屈服强度分为 420MPa、460MPa、500MPa、550MPa、620MPa、690MPa、890MPa 和 960MPa 共 8 个等级。除屈服强度 890MPa 和 960MPa 不设 F 韧性级外，其他各强度级按冲击试验的温度分为 A、D、E 和 F 4 个韧性级。所有等级如下：AH420 DH420 EH420 FH420、AH460 DH460 EH460 FH460、AH500 DH500 EH500 FH500、AH550 DH550 EH550 FH550、AH620 DH620 EH620 FH620、AH690 DH690 EH690 FH690、AH890、AH960、DH890、DH960、EH890、EH960。另外，大型集装箱船用 EH47 钢（厚度为 50～100mm、屈服强度不小于 460MPa 的高强度船用结构钢）和止裂钢应满足 CCS《船用高强度钢厚板检验指南》的要求。

在《规范》中，为了保证钢板的低温冲击韧性和脆性转变温度，以及良好的焊接性能，对碳当量的上限进行了规定，并对钢的成分范围进行了控制，还对各种钢材的屈服强度、冲击韧性、伸长率以及材料成分进行了限定。而在《钢规》中对极地船舶的船级、结构要求、设计冰载、船体外板厚度要求、腐蚀/磨耗增量和钢板换新、不同部位的材料使用做出了明确规范，适用于极地冰区航行的船舶，如表 2.4 所示。

表 2.4　《钢质海船入级规范 2022》中低温下的材料级别

构件类别	构件名称	材料级别	
		船中 0.4L 内	船中 0.4L 外
次要类	通常的露天甲板板	I	I
	BWL 以上的舷侧板		
	BWL 以上的横舱壁⑤		
	暴露于低温货物下的液货舱边界板⑥		
主要类	强力甲板板①	II	I
	强力甲板以上的纵向连续构件(不包括舱口围板)		
	BWL 以上的纵舱壁⑤		
	BWL 以上的顶边舱舱壁⑤		
特殊类	舷侧顶列板，包括圆弧形舷板②	III	II
	强力甲板边板②		
	纵舱壁处的甲板板③		
	纵向连续的舱口围板④		

①大开口角隅处的强力甲板板应做特殊考虑。凡可能发生局部高应力处的强力甲板板应按材料级别Ⅲ或选用 E/EH 钢级。

②船长大于 250m 的船舶，在船中 0.4L 范围内，应选用不低于 E/EH 钢级。

③船宽超过 70m 的船舶，至少有 3 列甲板板应为材料级别Ⅲ。

④应选用不低于 D/DH 钢级。

⑤适用于与暴露在低气温下船体外板相连接的板材。至少有一列板被同样认为是暴露板，该板的宽度至少为 600mm。

⑥适用于非液化气船的暴露于低温货物下的液货舱边界板，应满足 (i) 最低货物设计温度 t_C(℃)；(ii) 钢级对应于表 2.11 的材料级别 I。最低货物设计温度 t_C 应在装载手册中给定。

　　根据《钢规》的要求，对不同材料级别的船体构件所要求的钢级，应根据船体构件所取的板厚和设计温度按表 2.5 选取。设计温度 t_D<−55℃时，其所用的钢级应经 CCS 特殊考虑。凡采用钢级 E/EH 及 FH 或材料级别Ⅲ的单列板的宽度应不小于 $(800+5L)$ mm（L 为船长，m），但不必大于 1800mm。用于制造尾柱、舵、挂舵臂和尾轴架的板材有额外的要求。极地船证书应与极地规则保持一致，设计温度 t_D 不高于极地服务温度(PST)13℃。在极地区域，整个观测周期的统计平均至少为 10 年。

　　《钢规》4.2.4 节对极地航行船舶的船体冰区加强区域进行了划分，用来反映这些区域所受到的预期载荷。根据规定，将船体在纵向划分为冰带首部区以上加强、冰带首部区、首部底部区、冰带中部区和冰带尾部区。具体划分如图 2.1

所示。

表2.5　低温下各材料级别要求的钢级《钢规》

材料级别 I

板厚/mm	−11～−15℃		−16～−25℃		−26～−35℃		−36～−45℃		−46～−55℃	
	低碳钢	高强度钢	低碳钢	高强度钢	低碳钢	高强度钢	低碳钢	高强度钢	低碳钢	高强度钢
t≤10	A	AH	A	AH	B	AH	D	DH	D	DH
10<t≤15	A	AH	B	AH	D	DH	D	DH	D	DH
15<t≤20	A	AH	B	AH	D	DH	D	DH	E	EH
20<t≤25	B	AH	D	DH	D	DH	D	DH	E	EH
25<t≤30	B	AH	D	DH	D	DH	E	EH	E	EH
30<t≤35	D	DH	D	DH	D	DH	E	EH	E	EH
35<t≤45	D	DH	D	DH	E	EH	E	EH	—	FH
45<t≤50	D	DH	E	EH	E	EH	—	FH	—	FH

材料级别 II

板厚/mm	−11～−15℃		−16～−25℃		−26～−35℃		−36～−45℃		−46～−55℃	
	低碳钢	高强度钢	低碳钢	高强度钢	低碳钢	高强度钢	低碳钢	高强度钢	低碳钢	高强度钢
t≤10	A	AH	B	AH	D	DH	D	DH	E	EH
10<t≤20	B	AH	D	DH	D	DH	E	EH	E	EH
20<t≤30	D	DH	D	DH	E	EH	E	EH	—	FH
30<t≤40	D	DH	E	EH	E	EH	—	FH	—	FH
40<t≤45	E	EH	E	EH	—	FH	—	FH	—	—
45<t≤50	E	EH	E	EH	—	FH	—	FH	—	—

材料级别 III

板厚/mm	−11～−15℃		−16～−25℃		−26～−35℃		−36～−45℃		−46～−55℃	
	低碳钢	高强度钢	低碳钢	高强度钢	低碳钢	高强度钢	低碳钢	高强度钢	低碳钢	高强度钢
t≤10	B	AH	D	DH	B	DH	E	EH	E	EH
10<t≤20	D	DH	D	DH	D	EH	E	EH	—	FH
20<t≤25	D	DH	E	EH	D	EH	E	FH	—	FH
25<t≤30	D	DH	E	EH	D	EH	—	FH	—	FH
30<t≤35	E	EH	E	EH	D	FH	—	FH	—	—
35<t≤40	E	EH	E	EH	E	FH	—	FH	—	—
40<t≤50	E	EH	—	FH	E	FH	—	—	—	—

注：表中"—"为不适用。

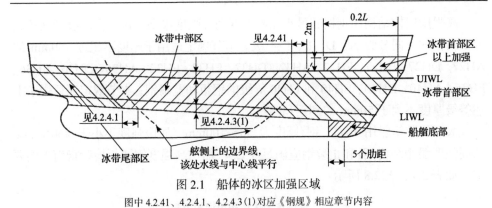

图 2.1　船体的冰区加强区域

图中 4.2.41、4.2.4.1、4.2.4.3(1)对应《钢规》相应章节内容

2.3　极寒海洋环境用钢性能要求

船级社标准中，大多是对钢材的屈服强度、抗拉强度、伸长率及不同温度下的平均冲击功进行规定，如表 2.6 所示，但是这些数据对于极地装备结构设计选材提供的指导意义更大，而实际极寒海洋环境条件下，由于海风、波浪、紫外线、冰载荷等共同作用，产生的腐蚀及磨损问题反而会大大影响钢材的使用寿命，造成安全等方面的严重问题。本节将从极寒海洋环境条件、合金元素添加、轧制及热处理工艺对极寒海洋环境用钢性能，尤其是对腐蚀及摩擦磨损方面性能的影响展开讨论。

表 2.6　一般强度船体结构用钢的力学性能

钢材等级	屈服强度 R_{eH} 不小于 /(N/mm²)	抗拉强度 R_m /(N/mm²)	伸长率 A_s 不小于 /%	夏比 V 型缺口冲击试验					
				平均冲击功不小于/J					
				试验温度/℃	厚度 t/mm				
					$t \leqslant 50$		$50 < t \leqslant 70$		$70 < t \leqslant 150$
					纵向[②]	横向[②]	纵向	横向	纵向 横向
A				20	—	—			
B	235	400～520[①]	22	0	27[③]	20[③]	34[④]	24[④]	41[④] 27[④]
D				−20					
E				−40					

①经 CCS 同意后，A 级型钢抗拉强度的上限可以超出表中所规定的值。

②除订货方和 CCS 要求外，$t \leqslant 50$mm 时冲击试验一般仅做纵向试验，但钢厂应采取措施保证钢材的横向冲击性能。

③对厚度不大于 25mm 的 B 级钢，经 CCS 同意可不做冲击试验。

④厚度大于 50mm 的 A 级钢，如经过细化晶粒处理并以正火状态交货，可以不做冲击试验；经 CCS 同意，以热机械控制轧制状态交货的 A 级钢也可以不做冲击试验。

⑤型钢一般不进行横向冲击试验。

高强度船体结构用钢按其最小屈服强度划分强度级别，每一强度级别又按其冲击韧性的不同分为 A、D、E、F 4 级。本节规定适用于厚度不超过 150mm 的 AH27、DH27、EH27、FH27、AH32、DH32、EH32、FH32、AH36、DH36、EH36、FH36、AH40、DH40、EH40 和 FH40 等级的钢板和宽扁钢；本节规定还适用于上述等级厚度不大于 50mm 的型钢和棒材。

大型集装箱船用 EH47 钢(厚度为 50～100mm、屈服强度不小于 460N/mm^{2}的高强度船用结构钢)和止裂钢应满足 CCS《船用高强度钢厚板检验指南》的要求，如表 2.7、表 2.8 所示。

表 2.7　高强度船体结构用钢的力学性能

钢材等级	屈服强度 R_{eH} 不小于/(N/mm^2)	抗拉强度 R_m/(N/mm^2)	伸长率 A_s 不小于/%	夏比 V 型缺口冲击试验[①]						
				试验温度/℃	平均冲击功不小于/J					
					厚度 t/mm					
					$t \leqslant 50$		$50 < t \leqslant 70$		$70 < t \leqslant 150$	
					纵向	横向	纵向	横向	纵向	横向
AH27	265	410～530	22	0	27[②]	20[②]	34	24	42	27
DH27				−20						
EH27				−40						
FH27				−60						
AH32	315	440～570	22	0	31[②]	22[②]	38	26	46	31
DH32				−20						
EH32				−40						
FH32				−60						
AH36	355	490～630	21	0	34[②]	24[②]	41	27	50	34
DH36				−20						
EH36				−40						
FH36				−60						
AH40	390	510～660	20	0	39[②]	26[②]	46	31	55	37
DH40				−20						
EH40				−40						
FH40				−60						

①经 CCS 同意后，A 级型钢抗拉强度的上限可以超出表中所规定的值。

②除订货方和 CCS 要求外，$t \leqslant 50$mm 时冲击试验一般仅做纵向试验，但钢厂应采取措施保证钢材的横向冲击性能。

2.3.1　低温及覆冰海洋环境对钢材性能影响

随着人类活动逐渐深入极地深处，人们对极寒海洋环境条件的变化数据积累

表 2.8　焊接结构用高强度钢的力学性能

钢级和交货状态		屈服强度 R_{eH} 不小于 /(N/mm²)			抗拉强度 R_m/(N/mm²)		断后伸长率 A_s/% $L_0 = 5.65\sqrt{S_0}$		夏比 V 型缺口冲击试验		
		名义厚度/mm			名义厚度/mm					平均冲击功不小于/J	
		≥3 ≤50	>50 ≤100	>100 ≤250①	≥3 ≤100	>100 ≤250①	横向 T	纵向 L	试验温度/℃	横向 T	纵向 L
H420N/NR H420TM H420QT	A D E F	420	390	365	520～680	470～650	19	21	0 −20 −40 −60	28	42
H460N/NR H460TM H460QT	A D E F	460	430	390	540～720	500～710	17	19	0 −20 −40 −60	31	46
H500TM H500QT	A D E F	500	480	440	590～770	540～720	17	19	0 −20 −40 −60	33	50
H550TM H550QT	A D E F	550	530	490	640～820	590～770	16	18	0 −20 −40 −60	37	55
H620TM H620QT	A D E F	620	580	560	700～890	650～830	15	17	0 −20 −40 −60	41	62
H690TM H690QT	A D E F	690	650	630	770～940	710～900	14	16	0 −20 −40 −60	46	69
H890TM H890QT	A D E	890	830	不适用	940～1100	不适用	11	13	0 −20 −40	46	69
H960QT	A D E	960	不适用	不适用	980～1150	不适用	10	12	0 −20 −40	46	69

①对某些应用场合，如海上平台的齿条等，若设计要求其整个厚度保持拉伸性能时，则最小规定的拉伸性能不能随着厚度的增加而降低。

也逐渐丰富。船级社提出的高于 10 年的气候统计数据用于指导材料选择的要求也逐渐可以达到。根据历年对极寒海洋环境的分析研究结果，提出需要考虑服役条件对极寒环境下的船用钢板的影响，主要包括：

(1) 极地区域最低服役环境温度达到–70℃，已经低于《规范》中对于 F 级钢板–60℃的低温韧性测量值。

(2) 在极地区域的水面与水下之间，冬季与夏季之间的温差会引起极地航行船舶的船体结构的材料体积变化，这会使船体受到巨大的结构应力甚至会造成船体钢结构的断裂，严重影响极地航行船舶的服役性能。

(3) 极地航行船舶在航行过程中受到冰层、冰脊的连续撞击会产生低温疲劳失效和低温塑性变形。

(4) 为了降低极地航行船舶的远距离航行能耗而采用更高强度的钢板，会导致钢板的止裂性能下降。

(5) 船舶在航行过程中，冰层对于船体的冲击和摩擦磨损会破坏船体外壳的涂层，加速船体的腐蚀磨损。

北极冬季的气温介于–30～–20℃，夏季气温为 5～8℃，年平均气温为–10℃左右，平均湿度在 95%以上；南极水域最低气温介于–30～–25℃。低温会降低材料的服役性能，降低船体材料的韧性，增加船体的结构应力，引起极地航行船舶的船体变形，因此极地破冰船对于船体的结构强度要求更高，对船舶各设备的材料使用要求更苛刻。

很多专家开展了低温条件下钢材的性能研究。Ma 等[50]介绍了不同温度下钢轨材料 $U_{71}Mn$ 的磨损行为；结果证明在低温环境下，钢轨的硬度和磨损率会增加，钢轨磨损机制从磨粒磨损变为黏附磨损和疲劳磨损，钢轨的材料变脆，在低温下的亚表面损伤比常温下更严重，磨屑的尺寸也比常温大。Yan 等[51]研究了与北极环境有关的低温高强船用钢 S690 钢的应力-应变、弹性模量、屈服强度、极限抗拉强度、断裂应变等力学性能。在低温环境箱中对钢板进行–80～30℃的拉伸试验，比较了低温环境对低碳钢和高强度钢力学性能的影响，并讨论了它们的差异。

Palmer 等[52]针对北极油气平台的抗冰墙进行了研究，提出了利用低温高强钢构筑钢-混凝土-钢(SCS)三明治式的抗冰墙结构。针对北极区域环境温度从–70℃到 30℃不等的情况，Elices 等[53,54]测试了热轧钢和冷轧钢在常温及低温环境下的力学性能，发现热轧钢强度随着温度的降低而增加，与冷轧钢相比，低温对热轧钢的延展性能影响不大。Lahlou 等[55]经过研究发现，在低温环境下，低碳钢的强度和弹性模量有了显著的增加，而延展性能降低。Noh[56]研究了 FH32 船用钢板在室温和低温下的落锤冲击试验，通过调整测试的程序和工艺，使试样的耐撞击性能得到了明显的提高。

Golioglu[57]研究了大厚度的 FH40 船用钢板的生产工艺，分析了不同元素对于钢板性能的影响，认为要生产高质量的厚度为 70～100mm 的耐低温钢板，需要有效地控制轧制过程的 S、P、N、H 等杂质的含量，降低结构中非金属夹杂物的数量和尺寸，优化 C、Mn、Ni 元素的含量，并使其尽量均匀，同时控制浇注速度、真空脱气工艺及板坯冷却工艺。

Choung 等[58,59]研究了用于北极海洋结构的 EH36 低温高强度钢，通过对平面试样的不同切口进行了一系列拉伸试验，采用非线性有限元分析（FEA）并利用三轴应力公式对每个试件的应变进行数值模拟，通过比较工程应力与应变曲线确定数值模拟的失效形式，在平均应力三轴域上绘制了等效塑性应变，提出了一种新的失效应变公式。

Zou 等[60]研究了普通 EH36 和 EH36-Mg 造船用钢的组织结构、夹杂演变过程、晶粒尺寸和分布，以及相关的浇注工艺、轧制过程和焊接试样性能。数据显示在 EH36 船板中的夹杂主要是 Al-Ca-S-O-(Mn) 的混合氧化物，晶粒尺寸为 1.0～2.0μm；经过 Mg 的掺杂，会出现大量的 MnS 沉淀相和含镁的 Ti-Al-Mg-O-(Mn-S) 夹杂物，这会显著地优化晶粒结构并有利于在轧制和焊接过程中针状铁素体的成核。经过轧制和焊接热影响后，MnS 的数量随着 Ti-Al-Mg-O 氧化物在表面的沉降而逐渐减少。

Wang 等[61]研究 EH36 船用钢板在 1200℃条件下的夹杂物演化行为，数据表明在铸坯中，Al-Ca-O-S 氧化物混合体占主要部分，随着温度升高，会出现大量的含锡夹杂物，这为奥氏体的生长提供了快速通道。

Min 等[62]利用电化学试验研究了不同阴极保护电位 EH36 船用钢板腐蚀行为的影响。电化学测试结果表明：与环境温度为 5℃相比，试件在 28℃时的电流密度较低而表面电阻较高。在船体底部壳体和系泊锚链上，5℃下的阴极保护电位 [−800mV(*vs.* SCE) 至 −1000mV(*vs.* SCE)] 设计准则不适用，其电位高于−800mV(*vs.* SCE)，虽然在环境温度 28℃的结构满足腐蚀电位范围，但是其对腐蚀损伤的预测是不稳定的。

Layus 等[63]介绍了极地区域航行船舶与平台结构的焊接工艺现状。通过对应用于北极环境的改进埋弧焊工艺的实验研究，认为在极地环境材料焊接的主要挑战是防止焊缝和基材脆性断裂的形成。介绍了窄间隙焊接、多线焊接、金属粉末添加焊接等工艺，描述了厚度为 12.7mm 的 X70 管线钢的多线焊接技术。在沉积速率和焊接工艺操作参数方面对先进的埋弧焊工艺进行比较，并列举了各工艺在低温环境下的优缺点。对每一项修改都进行了详细的回顾，有助于正确选择合适的焊接工艺和工艺参数。

张朋彦等[64]研究了 EH40 船用钢板在焊接热模拟试验中熔合线的微观组织和力学性能。分析了夹杂物对奥氏体晶粒尺寸和晶粒大小的影响。结果表明：在−20℃时，钢的冲击功大于 150J。钢的微观结构由块状的晶界铁素体（GBF）、晶内多边形铁素体(IGF)、晶内针状铁素体(IAF)组成，IAF 的比例超过 50%，未观察到贝氏体和粒状贝氏体，夹杂物的存在可以降低 GBF 的生长，直径为 5~8μm 的大尺寸夹杂物也能促进 IGF 的形成，有时还能利用贫 Mn 区成核形成 IAF。

Cao 等[65]采用光纤激光焊接对 AISI316L 奥氏体不锈钢与 EH36 船钢之间的异质材料进行焊接。采用光学显微镜、扫描电子显微镜和 X 射线衍射仪对焊缝显微组织进行了分析；通过对-40℃下显微硬度测试和横向强度拉伸和冲击性能试验，研究了焊接速度对焊接接头组织和力学性能的影响；发现在激光焊接过程中，快速冷却会形成马氏体相，随着焊接速度的提高，焊缝中间的粗马氏体转化为更细的马氏体晶粒，当焊接速度为 0.6m/min 时，焊缝的缺陷更少，焊接接头具有良好的延展性和冲击韧性。

Yu 等[66]研究了钇含量和冷却速度对 EH36 船用钢结构和夹杂物的影响。结果表明：添加微量的钇可以促进晶内针状铁素体的成核，并对微结构进行细化，随着钇含量的增加 IAF 的比例先增加后降低，而获得 IAF 的最佳钇含量为 0.01%。适当的冷却方式为钢模冷却，铁素体相和 Y_2O_2S 之间的晶格失序非常小，为 4.2%，Y_2O_2S 可有效促进 IAF 的成核。北极地区安装的一些 FPSO 项目在早期设计阶段考虑使用复合钢板作为船体材料。该复合钢板是由碳钢和不锈钢等不同金属热轧制成的。碳钢具有良好的强度，而不锈钢具有良好的耐腐蚀性能。复合钢板已广泛应用于炊具、化工厂、储罐、压力容器和海水淡化设备，然而由碳和不锈钢组成的复合钢板在日本破冰船"Shirase"中只使用过一次。

Sagaradze 等[67]研究了含氮量为 0.4wt%的奥氏体钢 $Kh_{20}N_6G_{11}AM_2BF$，经过 1150℃淬火和 15%冷变形后表现出较强的机械性能、耐磨性能和耐应力腐蚀开裂性能，可以用来作为极寒区域船用钢板的外包覆层，其屈服强度可以达到 437~520MPa，必须考虑到在熔覆层与基材的界面处形成的马氏体层合金元素的再分配。

低温会影响极地船舶的暴露结构、设备和系统的正常工作，特别是一些电气传感元件，由于暴露在低温环境下的钢质管系和水舱会结冰，滑油系统也会因流动性降低而导致润滑不良，使设备的热应力增加[68]。海水的飞溅和大气中的过冷液滴会在船体甲板、缆绳、通风口、救生设备上产生大量如图 2.2 所示的覆冰，覆冰会增加极地航行船舶的吃水深度、提高船体重心。

在海洋平台上的覆冰最重达到几百吨，这会降低平台结构的可靠性和稳定性，从而影响船舶稳性。通信设备上的覆冰也会影响信号的接收，覆冰对绞盘、阀门、起重机、门窗、通风设备也会造成损坏。低温进气还会使废气涡轮增压器吸入的空气温度降低而密度变大，这会抬高主机扫气压力、最大燃烧压力和压缩压力，从而降低主机运行的可靠性。低温下的结冰还会增加船上工作人员滑倒的概率，冰块掉落也会带来人身安全的威胁。

当破冰船航行于海冰覆盖区域时，船体会受到冰阻力的作用，在航行时极地

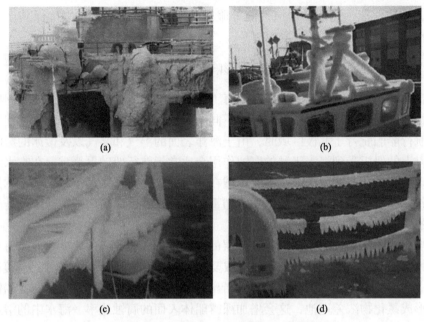

图 2.2　低温覆冰对于极地船舶的影响[69]

(a)海洋平台；(b)通信设施；(c)救生设备；(d)甲板设备

海域的浮冰和碎冰会被挤压到船体下方与螺旋桨产生接触、碰撞和铣削[69]，导致螺旋桨的推力和转矩增大，碎冰与螺旋桨接触时会使螺旋桨受到冰块的碰撞，如果冰块的尺寸较大则会对螺旋桨产生铣削作用，从而对螺旋桨造成损害。螺旋桨因为受到海冰的额外载荷还会对主机造成瞬时过载，引起船舶主机的零件受损、燃烧不良和热应力增加。冷却海水进水口也容易受海冰的堵塞而导致主机和发电机组停止工作，甚至会引发极地船舶发生搁浅等海上事故。浮冰和水下冰脊以及冰区水道的边缘会对船舶的船体发生刮擦、磨损，严重的还会造成船体舷侧、舭部和船底区域的变形或破损，因此船体的钢板必须有一定的抗海冰磨损的能力。

　　船体与冰之间的接触是个复杂的过程，冰载荷对于破冰船的型线结构、船体各结构材料的成分、厚度、强度等级的选择起着关键的作用，是极地航行船舶设计所必须考虑的参数之一。冰载荷是在船舶压碎碰撞浮冰并能够有效吸收撞击动能的假定基础上，确定冰载荷的计算方法，需要考虑冰的厚度、冰的强度、船体形式、船体尺度和航速，还应该考虑计算冲撞破冰模式。极地航行船舶在极地作业不可避免地会受到浮冰的撞击，其冰载荷的大小也大大超过普通的船舶。由于实际冰况的多样性，很难确定每艘极地船舶航行在所有冰况中遭受的海冰撞击产生的冰压力和冰载荷。冰载荷对于船体的影响取决于冰的类型、船体的型线结构、冰的厚度和失效参数以及船舶的航行速度。为了保持极地航行船舶设计的合理性，在极地航行船舶开始制造前，必须采用等比例船模对极地航行船舶的航行性能、破冰性能、与冰的碰撞性能等服役性能参数进行测试，以确保其设计的合理性[70]。

2.3.2 冰区腐蚀海洋环境对钢材性能影响

腐蚀因素对船舶、远洋设施、近海工程的服役性能、航运安全、使用周期有决定性的影响。极地航行船舶航行于不同的海域，同样会面临海水的腐蚀问题。极地航行船舶航行于北极区域时，由于海洋表面的湿气和雾气以及覆冰的影响，水线以上的船板受到海水飞溅的腐蚀作用会比常规航行船舶更严重。在吃水线附近及以下区域，船舶的中舷侧平直区域在航行中受到浮冰、多年冰、水下冰川的碰撞作用，会破坏船体表面防护层，加重船体的腐蚀。船舱内的压载舱也会受到海水的腐蚀困扰。

当海水中 H_2O-NaCl 凝固时，冰层的表面会形成氯化物的浓度梯度，海水中靠近冰层的氯化物浓度相对于其他区域要高，当温度达到–21.1℃的共晶温度时，海冰中的冰块中间会有纯 NaCl 晶体析出。因此破冰船在破冰过程中会在船体表面上形成氯化物浓差电池，这会增加裸露船体表面的腐蚀速率。海水中的溶解氧浓度受温度的影响较大，海水表层的氧含量较高，船舶水线区域在海水腐蚀和海浪的作用下比较容易出现油漆层的破坏和脱落，此区域腐蚀速率也很高。对于极地航行船舶的船体，需要选用特殊的船用钢板以应对船舶航行于不同温度海域、面临不同海水腐蚀的恶劣环境的需求。

图 2.3 显示了经过深冷处理及经过三天海水浸泡后(没有经过深冷处理)的极寒环境船用钢板的 SEM 图片，可以发现未经过深冷处理的钢板表面组织比较均匀，而经过深冷处理的极寒环境船用钢板的表面腐蚀产物显得疏松且不均匀。

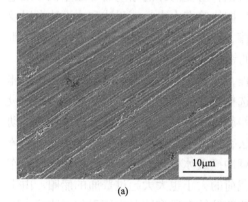 

(a)　　　　　　　　　　　　　　　(b)

图 2.3　极寒环境船用板腐蚀产物图

(a)原板；(b)深冷处理试样

图 2.4 为两组试样在经过去膜溶液处理后的表面形貌，可以清晰地发现没有

经过深冷处理的极寒环境船用钢板表面经过海水侵蚀后发生了均匀腐蚀，而经过深冷处理的钢样表面出现了较大的点蚀坑。

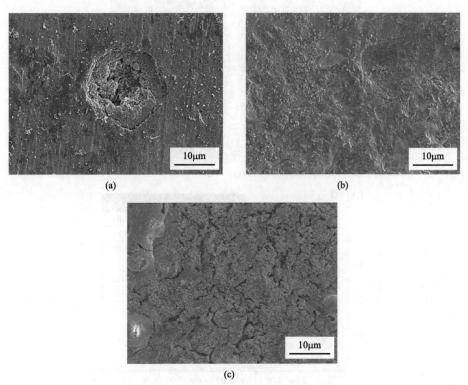

图 2.4　经过深冷处理的极寒环境船用钢板去除腐蚀产物图
(a)深冷处理试样；(b)未深冷处理

　　采用 EDS 对船用钢板的表面腐蚀产物进行元素分析可以发现：如图 2.5 所示，腐蚀产物以 O 和 Fe 为主，另外还含有少量的 C、Cl 和 Na 元素，因此可以初步断定腐蚀产物主要以铁的氧化物为主。数据显示，没有经过低温处理的船用钢板表面的 O 和 Cl 元素的含量比经过深冷处理的船板表面要高得多。

　　文献[71]显示，在钢板表面形成的一层均匀致密的腐蚀产物层能够阻止腐蚀液进一步侵蚀基体，从而有助于提高基体的抗腐蚀性能、降低腐蚀速率。在去除经过深冷处理后钢样表面的腐蚀产物(图 2.4)后，发现在基体表面有点蚀坑出现。Cl⁻是海水中对于钢铁腐蚀行为产生最大影响的离子，起到破坏表面氧化层，产生疏松层的负面影响。经过−80℃的处理后，在金属表面比较容易产生裂纹，因此Cl⁻能够扩散到基体的内部，产生严重的原位腐蚀。一旦富集的 Cl⁻超过一定浓度后，会向腐蚀坑的四周扩散，从而产生新的点蚀行为，而未经过深冷处理的样品表面由于保护层的作用，较少产生点蚀，以均匀腐蚀为主。

　　图 2.6 为根据失重法计算的两种钢样的腐蚀速率对比图，经过−80℃深冷处理

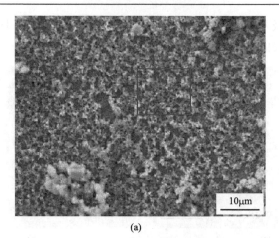

(a)

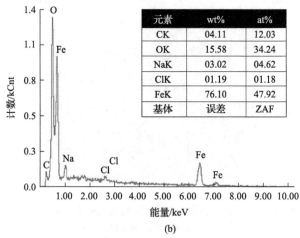

元素	wt%	at%
CK	04.11	12.03
OK	15.58	34.24
NaK	03.02	04.62
ClK	01.19	01.18
FeK	76.10	47.92
基体	误差	ZAF

(b)

图 2.5　极寒环境船用钢板腐蚀产物 EDS 分析

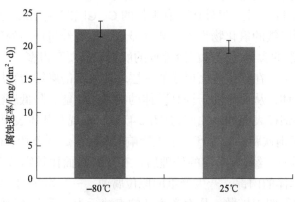

图 2.6　深冷处理对腐蚀速率的影响

钢样的腐蚀速率达到 22.62mg/(dm²·d)，而未经深冷处理钢样的腐蚀速率为

19.88mg/(dm²·d)。SEM 和 EDS 都显示未经过深冷处理的钢样表面形成一层致密而均匀的腐蚀产物，而经过深冷处理钢样的表面以点蚀为主，腐蚀产物比较疏松多孔，后期的测试结果显示，未经深冷处理的钢样发生了均匀腐蚀。

电化学阻抗谱(EIS)是用来研究金属与腐蚀液界面之间电化学反应行为重要的表征手段，图 2.7 为经过深冷处理的极寒环境船用钢板浸泡 3d 后，在开路电位下测量得到的电化学阻抗谱。相对于未经过深冷处理的极寒环境船用钢板，图 2.7(a)显示浸泡 3d 后试样的阻抗弧明显变小，同时可以发现经过深冷处理钢样的阻抗弧要小于未经过深冷处理的试样，这意味着经过深冷处理试样的腐蚀速率加快。这种阻抗弧之间的变化主要是由于试样表面形成的腐蚀产物膜的不同。对应的幅度波特图[2.7(b)]显示在低频区未经深冷处理试样的幅值要比经过深冷处理的试样高，图 2.7(c)为两种试样对应的相位角波特图，经过深冷处理的钢样在

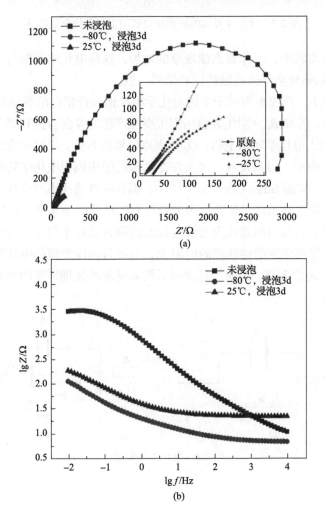

(a)

(b)

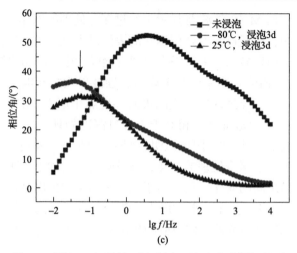

图 2.7　浸泡 3 天后的极寒环境船用钢板电化学阻抗谱

低频区的相位角较小，意味着点蚀现象的增加，这些电化学数据与上面显示的经过 –80℃处理的钢样会导致点蚀的试验结果一致。

　　通常情况下，图 2.8 为对于上述电化学阻抗谱进行拟合的等效电路，其中 R_s 代表溶液电阻；Q_f 和 R_f 分别代表船用钢板腐蚀产物的界面容抗和离子穿越钝化膜的阻抗；R_{ct} 代表电化学转移电阻；Q_d 代表双电层的容抗。经过拟合的各电子元件参数如表 2.9 所示，可以发现，经过深冷处理的船用钢板电化学转移电阻要比未处理的钢样小。根据 Stern-Geary 公式[72,73]，钢板的腐蚀速率与电化学转移电阻的数值成反比。结果显示经过深冷处理的钢样有较高的腐蚀速率，而且经过 3 天浸泡后钢板的电荷转移电阻要比没有经过浸泡的钢板试样小得多。等效电路中另一个重要的元件是离子穿越钝化膜的电阻 R_f，与经过深冷处理的钢样相比，没有经过处理钢样的 R_f 值要高，说明经过腐蚀后没有被深冷处理样品的表面生成了氧化膜和致密结构。

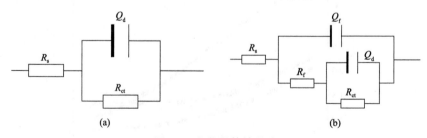

图 2.8　电化学等效电路

表 2.9　极寒环境船用钢板电化学阻抗谱拟合参数

样品	R_s/Ω	Q_d/F	n_1	R_{ct}/Ω	Q_f/F	n_2	R_f/Ω
原始样	9.53	323	0.625	3330	—	—	—
−80℃ (3d)	22.4	16.8	0.522	389	—	—	20.1
25℃ (3d)	6.74	22.3	0.626	432	15.4	0.489	22.4

2.3.3　冰区摩擦磨损海洋环境对钢材性能影响

腐蚀和摩擦磨损的综合作用是导致船上设备失效的重要因素，船舶机械的失效有 70%与船上零部件的摩擦磨损有关联，研究船舶机械中的摩擦学问题对于减小磨损、增加机械寿命以及保证船舶机械的安全运行具有重要意义[74]。船体经常处于暴雨、风浪等多变的天气状况，会引起船上设备的振动与冲击，产生不可避免的摩擦磨损和性能损耗。船舶机械的摩擦磨损主要由机械表面之间的滑动、冲击和滚动，船体设备与液体、空气之间的冲刷作用造成。船舶在航行过程中的阻力由摩擦阻力、黏压阻力和兴波阻力组成，设备与船体出现相对移动时，会导致材料发生应力断裂、疲劳失效、塑性变形、热应力集中以及黏附磨损、氧化磨损和腐蚀磨损的现象。可以将船舶在航行时的摩擦行为分为内摩擦和外摩擦，内摩擦指船上主机、轴系、辅机等运动部件的摩擦；外摩擦则指船上甲板设备与空气、船体、螺旋桨与水的摩擦，船上作业人员行走时与船舶甲板的摩擦。当船舶在港区停靠时，港口内的冰砾(ice rubble)比较厚，还可能夹杂着岩石、木头和其他材料，也会对船体和机械部件产生损坏。因此需要综合考虑船舶航行过程中的沙尘、盐雾、海洋生物、海水盐度的影响，对船上设备的摩擦副、船员行走、船体型线的摩擦磨损机理开展研究，从而提高船上设备的使用寿命、降低设备噪声、减少航行阻力，以起到节能环保的作用。

对于极地航行船舶来说，需要考虑低温环境下船舶甲板机械各摩擦副之间的摩擦特性以及材料冷脆性对于摩擦性能的影响，同时还要重视船体型线与极地海冰之间的低温服役性能、破冰性能等问题。海冰的密度与海水相差不多，海冰中除了多年冰和浮冰外，还可能含有隐藏在海底的冰川；如果极地航行船舶船体与冰川碰撞，会导致极地破冰船遭受重大的损坏，由于极地航行船舶在航行时无法实时检测海冰的厚度，破冰船危险巨大，因此必须设计低温力学性能良好的破冰船专用钢板及涂层。

全球气候变暖导致极地海域冰层的逐渐消失，但在无冰时代来临之前，不得不依赖于采用特殊设计的冰区加强型船舶在极地环境作业；除了恶劣天气，在极地作业还面临其他潜在问题，包括最常见的海冰的阻挠，以及环境保护等。极地环境下船舶摩擦学研究的主要问题包括：极地低温环境下船舶甲板机械及其关键摩擦副的摩擦特性(冷脆性、低温摩擦材料等)；针对极地低温环境的液压传动系统的润滑油特性；船体型线设计以及船体界面的极地低温适应性等问题[75]。

极地船舶船体与冰之间的接触是个复杂的过程，冰载荷对于船体的影响取决于冰的类型、船体结构、冰的厚度和速度，以及冰的失效形式。在船体航行过程中，船体的涂层也会随着冰载荷的作用而磨损，近年来关于浮冰载荷与船体-冰摩擦系数之间关系的文献较少，Makinen 等[76]对破冰船的摩擦问题进行了回顾，并给出了表面摩擦对模型试验的影响。

Woolgar 等[77]结合加拿大国家研究委员会海洋技术研究所的模型试验数据，使用了非量纲分析来规范冰载荷，对停泊的近海船三种不同的船体-冰摩擦系数进行了调查，通过对冰厚度、浮冰大小和冰的密度，以及浮冰的漂移速度等变量的设置，预测船体与冰之间的载荷推算公式。为了反映船体在冰载荷作用下的受力情况，可以将船体分为不同区域，在长度方向上为 B(船艏)、BI(船艏中部)、M(船中)、S(船艉)，其中 BI、M、S 又可以在上下进一步分为(b)底部、(l)下部、(i)冰带区。

冰载荷是决定船板材料的重要因素，可以分为针对船壳或者加强筋区域的局部冰载荷和船体龙骨所承受的整体冰载荷[78]，同时还有振动载荷、冰山撞击载荷和螺旋桨与冰之间的作用力。局部载荷是船体与冰接触过程中冰对于船体受压区的冰载荷，一般情况下，冰载荷与接触面积和压力 α 正比，可以用式(2.1)来表达：

$$P = P_0(A)^{-\alpha} \tag{2.1}$$

Taylor 等[79]检索了众多的船体与冰的接触数据库，采用 Jordaan 及其合作者提出局部压力分析"event-maximum"方法对于美国海岸警卫队的 Polar Sea，CCGS 的 Terry Fox，Louis ST.Laurent 以及瑞典的 Oden 等破冰船的数据进行检索，发现压力随着面积的增大呈现降低的趋势，每一个数据样本都有清晰明显的曲线，这表明压力是由一些接触区域的冰载荷类型、厚度或温度等物理特征决定。Kujala 和 Arughadhoss[80]总结了经过多次穿过不同冰区测试的破冰船和一般的集装箱船体的压力与接触区域的曲线图，所有测得数据都在设计曲线以下，通过将等比例缩放模型的数据与实船测试数据进行对比，可以得知 $P_0=0.42$，$\alpha=0.52$，而 DNV 和 IACS PC 则分别规定 α 为 0.5 和 0.3。Chernov[81]根据 Shtokman-2008 的航行试验研究了船体与不同类型冰接触的整体冰载荷，以及一些冰级规范中列出的冰载荷，认为船体受到的冰载荷主要取决于船舶操控(船速和动力)，冰的环境(冰密度、厚度、移动速度)以及船冰接触状况。当船在南极与北极航行时，需要考虑与冰山发生撞击的极端情况，船与冰山撞击后有可能会发生严重的破坏，这与船舶在航行过程中的冰载荷作用是完全不同的，对于极地航行船舶来说，与冰山发生碰撞失效的唯一方式就是船体破碎。要真实预测冰山与船体发生碰撞的情形，需要了解冰山的质量、速度、形状等参数，而当前所有的关于极地航行船舶的规范还没有覆盖船舶与冰山碰撞的领域。Calabrese 等[82]对美国海岸警卫队的破冰船船体上的耐磨低摩擦涂层进行研究，数据表明表面粗糙度、相对湿度和移动速度对于船体表面在冰面的滑动摩擦有影响。通过对影响静摩擦和动摩擦的参数进行区分，对船体上两种非溶剂聚合物涂层进行全面评价，经过两年的测试，两种材料在破冰船上都保持了 90% 以上的完好度。其中一种是非溶剂型聚氨酯涂层，已经有效地保护船体 4 年，并且在经过 2 年的服役期后对船体的航行阻力明显降低。

Saeki 等[83]研究了海上浮冰与各种海上结构之间的摩擦系数，经过四年对海冰与海上结构物之间的静态和动态摩擦系数的观察，发现摩擦系数受相对移动速度、海冰的温度、结构物表面粗糙度影响较大，而接触面积、正压力、海冰生长方向以及海水的冰质界面对摩擦系数的影响相对较小。Cho 等[84]认为目前对于北极海冰与船舶和海洋平台之间的摩擦研究较少，通过对韩国船舶与海洋工程研究所（KRISO）冰槽的淡水冰和模型冰进行研究，并进行了不同的摩擦试验，研究冰与不同材料的摩擦特性，计算出船舶与海冰之间的摩擦力，认为冰是一种非常特殊的材料，它不遵从阿蒙顿的摩擦定律，冰与材料之间的摩擦取决于材料的基本粗糙度以及两者接触面间的附加粗糙度，采用不同的涂料和涂装方法可以降低破冰船体与冰之间的摩擦系数。Schulson[85]对于冰的形成和失效开展了一系列的研究，构建了多晶冰在温度和应变下的本构方程，从裂纹的成核和扩展角度讨论冰压缩变形过程，通过对海冰的成型和裂纹等理论的研究，详细地介绍了不同海冰的密度、分子结构、物理特性等特点，为海冰的研究提供了详细的资料。Kietzig[86]介绍了冰摩擦的物理知识及表面熔融理论；认为冰摩擦过程中表面的水膜和边界也会对摩擦行为产生影响。通过分析没有载荷情况下冰的表面液膜性质并讨论冰在压力下的融化过程，结合不同冰摩擦实验装置的特点，认为冰摩擦与温度、滑动速度、法向载荷、冰与滑块之间的接触面积、相对湿度以及滑块材料的表面粗糙度、表面结构、润湿性和导热系数有关，并建立了基于摩擦加热理论的冰摩擦模型以及冰摩擦的研究方向。Formenti[87]研究溜冰鞋与冰之间的摩擦行为；讨论了冰滑动摩擦的影响因素，以及溜冰鞋与冰之间摩擦行为的演变历程。

2.4　极寒海洋环境用钢的发展趋势

2.4.1　高强度

随着海洋资源开发的发展，普通的 360MPa 和 400MPa 级海洋平台用钢已经不能满足需要，提高强度对于平台用钢的减重、降低成本具有重要意义。新日铁采用 TMCP 生产了厚度为 16～70mm、屈服强度为 500MPa、抗拉强度为 650MPa、−40℃冲击功大于 200J 的平台用钢，屈服强度达到 500～700MPa，将成为未来发展的方向[88]。国外的 OX812、SE702 或 DSE690V 等高强度海洋平台用钢已经满足 30~100mm 板固定平台结构的要求,屈服强度达到 690MPa、750MPa、700MPa,低温冲击功分别为 100J(-80℃)、120J(-40℃),碳当量比较低,已经成功用于海洋平台[89];新日铁开发的 210mm 厚自升式海洋平台用特厚板(HT80),屈服强度超过了 700MPa,抗拉强度超过了 850MPa[90]。

2.4.2　厚规格

由于海洋平台的日益大型化,尤其是自升式海洋平台,需要抗拉强度高达 800MPa 级、厚度达 125~150mm 的特厚板,增大厚度不仅造成焊接困难,且对强度和低温韧性产生重大影响。在轧制过程中由于中间变形较小和冷却速率较低,晶粒粗大,强度和韧性较低,而一般通过调质处理生产的厚板,因合金含量的提高又影响了焊接性能,因此,合理的成分设计如铌、钒、钛微合金的添加和 TMCP 工艺参数控制是生产厚板的关键。JFE 开发出了厚度为 140mm、屈服强度为 700MPa、抗拉强度为 800MPa 的含镍平台用钢。迪林根生产的正火后 355MPa 级钢板可以在保证焊接性能的条件下厚度达到 120mm,而采用 TMCP 生产的钢板厚度一般不超过 90mm;420MPa 级的 TMCP 钢板和调质钢板厚度可以达到 100mm。

2.4.3　高的低温韧性

随着对海洋开发区域的日益扩大,海洋用钢的低温韧性更显重要,F 级钢板需求量将大增。通过轧机性能和控制冷却能力的提高、合理的成分设计和 TMCP 工艺参数控制,细化晶粒可以满足低温韧性的需要;不同生产商也采用在超厚板中适当添加镍来提高其低温韧性,韧脆转变温度可以达到-60℃。迪林根开发的用于北极圈库页岛的 S450 钢在-60℃时冲击功超过 300J,满足了此类地区海洋开发的需要。

近年来,受我国造船完成量持续上升的拉动,我国船用钢材的产量也急剧攀升,并实现了从大量进口到大量出口的转变。随着船板产能过剩局面越演越烈,市场竞争力越来越小,多数钢厂共生产高强度船板 476.77 万 t,占船板生产总量的 38.6%,部分钢铁企业高强度船板产量已超过船板总产量的 50%。目前我国 EH36 以下海洋工程用钢已经基本实现国产化,但关键部位所用高强度、大厚度材料仍依赖进口,特别是 690MPa 级高强度、高韧性、耐腐蚀、易焊接的海洋工程用钢目前完全依赖进口。目前,我国钢铁行业开始积极调整产品结构,加大海洋工程装备用钢的技术投入与研发、生产力度,向海洋工程用钢领域进军。但是由于海洋工程装备是在苛刻的腐蚀性环境条件下使用,对耐低温、耐海水和耐大气腐蚀性以及焊接性能要求很高,目前在国内海洋工程用钢领域处于领跑地位的钢企并不多,主要为宝钢、鞍钢、新余、舞钢、南钢、湘钢、济钢等,其他大部分钢厂产品并不能达到厚度和强度的要求。如海洋工程股份有限公司的正式供应商仅有宝钢、鞍钢、湘钢、舞钢、济钢五家钢厂。

第 3 章 海洋极寒环境钢铁材料增韧机理

极寒环境船用钢板除对强度要求高外，对韧性、焊接性、耐腐蚀性、抗层状撕裂性等多方面均有较高或极严格要求，必须设计合理的化学成分，制定适宜的 TMCP 工艺制度，控制钢的组织结构，才能得到良好的性能指标，以满足使用要求[91]。太宽的成分区间无法组织实际生产，因此还需要结合实际生产工艺，针对不同钢级，明确工艺路径及关键的控制参数。本章讨论合金元素添加、轧制工艺及热处理工艺三个方面对海洋极寒环境钢铁材料使用性能的影响，以及极寒环境钢铁材料增韧机理及方法。

3.1 合金元素添加对极寒海洋环境用钢性能影响

极寒环境船用钢板中的添加成分主要包括 C、Si、Mn、Cu、Ni、Al 等元素，各合金元素对于极寒环境船用钢板的影响作用较大，合金元素对钢的加热过程及连续冷却相变的影响体现在 α-Fe 和 γ-Fe 中的固溶度以及对 γ-Fe 不同温度区间都会产生影响。例如，在钢板中加入 Mn、Ni 可以使其与 γ-Fe 形成无限固溶体，扩大 γ-Fe 相区，进而降低 A3 线的温度值，而钢中的 Si、Cr、Mo 则能够与 α-Fe 形成无限固溶体，从而使 α 相区扩大并封闭 γ 相区[92]。合金元素对钢材的低温韧性有重要影响。各种常用的合金元素对韧脆转变温度的影响如图 3.1 所示。

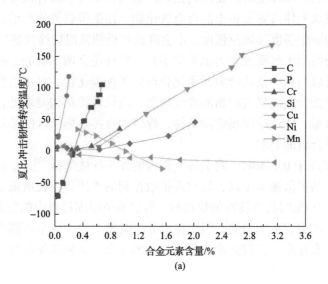

(a)

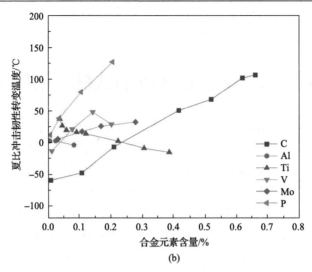

图 3.1　合金元素对钢材韧脆转变温度的影响

可以看到，锰、镍使钢材的韧脆转变温度降低，铝几乎没有影响；钛、钒之类的微合金元素在含量较低时提高韧脆转变温度，达到某一含量后，使韧脆转变温度降低；其他合金元素都不同程度地提高韧脆转变温度[93]，其中碳、硅、磷等固溶原子对韧脆转变温度的升高作用特别显著。碳含量、锰含量以及镍含量对温度-冲击功曲线的影响如图 3.2 所示。可以看到，减少碳含量、增加锰或镍含量能显著降低钢材的韧脆转变温度，锰碳比越高，韧脆转变温度越低。

3.1.1　碳含量对极寒海洋环境用钢性能影响

碳是钢的强度和硬度的首要控制元素，虽然碳本身不具有强度和硬度，但是碳在钢中形成珠光体或弥散析出的合金碳化物，使钢得到强化。增加碳含量能够提高钢板中的屈服强度和抗拉强度，也会降低船板的低温韧性和塑性，且 C 含量过高对于钢板的耐大气腐蚀能力也非常不利，此外还会增加钢的冷脆性和时效敏感性。碳还可以与钢中某些合金元素化合形成各种碳化物，对钢的性能产生不同的影响。根据低合金高强度钢新的设计理念，现代焊接结构要求低合金高强度钢有较低的碳含量，能适应现场焊接条件，焊缝和焊接热影响区的最低缺口韧性和最高硬度应符合新的要求。

当 C 含量高于 0.25%时，将会导致钢板的焊接性能降低[94]，C 元素在奥氏体或者铁素体中的扩散速率很高，导致碳扩散控制的奥氏体生长所需的时间变短；当碳含量小于 0.1%时具有良好的焊接性，可以避免凝固过程中的包晶行为，避免枝晶间偏析，使组织更加均匀。因此在成分的制定中，C 含量不能太高；同时为了满足钢的屈服强度、抗拉强度和低温韧性的要求，需要添加微量合金元素来控

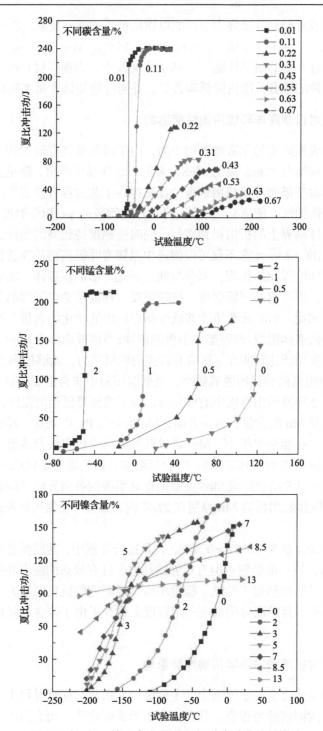

图 3.2　碳、锰、镍元素含量对温度-冲击功曲线的影响

制其显微组织或者控制其最终力学性能以满足钢板的各项要求，C 可以在热处理过程中与 Mn、Cr、Ti 等金属(M)形成 M_3C、M_7C_3、$M_{22}C_6$、M_2C 等弥散分布的碳化物，提高合金钢的耐磨性能[95]。在生产实践中，为提高材料的塑性韧性，一般采用在该钢种的成分范围内降低碳含量，并通过增加锰含量来提高强度。

3.1.2　锰含量对极寒海洋环境用钢性能影响

锰是作为脱氧除硫的元素加入钢中的，由于锰和硫具有较大的亲和力，能促使钢中的硫形成熔点比 FeS 高的 MnS，避免 FeS 在晶界析出，降低热脆性，提高热加工性能，对于极寒环境船用钢板的控轧控冷工艺过程有重要作用。锰同时还可以扩大奥氏体相区，使 A4 点升高，降低船用钢板的 γ-α 相变温度 Ar_3，使碳化物在过冷奥氏体晶界上的析出得到抑制，同时使钢保持较高的塑性，降低钢的韧性-脆性转变温度。Mn 元素不仅可以促进中温转变并提高钢的淬透性，也能够溶入铁素体起到固溶强化的作用，部分与铁、碳化合形成渗碳体，能够强化铁素体和细化珠光体，提高钢的屈服强度、抗拉强度，还能避免由于细晶强化而导致的屈强比升高的困扰。Mn 元素还能够减少晶界析出的碳化物含量，细化船用钢板中的珠光体和铁素体组织，改善船用钢板的韧性；当钢板成分中 Mn/C 高于 3 时[96]，对于韧性的增强功能比较明显。锰具有较强的脱氧能力，能够把钢水中的 FeO 还原成 Fe，从而提高硅和铝的脱氧效果，是低温用钢中非常重要的合金元素之一。

在制定极寒环境船用钢板中的成分时，为了避免降低钢的强度，会在降低 C 含量时同步提高 Mn 的含量；另一方面，Mn 也会与 P、C 元素一样引起组织和硬度的不均匀性，在船板组织中，Mn 含量低处容易先析出铁素体组织，进而导致相邻区域含 Mn 高的奥氏体区域的 C 含量增加，最终形成带状珠光体组织，Mn 还容易与组织中的 S 结合形成 MnS 夹杂而提高船板的各向异性，降低横向延伸率。通常情况下，应将船用板的 Mn 控制在 2%以内，极寒环境船用钢板的 Mn 含量控制在 1%以内。

一般钢种锰含量为 0.30%～0.50%，在含锰合金钢中，其质量分数通常控制为 1.00%～1.20%，较一般的钢不但有足够的韧性，且有较高的强度和硬度，提高钢的淬透性，改善钢的热加工性能。锰量增高，减弱钢的抗腐蚀能力，降低焊接性能。DH36 钢中，锰的成分增加在一定程度上弥补了由于碳含量降低而导致的强度下降。

3.1.3　硅含量对极寒海洋环境用钢性能影响

硅在我国是低合金高强度钢中的主要添加元素，在炼钢过程中硅作为还原剂和脱氧剂。硅的固溶效果很强，其在钢中不形成碳化物，而会固溶在铁素体和奥氏体中。因此，硅会显著地提高钢的强度和硬度，其作用仅次于磷，但同时会降低钢的塑性和韧性，提高韧脆转变温度。

硅能显著提高钢的弹性极限和屈服点。硅和钼、钨、铬等结合，能提高钢的抗腐蚀性和抗氧化作用。硅含量增加，会降低钢的焊接性能。因为硅与氧的亲和力比铁强，在焊接时容易生成低熔点的硅酸盐，增加熔渣和熔化金属的流动性，引起喷溅现象，影响焊缝质量。硅提高韧脆转变温度，这与 DH36 钢所要求的较高的低温冲击韧性相悖，因此适当降低硅含量是必要的。

由于 Si 在冶炼过程中起到脱氧作用，一般通过 Si-Mn 合金的方式添加，因此当 Mn 含量确定后，Si 的添加量也就大致确定。Si 是促进铁素体形成的元素，可以产生明显的固溶强化作用，Si 含量达到 1%左右，钢板具有较好的抗拉强度和冲击韧性，Si 在一定程度上可以提高钢板的耐磨性能，因此在乌克兰生产的极寒环境船用钢板中的 Si 含量略高。但是当其含量超过一定的数值后，Si 将会导致组织中晶粒粗大，对于韧性也有不好的影响。

3.1.4　其他合金元素对极寒海洋环境用钢性能影响

其他与钢材性能密切相关的合金元素主要包括 Cr、Ni、Cu 等。

镍作为合金元素存在于低合金高强度钢中。镍不形成碳化物。钢中存在的镍使铁的碳化物失去稳定并因此促进石墨化。Ni 是典型的奥氏体形成元素，通过提高 A4 温度并降低 A3 温度来稳定奥氏体，降低合金元素的扩散速率，能够减小钢板在低温变形时，晶界位错在金属中的阻力 σ(也称摩擦阻力，由晶体结构和位错密度决定)以及钉扎常数 k(用来衡量晶界对强化的贡献大小)，提高层错阻力，改善钢的低温冲击韧性[97]。镍元素可以延缓钢材脆化的趋势，消除突然的韧脆转变现象。根据经验，每增加 1%的镍元素，韧脆转变温度约降低 10℃。镍有细化晶粒的作用，还可以降低热膨胀系数，提高抗酸碱腐蚀能力。因 Ni 是战略资源，从钢材的成本价格来考虑，一般无法添加过多镍。

Cr 可以提高极寒环境船用钢板的淬透性，起到二次硬化作用，对于碳含量较高的钢板还能提高其耐磨性，当钢中 Cr 含量超过 12%时，钢板将具有良好的高温抗氧化性以及耐氧化性介质腐蚀功能。Cu 的作用与 Ni 相似，低碳合金钢成分中添加 Cu，可以促进钢基体表层形成含有 Cu 和 Cu 氧化物的保护层，特别是与 P 同时存在，可以提高钢的耐腐蚀性，在晶界析出的 Cu 能够增加材料的强度，并且对低温韧性也有利，但是当钢板中 Cu 含量超过 0.3%时，对于板材的热变形加工不利，会导致钢板发生高温铜脆；当含量超过 0.75%时，钢板经过固溶处理和时效后会发生时效强化。

此外，硫、磷、砷、锡、铅、锑等元素均会损害钢的韧性，提高韧脆转变温度。一般认为，这些元素会在晶界偏析，降低晶界的表面能，导致沿晶断裂。

磷在钢中固溶强化和冷作硬化作用强，作为合金元素加入低合金结构钢中，能提高其强度和耐大气腐蚀性能，但降低其冷冲压性能。磷溶于铁素体，虽然能提高钢的强度和硬度，最大的问题是偏析严重，增加回火脆性，显著降低钢的塑性和韧性，致使钢在冷加工时容易脆裂，也即所谓"冷脆"现象，属于钢中的有害杂质。由于磷的偏析倾向很严重，当其含量很少时就会造成较强的危害。磷对于钢的低温韧性有很大的降低作用，目前普遍的观点认为，磷是引起钢的低温脆性的主要元素。磷的偏析会形成带状组织从而使钢的力学性能出现不均匀性。通常情况下，在一些海洋用钢、高层建筑用钢和抗氢致裂纹钢中都要求含磷量小于0.01%或0.05%。

硫在钢中偏析严重，降低钢的塑性，是一种有害元素。一般硫以熔点较低的FeS的形式存在，单独存在的FeS的熔点为1190℃，而在钢中与铁形成共晶体的共晶温度更低，只有988℃；当钢凝固时，硫化铁析集在原生晶界处。钢在1100～1200℃进行轧制时，晶界上的FeS就会熔化，大大地削弱了晶粒之间的结合力，导致钢的热脆现象。硫化物在钢中存在的数量低于0.01%时，它也可以激发硫化物沿晶粒边界析出，因此对硫含量应严加控制，一般为0.020%～0.050%。为了防止因硫产生的脆性，应加入足够的锰，使其形成熔点较高的MnS，若钢中含硫量偏高，焊接时由于二氧化硫的生成，将在焊接金属内形成气孔和疏松，即硫对钢的焊接性能也有不良影响。要求对DH36钢中硫的含量进行严格控制，使其小于等于0.008%，从而将硫的危害尽可能降到最低。

除稳定控制钢中主要元素含量外，应尽量使钢坯中 P ≤ 0.005%、S ≤ 0.002%、O ≤ 10ppm（1ppm=10⁻⁶）、晶界偏聚元素少（指低熔点元素），以保证钢材的优秀力学性能。

3.1.5　微合金化对极寒海洋环境用钢性能影响

微合金元素一般是指在元素成分中总含量小于0.1%的添加成分，目前大量使用的是铝、铌、钒、钛，其特点是能与碳、氮结合成碳化物、氮化物和碳氮化物，这些化合物在高温下溶解，低温下析出，可以在加热时阻碍原始奥氏体晶粒长大，在轧制过程中抑制再结晶及再结晶后的晶粒长大，低温时起到析出强化作用。最新的研究发现，微量硼元素能够抑制有害元素在晶界的偏聚，降低钢材的韧脆转变温度，提高低温韧性，最佳的硼含量约为15ppm。

Al在钢中与其他元素形成细小弥散分布的难熔化合物，对晶粒生长起阻碍作用，能够细化钢的晶粒。当钢中Al的总含量为0.02%以上时，晶粒显著细化。铝能将间隙中的氮原子固定，对低碳钢起强化作用。一般来说，残留在钢中的微量铝对性能影响不大，如果铝含量过高时，会造成大块的氧化铝夹杂，从晶粒细化，保证钢的纯净度、将夹杂物分散细化方面来考虑，Al ≥ 0.02%就可以满足要求，但为了提高钢的奥氏体晶粒粗化温度，应控制Al含量约为0.03%。

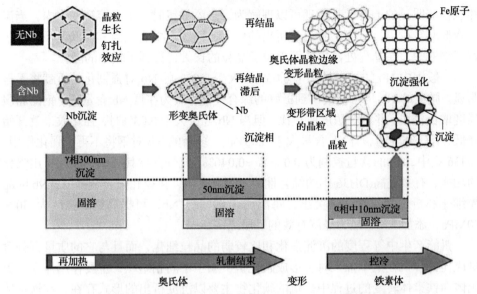

图 3.3　Nb 沉淀相在 TMCP 不同阶段对晶粒细化和沉淀强化的作用

　　铌是钢中一种非常重要的微合金化元素，主要体现在它不仅可以形成溶解温度高的细小碳化物和氮化物，从而抑制奥氏体晶粒的长大，达到晶粒细化的效果[39]（图 3.3），而且在轧制过程中析出的碳氮化铌能提高钢的再结晶温度到 950℃，延迟奥氏体的再结晶，并且保持了晶粒的形变效果。铌在奥氏体的晶界位置发生显著的偏析现象。由于 Nb 与 C 非常容易形成化合物，因此 C 在晶界处的扩散十分困难。铁素体的形成被抑制，铁素体晶粒得到细化。同时，铌会在铁素体中进行沉淀析出，提高了钢的强度。但铌有增加焊接热影响区热裂纹的倾向，使韧性显著变坏。

　　研究表明，铌在奥氏体中的溶度积随着钢中碳含量的降低而增大，同时会使奥氏体向铁素体、贝氏体转变的温度降低，增大残余奥氏体的稳定性和体积分数。再加上相变过程中和相变完成后会有更多的 Nb(C，N)析出而引起的析出强化作用，使得钢的强度增大。此相变强化作用在微合金化钢中也具有非常重要的作用。

　　Nb(C，N)在轧制时可以钉扎晶粒的边界，而且 Nb(C，N)的钉扎作用力是高于该温度下再结晶晶粒形成的驱动力，因此起到抑制晶粒长大的作用。相较于铁原子半径，固溶态的铌由于原子半径较大，因此抑制晶粒长大的拖拽作用更大。在晶粒的再结晶中，铌的碳氮化物会起到钉扎位错的作用，同时对于亚晶界的抑制也很明显，这些作用的总和就是抑制了晶粒的再结晶，延长再结晶的时间。在这种现象中可以定义临界温度。当在临界温度以上时，铌表现为可以固溶在溶质里，起拖拉的作用；而在临界温度以下时，铌主要变现为对晶界的钉扎作用。

　　当将 Nb、V 共同添加到钢液中时，钢的强度可以得到很大的提高，同时钢韧性也会有明显的上升。其机理可以理解为，当添加钒时，钒会溶解在钢内，当温度降低时会析出，从而起到沉淀析出的作用；而铌主要表现为其在低温下不会溶解于钢液中，在晶界处富集从而阻碍了晶粒的长大，得到了较小的晶粒。

一般钢中 Nb 的加入量小于 0.05%，大于 0.05% 的 Nb 对强韧化的贡献将不再明显。微量的 Nb 足可使钢得到极好的综合性能，因为在低 Nb 含量下，钢的屈服强度增长较快，并且与浓度成正比，但当 Nb 含量大于 0.03% 时，强化效果就开始降低，有研究表明，当 Nb 含量大于 0.06% 时，多余的 Nb 对钢将不再有强化作用。DH36 钢中，Nb 的含量控制为 0.025%～0.040%，充分发挥其细晶强化和析出强化的功能，有效提高 DH36 钢的综合性能。研究表明，在控轧微合金钢中，Nb 的晶粒细化和析出强化作用最突出，每添加 0.01% 的 Nb，可提高钢的强度为 30～50MPa，添加 Nb 是最为经济有效的手段之一。

钒能产生中等程度的沉淀强化和比较弱的晶粒细化，而且与它的质量百分含量成比例。钒在钢中加入时会形成碳化钒，属于中间相组织，主要作用体现在奥氏体向铁素体转变的过程中。钒的碳化物主要以沉淀析出的形式存在，在铁素体区内的析出量很少，析出物与铁素体相保持了共格的关系。可将钒的沉淀强化和铌的晶粒细化结合使用，在 900℃ 以下对再结晶有推迟作用，在奥氏体转变以后，钒几乎已完全溶解，所以在固溶体中，钒仅作为一种元素来影响奥氏体向铁素体转变。与铌相比，钒能减少不希望有的非多边形铁素体的产生，这个特性对于厚度较大钢板是十分有利的，能提高钢的综合力学性能。

钒在生产中的作用主要体现在晶粒内部会析出大量的细长条状的细小 MnS 夹杂物，当进行热加工后的冷却时，在 MnS 夹杂上会析出氮化钒，作为晶粒形成的核心促进铁素体的形成。当钒的质量分数很低时（一般小于 0.01%），随着钒含量的增加，钢的韧性得到提高，且韧脆转变温度下降；而当钒的质量分数较高时（大于 0.01%），随钒含量的增加，韧性有一定程度的降低，韧脆转变温度升高。其原理主要在于当钒的含量不高时，会形成细小弥散的钒化合物，这些细小的化合物会起到明显的细化晶粒的效果；但是当这些颗粒大量产生时，也就是钒的含量比较高时，颗粒会进行结合从而形成较大的尺寸，降低钢的韧性指标。

钛是钢中的强脱氧剂，它能使钢的内部组织致密，细化晶粒；降低时效敏感性和冷脆性，改善焊接性能。钛在钢中主要以碳化钛和碳氮化钛的形式存在，钛在高温下会形成 TiN，其高温稳定性很好，在热加工的过程中 TiN 会抑制奥氏体晶粒的长大（奥氏体再结晶），从而起到抑制再结晶和细化晶粒的作用。当钛含量超出了理想化学配比后，钛将以细小碳化钛的形式存在，这种形式的钛元素会起到明显的阻止晶粒再结晶的作用。同时，质点的析出也会引起沉淀强化的作用。钛与钢中的 C、S 和 N 都具有很好地结合作用。首先 Ti 与 C、N 的亲和可以形成 Ti(C，N)，细小的 Ti(C，N) 会明显地抑制晶粒的再结晶和长大，起到细化晶粒和强化的作用。其次，钛与硫结合形成 TiS，TiS 的塑性比 MnS 更低，从而可以有效地减少 MnS 对材料横向和纵向性能的不利影响。当钛元素的含量不高时，添加钛会显著地增加钢的强度而不会引起钢材韧性的降低；但是当钛元素的含量已经较高时，钛与硫和氮形成的化合物会在晶粒的边界富集，从而对钢的韧性产生显著的不利影响，这是应当避免的。总体而言，钛对钢材的影响是正面的，在同等条件下（同等的成分含量和轧制条件）添加钛元素的钢材在强度上有较好的增长，同时在材料的韧性指标上也有满意的提高（图 3.4）。

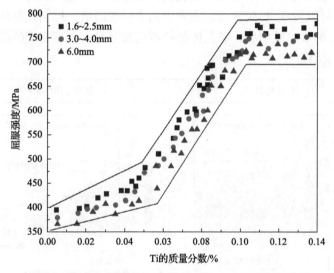

图 3.4　微合金钢强度与 Ti 质量分数、成品厚度的关系

3.2　轧制工艺对极寒环境船用钢板的影响

目前，高强度船用钢板主要采用微合金化和控轧控冷工艺结合来实现对材料韧性的增强。控轧控冷工艺（TMCP）是把变形与热处理工艺进行结合，通过晶粒优化获得优异的力学性能。其强韧化机制包括细晶强化、固溶强化、析出强化、相变强化和位错强化，只需要少量的合金就可以大幅提高钢板的强度和韧性。晶粒的尺寸在控制材料的强度和韧性方面起重要的作用，主要通过韧脆转变温度来体现。屈服强度可以通过 Hall-Petch 公式来表达[98,99]：

$$\sigma_y = \sigma_i + k_y d^{-\frac{1}{2}} \tag{3.1}$$

式中，σ_y 代表屈服强度；σ_i 和 k_y 是独立于晶粒尺寸的常量；d 代表晶粒尺寸。

根据 Hall-Petch 公式可知，材料的屈服强度随着晶粒直径的减少而增大。晶粒大小是决定材料强韧性的重要因素。

对于低碳铁素体-珠光体钢的韧脆转变温度也可以用晶粒尺寸表示[100]。

$$韧脆转变温度(℃) = -19 + 44[Si] + 700\left(\sqrt{N_f}\right) + 2.2(Pearlite) - 11.5d^{-1/2} \quad (3.2)$$

式中，[Si]，N_f 和 Pearlite 分别代表组织中 Si、游离 N 和珠光体的质量百分比。可见随着晶粒尺寸的减少，韧脆转变温度降低，韧性提高。

将传统高温轧制与再结晶区控制轧制、控轧控冷工艺的温度时间变化进行对比(图 3.5)。可以发现 TMCP 工艺主要由两个阶段组成：控制轧制和加速冷却工艺。经过高温的带状轧制后，奥氏体晶粒被延长并且有较高密度的晶体错位和变形的带状组织出现。

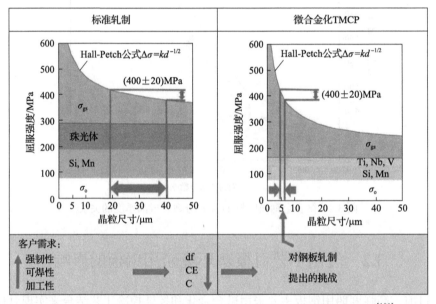

图 3.5　终轧温度 900℃标准轧制工艺与 TMCP 工艺增强机制区别[101]

与传统的轧制工艺相比，通过控制轧制和冷却过程中的变形量温度梯度，包括对加热温度、变形量、变形温度和冷却过程中的冷速及温度的控制，可以方便地对基体进行增强。添加微合金 Nb、V、Ti 等元素可以控制晶粒生长、再结晶和沉淀机制。TiN 的热力学性能非常稳定，可以在高温环境中阻止晶粒的生长，特别是在焊缝的热影响区。Nb 的热稳定性较 Ti 要差，会在 900℃形成碳化物 Nb(C，N)，产生应力诱导成核，在奥氏体的变形再结晶过程中形成钉扎效应。轧制结束后，变形的奥氏体会转化为铁素体和珠光体，V(C，N)碳化物在铁素体中形成沉淀相会对基体产生增强作用。

TMCP 工艺除了能够降低碳含量外，还可以降低 P 和 S 的含量以达到纯净钢

铁的目的，进而会降低夹杂的含量以获取较高的韧性和低的韧脆转变温度。不同
阶段采用不同的控温控轧工艺对材料的组织影响如图 3.6 所示。控轧工艺通过优
化铁素体晶粒结构增加韧性，TMCP 工艺采用优化铁素体和贝氏体转变来提高韧
性。与双相区（奥氏体+铁素体）轧制相比，加速冷却工艺可以提高生产效率，降低
分区过程的能量吸收。奥氏体相在轧制过程形成的残余奥氏体岛状结构和变形带
会一直出现直至轧制温度低于 800℃后加速冷却开始。组织结构的再结晶会在温
度超过 900℃就开始发生，大多数的岛状结构和带状结构会逐渐消失，残余的奥
氏体岛状结构和带状结构会成为奥氏体向铁素体转变的各向异性成核点，对于晶
粒的优化有重要的作用，需要注意这些各向异性的成核点会提高单位体积内晶粒
的表面积和晶界长度[102]。

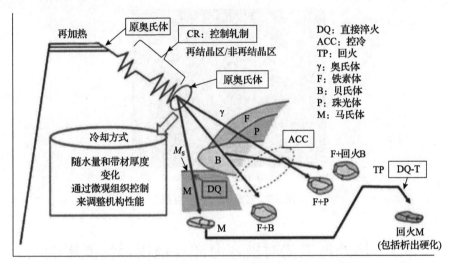

图 3.6　TMCP 工艺对于钢板微观组织的影响[103]

　　TMCP 工艺的另一个特征在于其冷却工艺，经过加速冷却后，晶粒的生长可
以被有效地抑制，晶粒在轧制变形过程中被不断优化，可以持续地引入晶体成核
结构。加速冷却工艺导致变形温度的降低会诱导金属组织结构发生变化，钢板的
抗拉强度可以控制为 500～800MPa，但是为了获取高强韧的钢板，需要对钢板的
预热和轧制工艺进行详细设计。
　　船用钢板的生产工艺路线有冶炼、精炼、连铸、缓冷、轧制等过程。图 3.7
为 TMCP 工艺制备钢样不同倍数微观组织图，可以清晰地看出通过控轧控冷的技
术得到的低碳合金船用钢板有铁素体和珠光体，以及一些针状的贝氏体等明显的
带状组织。可以观察到沿着轧制方向形成的带状组织，它是以先共析铁素体为主
和与珠光体为主的带状组织彼此堆叠而成的组织形态。带状组织增加了钢的各向
异性，从而使钢的性能具有方向性，导致钢板横向冲击韧性明显降低，并使横向

塑性变差。带状组织对钢板的性能危害很大，而且级别越高，对性能的影响越大。

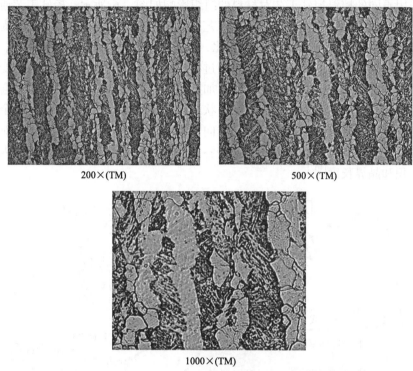

图 3.7　控轧控冷钢样组织

3.3　热处理工艺对极寒海洋环境用钢性能影响

TMCP 工艺对于改善钢板的生产及性能具有重要的意义，若将热处理工艺与控轧控冷工艺相结合，可以更好地调控钢材的各种力学性能，并能最大化地利用钢板轧制过程中的余热。将钢板温度加热到两相区后进行调质处理可以在最小限度影响钢板强度基础上提高钢的低温韧性，还可以避免传统调质工艺的回火稳定性较差的弊端，很大限度上使钢的回火稳定性得到改善，更利于工业生产。本课题组研究了同种钢材使用不同的热处理工艺得到截然不同的组织与性能表现，工艺主要有 4 种，分别为：两相区调质工艺（lamellarize and tempering，以下简称 LT）、调质工艺（quenching and tempering，以下简称 QT）、正火处理（normalizing，以下简称 N），并与控轧控冷处理（TMCP）轧态进行对比。

3.3.1　热处理工艺参数

采用差示扫描量热法（differential scanning calorimetry，DSC）确定了材料的热

处理工艺，实验选用仪器为德国耐驰公司生产的 STA499F3 型同步热分析仪，测试温度范围选用室温至 1200℃，升温速率为 20℃/min。图 3.8 为实验钢材的 DSC 曲线，可以看到相变温度为 780～840℃。

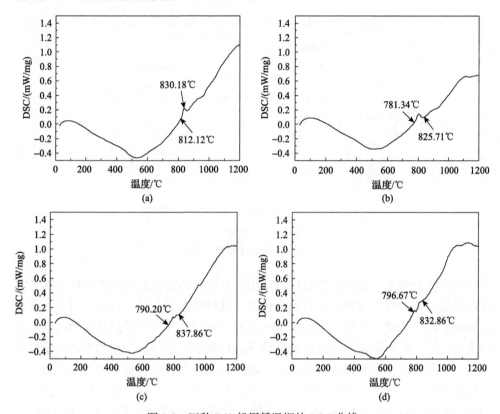

图 3.8　四种 E40 船用低温钢的 DSC 曲线

根据 DSC 曲线，配合钢材成分及力学性能确定具体热处理过程温度及保温时间，参数如表 3.1 所示。

表 3.1　三种热处理钢样工艺表

钢样	淬火温度/℃	保温时间/min	回火温度/℃	保温时间/min
正火钢样	920	45	—	—
调质钢样	860	45	660	70
两相区调质钢样	920	45	660	70

实验所用正火热处理钢样是经淬火 920℃再保温 45min 后形成的正火处理组织，热处理工艺如图 3.9 所示。正火工艺处理时的温度对钢样性能也有很大的影响，有实验证明正火热处理的温度对低碳合金钢的耐腐蚀性能有一定的影响[104]，

随着温度的增加，正火处理钢样的耐磨损及耐腐蚀性能先增强后减弱。本次实验的钢样在进行热处理时选用了稍微高于 Ac3 的温度，对钢样的性能在理论上进行了优化。

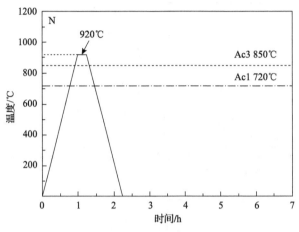

图 3.9　正火钢热处理工艺图

调质热处理工艺方法已经被广泛运用，它的目的是提高钢的淬透性和保证零件在高温回火后获得预期的综合机械性能。其热处理工艺是在临界点以上一定温度加热后淬火形成马氏体，接着在 500~650℃ 回火，经过调质热处理后的组织是回火索氏体。除一般的冶金方面的低倍和高倍组织要求外，主要为钢的力学性能以及与工作可靠性和寿命密切相关的冷脆性转变温度、断裂韧性和疲劳抗力等。在特定条件下，还要求具有耐磨性、耐蚀性和一定的抗热性。因为调质钢采用高温回火处理可以消除钢内应力，此时钢的氢脆破坏倾向性小，脆性破坏抗力较大，缺口敏感性较低，但同时也存在特有的高温回火脆性。

所用调质处理的钢样是先经过淬火处理，温度为 860℃，淬火时间为 79min，之后又经 660℃ 回火热处理得到的。前期的淬火工艺能够得到过饱和的α固溶体，这种固溶体被称作淬火马氏体，淬火马氏体的强度很高，当回火超过 600℃ 时，马氏体就会发生分解，在分解的过程中析出极细的渗碳体颗粒，从而使基体完全分解为索氏体组织。图 3.10 所示为自制的调质热处理工艺的钢具有较低的含碳量和较多的微合金元素，相关资料显示低含量的多合金元素低碳钢可作为耐寒高强度钢，在低温环境下有很高的屈服强度和抗拉强度，冲击韧性也高，适合制作能在低温环境下工作的船用机械构件。

钢样在温度达到 860℃ 后完全奥氏体化，随后温度降低至 850℃ 以下进入两相区，直到 720℃，此过程中部分铁素体先从奥氏体中逐渐析出，在随后的淬火过程中转换成马氏体组织。当钢板经过 660℃ 高温回火处理后，晶粒中的碳元素进行了二次分配形成回火索氏体和铁素体组织(图 3.11)，其中渗碳体组织以球状为主。球状渗碳体组织的存在有助于降低材料的硬度和高度，提高材料的塑性和韧性。当硅含量较低时，回火索氏体组织保持了板条状的位向分布。

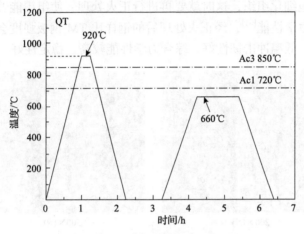

图 3.10　调质钢热处理工艺图

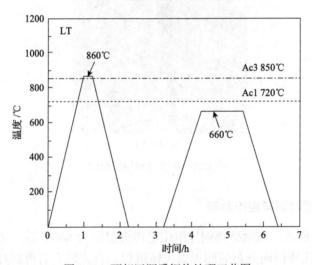

图 3.11　两相区调质钢热处理工艺图

3.3.2　正火处理对钢样组织影响

图 3.12 是本次实验所用正火钢样的组织图，可以看出正火处理后钢样的组织主要是铁素体和珠光体，中间还夹杂着一些渗碳体颗粒，可以看出组织的分布比较均匀，此次试验所用钢样成分符合一般低碳合金钢的组织分布。因为船用低碳合金钢的组织一般是铁素体加少量的珠光体，然而在正火处理的过程中都要进行

强化。分别有沉淀强化、细化晶粒等强化方式，晶粒强化可以通过控轧控冷处理来达到需要的效果，因为在热轧状态下可以获得高韧性、焊接性、高强度的综合机械性能的钢样，就船用钢板而言，由于它的厚度规格比较大，再进行控轧控冷后并不能完全地细化组织，这时就要再进行正火处理，使组织能够均匀化，从而获得高强度的力学性能[61]，经正火处理后的钢样比 TM 钢板强度会略微降低、延伸率有所改善，低温冲击韧性好，综合力学性能较高，稳定性好。

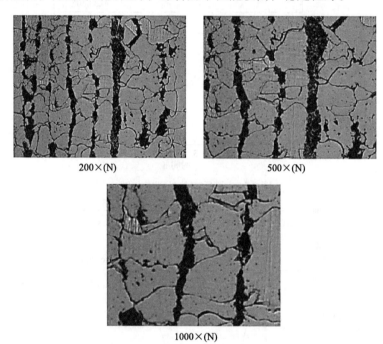

200×(N)　　　　　　　　　　　　　　　500×(N)

1000×(N)

图 3.12　正火处理钢样组织

3.3.3　调质处理对钢样组织影响

如图 3.13 所示，调质处理钢样组织是淬火温度为 860℃后，又经 660℃回火处理得到的马氏体位向分布的回火索氏体组织。首先淬火后得到过饱和的α固溶体即淬火马氏体，它的强度很高，当回火超过 600℃时，马氏体则发生分解，析出极细的渗碳体颗粒，从而使基体分解为索氏体组织。从图中可以看出，晶粒经过处理得到大幅细化，微观组织也发生了很大的改变，由 TMCP 轧制钢典型 F+P 组织转变为由类似 Q-P-T 钢的位错型马氏体+残余奥氏体组织组成，保证钢样能在低温环境下有很高的屈服强度和抗拉强度。由于调质热处理工艺的钢具有较低的含碳量和较多的微合金元素，相关资料显示低含量的多合金元素低碳钢可作为耐寒高强度钢，能在低温环境下有很高的屈服强度和抗拉强度，冲击韧性也高，适合制作在低温环境下工作的机械构件。

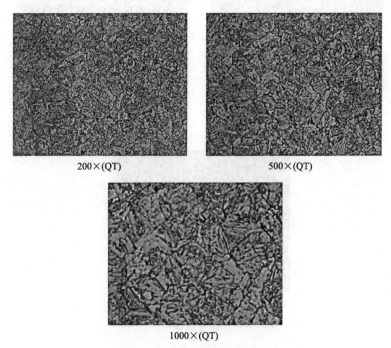

200×(QT)　　　　　　　　　　500×(QT)

1000×(QT)

图 3.13　调质处理钢样组织

3.3.4　两相区调质处理对钢样组织影响

低碳合金船用钢在温度达到 1120℃后完全奥氏体化，随后温度降低至 850℃以下进入两相区，直到 820℃，此过程中部分铁素体先从奥氏体中逐渐析出，在随后的淬火过程中转换成马氏体组织。当钢板经过 600℃高温回火处理后，晶粒中的碳元素进行了二次分配，形成回火索氏体和铁素体组织，其中渗碳体组织以球状为主。球状渗碳体组织的存在有助于降低材料的硬度和高度，提高材料的塑性和韧性。当硅含量较低时，回火索氏体组织保持了板条状的位向分布。图 3.14为两相区调质钢的金相显微组织，组织中回火索氏体保持了马氏体位向分布，从图 3.14 中可以清晰地看出部分针状和板条状铁素体组织。

3.3.5　不同热处理试验钢样力学性能分析

3.3.5.1　钢样硬度测试分析

使用维氏数显硬度计对四种钢样的表面硬度进行测量，加载载荷为 1.96N，加载时间为 15s。钢样的硬度测试结果如图 3.15 所示。可以看出不同工艺所制造的钢样表现的硬度有很大的差异性。这是因为不同的热处理工艺会产生不同的组

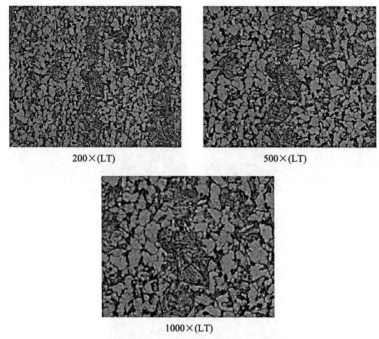

200×(LT)　　　　　　　　　　　500×(LT)

1000×(LT)

图 3.14　两相区调质钢样组织

织，相同元素的钢样，在不同热处理工艺下得到的马氏体、贝氏体、铁素体、珠光体、屈氏体、索氏体的硬度也不尽相同。即使相同钢种、相同的热处理工艺，得到相同的组织，硬度也稍微有差别[64]。一般马氏体为 HV590 左右，贝氏体为 HV345 左右，索氏体为 HV310～332；铁素体一般在 HV200 以下。所得四种钢样平均硬度最大的是两相区调质处理的，最小的是控轧控冷工艺处理的，并且调质钢的硬度要大于正火钢的硬度，这充分说明热处理对钢的硬度有很大的影响。

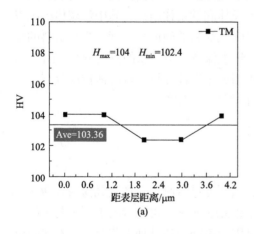

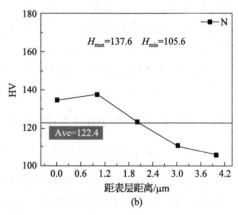

(a)　　　　　　　　　　　　　　　　(b)

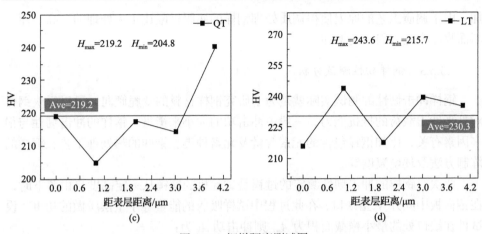

图 3.15　钢样硬度测试图

(a)控轧控冷钢样；(b)正火钢样；(c)调质钢样；(d)两相区调质钢样

3.3.5.2　钢样强度测试分析

首先对钢样的屈服强度及断面收缩率进行了测试,四种钢的测试结果如表 3.2 所示。可以发现空冷后的屈服强度要更大一些,正火后屈服强度降低很多,并且调质要比两相区调质后的屈服强度高。从组织结构上来看,正火后铁素体增加,会降低屈服强度,而调制后马氏体的形成在一定程度上又增加了屈服强度。

表 3.2　四种钢样的拉伸性能表

钢样	序号	直径 d_0/mm	抗拉强度 R_m/MPa	延伸率 A/%
TM	1	12.46	707	19
	2	12.46	697	19.5
N	1	12.45	493	30
	2	12.45	494	29.5
QT	1	12.45	611	24
	2	12.45	609	24.5
LT	1	12.45	574	24.5
	2	12.45	571	24.5

钢在发生形变时的屈服极限叫作钢样的屈服强度。热处理过程中退火、正火、调质、淬火+低温回火这些工序会对屈服强度有影响。提高淬火温度可以增大淬火时的过冷度,提高冷却速度,从而使马氏体晶粒细小,增大屈服强度;提高冷却速度,改用冷却能力较强的介质可以增大屈服强度;降低回火温度也可以增大屈服强度,但要防止回火脆性。可以清楚地看出钢样的屈服在进行热处理后有所增

加，由于调质工艺的原因使得调质处理钢样的屈服极限比正火处理的要高，而且断面收缩率也有很大的增加。

3.3.5.3　钢样韧性测试分析

钢样冲击韧性的测试实际就是为了研究钢样材料的变脆倾向，可以反映钢样对外来冲击载荷的抵抗能力，一般由冲击功的大小来衡量。钢样的冲击韧性与很多因素有关，比如钢样包含的元素含量及元素种类、钢样的热处理工艺、钢样的炼制方法及环境温度等。

此次对钢样的冲击韧性测定的过程是试验机的摆锤从一定高度自由落下时，在钢样板中间开 V 型缺口，在此过程中试样吸收的能量等于重摆所做的功 W。设试件在缺口处的最小横截面积为 A，则冲击功 A_k 为：

$$A_k = W/A \tag{3.3}$$

式中，A_k 的单位为 J/cm^2。

测量冲击实验有两种：V 型和 U 型，一般情况下 V 型冲击功测的数据小于 U 型的冲击功值。因为钢材的冲击韧性越大，钢材抵抗冲击荷载的能力越强。A_k 值与试验温度有关。此次测试是在–60℃和–40℃两种温度环境下。有些材料在常温时冲击韧性并不低，破坏时呈现韧性特征。但当试验温度低于常温时，比如在–20℃、–40℃及–60℃等温度下 A_k 突然大幅度下降，材料无明显塑性变形而发生脆性断裂，这种性质称为钢材的冷脆性。冲击韧性是一个对材料组织结构相当敏感的量，可以在钢样材料中添加一些微量元素，比如钒、钛、铝、氮等来改善钢样的冷脆性，提高冲击韧性，还可以通过细化晶粒来提高其韧性。实验所用的四种钢样从控轧控冷到正火处理再到调质处理及两相区调质处理使钢样的组织得到细化，进而提高钢样的低温冲击韧性。表 3.3 是四种工艺钢样的冲击性能表，从表中可以发现不管是在–40℃还是在–60℃测试环境下钢样的冲击功 A_k 都是调质处理后的更大一些。这充分说明了组织的细化能够改善钢样的冲击性能。

表 3.3　四种钢样的冲击性能表

钢样	序号	$a×b×L$	试验温度/℃	冲击功 A_k/(kJ/m^2)	断面收缩率 φ/%
	1	10×10×55	–40	168	65
	2	10×10×55	–40	162	65
	3	10×10×55	–40	165	65
TM	4	10×10×55	–60	87	15
	5	10×10×55	–60	49	10
	6	10×10×55	–60	54	10

续表

钢样	序号	$a \times b \times L$	试验温度/℃	冲击功 A_k/(kJ/m²)	断面收缩率 φ/%
N	1	10×10×55	−40	36	5
	2	10×10×55	−40	45	5
	3	10×10×55	−40	58	5
	4	10×10×55	−60	18	0
	5	10×10×55	−60	19	0
	6	10×10×55	−60	21	0
QT	1	10×10×55	−40	273	100
	2	10×10×55	−40	261	100
	3	10×10×55	−40	279	100
	4	10×10×55	−60	274	100
	5	10×10×55	−60	277	100
	6	10×10×55	−60	258	100
LT	1	10×10×55	−40	282	100
	2	10×10×55	−40	279	100
	3	10×10×55	−40	274	100
	4	10×10×55	−60	258	100
	5	10×10×55	−60	273	100
	6	10×10×55	−60	261	100

3.4　极寒环境钢材的韧脆转变机理

3.4.1　钢材的韧脆转变现象

当使用温度低于某一温度时，以 α-Fe 为主要基体的钢材在断裂前几乎不发生塑性变形，韧性突然大幅降低的现象被称为韧脆转变现象。钢材的韧脆转变严重威胁构件的使用安全，历史上曾有很多船只、桥梁、压力容器等，因钢材发生韧脆转变而遭到破坏，造成了严重的事故。对于低温用钢来说，韧性是其尤为重要的一个性能指标。

近年来，一贯被认为不会发生脆性转变的面心立方结构的奥氏体钢，也被发现在一定情况下具有韧脆转变行为，因此韧脆转变已并非体心立方结构钢材的特有属性。

从图 3.16 可以看到，钢材的抗拉强度(R_m)和屈服强度(R_{eL})均随温度的下降而升高，但屈服强度的升高速度更快，在某一温度下(T_c)，屈服强度与抗拉强度相等，此时，钢材在断裂之前无明显的塑性变形，直接发生解理断裂，形成脆性断口，整个断裂过程中吸收的能量大大减少，韧性大幅下降。

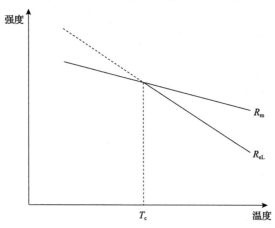

图 3.16　钢材强度随温度变化示意图

　　工程上评定钢材韧性的最普遍方法是 Charpy 缺口冲击试验。采用冲击吸收功或脆性断面率的大小来反映钢材的韧性。由于韧性对温度敏感，需要在不同温度下分别进行冲击试验，得到冲击吸收功或脆性断面率与温度的关系图(图 3.17)。为了描述钢材能够安全使用的最低温度，需要确定钢材的韧脆转变温度(T_c)。由于韧脆转变区域覆盖了一定的温度范围，常采用下面两种方法：一种是脆性断面率达到某一百分数(多用 50%)时对应的温度(FATT50)；另一种是冲击吸收功达到某一百分数(多用 50%)时对应的温度(ETT50)，可以看到 FATT50 与 ETT50 相差不大。有时也采用冲击吸收功达到某一特定值时对应的温度作为韧脆转变温度，常见的有 A_{kv}=27 J 或 A_{kv}=34 J 时所对应的温度。

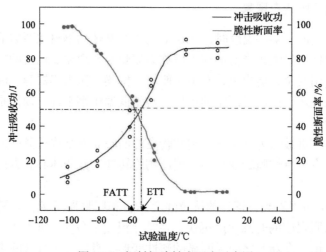

图 3.17　钢材韧脆转变温度示意图

3.4.2　钢材的韧性与韧脆转变机理

钢铁材料有三个重要性能指标——强度、塑性和韧性，其中强度和塑性理论已经由原子作用力模型和位错理论得到了较为满意的解释，并利用电子显微分析技术证实了模型和理论的正确性。相比之下，韧性理论要复杂得多。一方面，韧性反映的是材料抵抗破坏的能力，研究钢材的韧性需要从其破坏过程入手。而破坏过程是公认的多尺度、跨学科难题，目前，固体力学的本构关系与破坏过程还没有公认可遵循的方程。另一方面，材料韧性与脆性行为及其转换机制仍然是断裂物理和力学的关键科学问题，至今仍在各个层面上进行着探索与发展。近一个世纪以来，物理学家和力学家围绕着断裂、韧性等课题进行了大量的不同层面的研究与探讨。

3.4.2.1　宏观层面的研究——能量理论与断裂判据

宏观层面的研究成果主要是基于能量理论和连续介质假设的断裂力学，它不考虑材料的微观结构与缺陷，将宏观裂纹作为材料的一种边界并建立裂纹面的边界条件，采用线弹性力学或弹塑性力学的方法来研究裂纹尖端奇异场的规律和材料的断裂准则，并已经为工程实践提供了断裂判据；最先对材料断裂进行研究，并奠定断裂力学基础的是英国科学家葛里菲斯（A. A. Griffith）。他在对玻璃等脆性材料进行了一系列试验后，于 1920 年从经典力学和热力学能量守恒理论出发，提出了脆性材料的断裂理论。他指出：材料内部不可避免地存在着微小的裂纹，当外力所做的功大于裂纹扩展形成新表面所需的表面能时，裂纹将自动扩展进而导致断裂。这一判据可以表示如下：

$$\sigma_{\mathrm{f}} = \sqrt{\frac{2E\gamma_{\mathrm{s}}}{\pi c}} \tag{3.4}$$

式中，σ_{f} 为裂纹扩展临界应力；E 为弹性模量；γ_{s} 为单位面积的自由表面能；c 为现有裂纹长度。

欧文（Irwin）和奥罗万（Orowan）将 Griffith 判据进行了修正，引入了断口表面单位面积变形能（γ_{p}）这一参数，提出了伴有塑性变形的裂纹扩展临界应力（crf），将 Griffith 判据扩展到塑性断裂领域。修正后的 Griffith 判据表示如下：

$$\sigma_{\mathrm{f}} = \sqrt{\frac{2E}{\pi c}\left(\gamma_{\mathrm{s}} + \gamma_{\mathrm{p}}\right)} \tag{3.5}$$

Griffith 判据及其修正公式从能量的观点对断裂进行了研究，认为材料固有裂纹的扩展是影响其塑性的主要因素，而裂纹的扩展与固体的表面能或变形能有关，这一观点的正确性获得了广泛的认同，但其中涉及的固体表面能或单位面积变形能过于复杂[105]。

为了方便工程应用，物理学家们先后建立了线弹性断裂力学和弹塑性断裂力学，提出了一系列新的断裂判据。如在线弹性断裂假设下建立的 K 判据认为：应力强度因子（K）与载荷及裂纹的形状有关。弹塑性断裂力学的裂纹张开位移理论认为：裂纹尖端的张开位移（crack opening displacement，COD）是裂纹顶端塑性应变的一种度量，当其达到材料的某一临界值时，裂纹将发生扩展。J 积分理论认为：由围绕裂纹尖端周围区域的应力、应变和位移场所组成的围线积分，反映了裂纹尖端的力学特性或应力应变场强度，利用应力强度因子手册和全塑性解手册，由弹塑性估算公式可以成功地处理含裂纹构件的弹塑性断裂问题[106]。但是，上述判据未考虑裂纹的产生过程，并且上述理论均基于材料各向同性的假设，没有研究材料组织结构对韧性的影响。为解决这些问题，需要进行更深层面的研究。

3.4.2.2　细观层面的研究——组织结构与裂纹扩展

裂纹显著影响材料的韧性，而裂纹的形成和扩展与材料的组织结构密不可分。在外力作用下，材料中的位错运动不仅带来塑性变形，还会因位错的交织及反应形成裂纹。Cottrell 提出了一种典型的由位错反应形成的裂纹：体心立方金属（111）滑移面上的 $a/2$ 位错和（101）滑移面上的 $[\bar{1}\bar{1}1]$ 位错可产生如下的位错反应：

$$\frac{a}{2}\left[\bar{1}\bar{1}1\right]+\frac{a}{2}[111]\longrightarrow a[001] \tag{3.6}$$

生成的刃位错位于（001）解离面上，这一位错是不可动的，随着位错反应的继续，会在（001）解理面上形成一个楔形的尖裂纹核（图 3.18）。

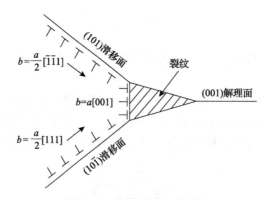

图 3.18　位错反应生成裂纹

一般认为，位错塞积群的端部容易产生裂纹，晶粒边界、晶粒内或晶界的应变集中区以及第二相界面处是比较容易发生位错塞积的地方，最初的裂纹多形成于此。

Cottrell 基于上述位错反应模型并结合 Hall-Petch 公式，认为图 3.18 所示的楔形尖裂纹核的临界扩展正应力可以表示为：

$$\sigma_{\mathrm{f}} = \frac{2G\gamma}{k_y}d^{\frac{1}{2}} \tag{3.7}$$

式中，G 为切变模量；γ 为有效表面能；k_y 为 Hall-Petch 公式中的屈服常数；d 为晶粒直径。

其中，可移动位错的数量越少、变形温度越低、变形速率越大均使有效表面能减小，裂纹的临界扩展应力随之减小，使裂纹容易扩展，材料的韧性下降。另一方面，细化晶粒可提高裂纹临界扩展应力，增加材料韧性。Smith 认为钢中碳化物属于硬脆相，比基体更容易产生裂纹，碳化物中的裂纹能否扩展到铁素体中成为裂纹是否扩展的主要因素。他将 Griffith 公式中的现有裂纹长度 c，替换为碳化物厚度 C_0，按照能量平衡条件求得断裂应力为：

$$\sigma_{\mathrm{f}} = \sqrt{\frac{8G\gamma_{\mathrm{f}}}{\pi(1-\upsilon)C_0}} \tag{3.8}$$

这一模型可以用来讨论以体心立方晶体为基体、具有片状分布的脆性第二相的情况。Knott 和 Curry 把 Smith 模型推广到球状碳化物的情况中，假设其平均直径为 d，则临界断裂应力可以表示为：

$$\sigma_{\mathrm{f}} = \sqrt{\frac{\pi E\gamma_{\mathrm{f}}}{2d}} \tag{3.9}$$

上述模型认为：碳化物的粒子越细小或片层越细密，铁素体的有效表面能越高，钢材的韧性越好。

上述理论或模型讨论了韧性与组织的关系，但仍存在一定的假设和近似，没有涉及韧脆转变的本质和裂纹尖端真实的物理过程。要讨论影响韧性的更深层次原因，必须对裂纹尖端区域材料的微观结构和缺陷特征及其在外载荷作用下的演化过程进行深入的了解，需要进行微观层面的研究。

3.4.2.3　微观层面的研究——裂纹尖端与原子间作用力

裂纹尖端发射位错理论以及透射电子显微镜原位拉伸试验为研究断裂和韧脆转变的本质提供了巨大的帮助，连接起了宏观断裂力学与材料的微观结构，对材料进行从变形、损伤至断裂的全过程分析。

1974 年 Rice 和 Thomson 考虑了裂纹与位错之间的交互作用，最先提出了"裂纹尖端"发射位错的概念,建立了裂纹尖端发射位错的判据。在此基础上,Thomson进一步提出了位错屏蔽的概念。20 世纪 80 年代初期,美国橡树岭国家实验室领导的一个固态物理研究组利用透射电子显微镜原位拉伸装置对不同单晶薄膜试样在单向及交变载荷下的裂纹尖端形变特征,特别是裂纹尖端位错发射行为进行了仔细观察。证实了裂纹尖端发射位错的物理过程,发现了裂纹尖端前方塑性区是由已发射位错的反塞积群所组成,而在裂纹尖端与塑性区之间存在着一个无位错区。这一观测结果使人们在揭开韧脆转变物理本质的道路上向前迈进了一大步,使人们清楚地认识到,裂纹尖端发射位错可能是确定材料韧性、脆性行为的最重要现象之一。

我国为研究材料的损伤、断裂机理曾设立多个重大项目,取得了具有国际先进或国际领先水平的一批重要成果。王自强、夏琳等成功地对裂纹尖端及位错发射过程进行了力学分析,建立了晶体准解理断裂的位错理论。褚武扬、肖纪美等采用透射电子显微镜原位拉伸试验发现:无论是韧性材料还是脆性材料,均是首先发射位错,然后才是微裂纹在无位错区中(包括原微裂纹顶端)形核。对韧性材料,这种纳米尺寸的微裂纹一旦形核就钝化成空洞(即使保持恒载荷);而对脆性材料或脆性状态(如应力腐蚀、液体金属吸附、氢脆等),纳米微裂纹并不钝化而是解理扩展,这就是韧性与脆性的本质区别。但受现有技术手段所限,裂纹尖端的真实原子排列状况尚不清楚,因此造成上述现象的更深层次原因,尚无完善的理论体系。

目前,人们倾向于利用原子结构模型对韧脆转变给出一种定性的解释:在原子周期有序排列的应力场中,位错线攀越势垒所需要克服的阻力即派-纳力(N),可按下式计算:

$$\tau_{P-N} = \frac{2\pi G}{1-\nu} \exp\left[-\frac{2\pi a}{(1-\nu)b}\right] \tag{3.10}$$

式中,a 为滑移面的面间距;b 为滑移方向上的原子间距;ν 为泊松比;G 为切变模量。

目前,由于位错中心的结构及原子间相互作用力的表达式尚不清楚,派-纳模型存在很多近似,对派-纳力进行精确计算尚有困难,因此只能给出定性分析的结果:随温度降低,金属原子的激活能逐渐变弱,点阵位置上的原子要偏离平衡位置就需要更高的外力,表现为金属共价键结合的增强,使得派-纳力随温度的下降而升高。位错的运动要求位错线上的原子离开原点阵位置移动到另一个点阵位置上,因此随温度的下降,位错运动所受的阻碍也随之增加。特别是对于体心立方结构来说,派-纳力具有显著的温度效应,随温度降低,其派-纳力猛烈升高,造成位错运动的困难,这是造成钢材脆性转变的主要原因。

3.5　提高钢材低温韧性的思路

在材料科学领域内，人们习惯于工艺—组织—性能的思路，即工艺决定组织，组织决定性能。成分是结构的主要组元，它与材料的缺陷——空位、位错、晶界、缺口、裂纹等结构的形成有密切的关系。通过了解钢材的组织、成分对韧性的影响，制定相应的工艺以便获得理想的组织，从而提高钢材的低温韧性是本书研究的重点。

一般可以采用以下两种思路：一是尽量降低钢材的韧脆转变温度，只要在该温度以上，钢材都具有很高的韧性；二是尽量延缓钢材的脆化过程，消除突然的脆性转变，使得在某一较低温度下，虽然钢材的韧性与常温时相比有所下降，但仍能满足使用的要求。

(1)利用经典能量理论可以发现：自身能量较低的组织在破坏时容易吸收更多的能量，韧性更好。

一般说来，在韧性方面：回火组织>退火组织>正火组织>淬火组织；同类组织中，低碳组织的韧性高于高碳组织的韧性，面心立方相的韧性高于体心立方相的韧性，平衡状态相的韧性高于过饱和状态相的韧性。

(2)利用 Hall-Petch 公式可以发现：细化晶粒是唯一的既提高强度又提高韧性的方法。试验结果证实：在基体结构类型相同的情况下，无论是铁素体、贝氏体还是马氏体，其韧脆转变温度(T_c)与晶粒尺寸(d)之间均存在一定的线性关系：

$$T_c = A \ln d \tag{3.11}$$

式中，A 为常数，如图 3.19 所示。

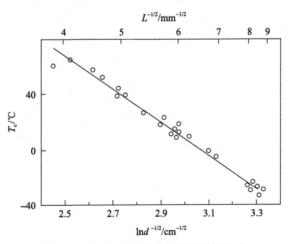

图 3.19　韧脆转变温度与晶粒度的关系

另据文献报道，铁素体钢的韧脆转变温度与晶粒尺寸之间满足如下关系式：

$$\beta T_c = \ln(B) + \ln(C) - \ln\left(d^{-\frac{1}{2}}\right) \tag{3.12}$$

式中，B、C、β 为常数；d 为铁素体晶粒直径。

(3)利用 Smith 模型可以发现：钢中脆性相的细化和球化也能提高韧性，降低韧脆转变温度，因此，降低基体的能量、细化晶粒以及碳化物的球化都是提高钢材韧性的有效方法。钢中的氧化物、硫化物等夹杂物以及氢、氮、氧等气体对钢材的韧性具有破坏作用，夹杂物数量越多，尺寸越大，钢材的韧性越低。特别是在低温下，夹杂物与基体之间容易形成裂纹，对韧性的影响更加明显。而钢中的气体，特别是氢，会严重损害钢材的韧性。

采用新的冶炼工艺，控制夹杂物形态，提高钢材的纯净度能够显著降低钢材的韧脆转变温度。采用真空脱气方法，也会起到相同的作用。钢材的低温韧性取决于钢的化学成分、显微组织、冶金质量等因素。通过加入适量合金元素、改变轧制工艺、采用一定的热处理规范或采用更好的冶炼方法改善钢的冶金质量，都是提高钢材断裂韧性的有效途径。但是，具体采用何种方法，还要根据实际的设备、工况、管理、成本等多方面进行考虑[107]。

第 4 章　海洋极寒环境服役材料测试技术

目前国际上关于极寒低温材料研究及性能检测的主要机构共有 11 个，分别位于加拿大、俄罗斯、挪威、芬兰、德国等国家，这些机构大多具有十几年的科研经验，为极地科研大国提供了重要的材料研发及检测服务，为极地技术的发展奠定了基础。极地环境对船舶材料要求极其严格，通过开展极寒海洋环境航行状态下冰载荷、低温海水冲刷、海冰耦合长程腐蚀磨损等复杂因素对船舶材料性能要求的研究，建立极寒海洋环境下实际极地航行船舶材料服役性能跟踪评价体系，为我国低温船舶材料研发提供检测保障，提高我国在极地、海事等领域话语权。

极寒与超低温船舶材料的性能评价需要在具有包括冰载荷在内的模拟极地船舶工作环境的超低温检测平台中进行试验。由于极地超低温自然环境的恶劣，涉及平台设计的各类因素影响繁复，因此超低温钢服役性能的完整评价体系在国内属于空白或不完全成熟，主要局限于设备、评价手段、评价方法等限制。建立冰池磨蚀实验室及极地环境模拟试验平台，可为极寒与超低温环境下船舶用钢的性能评价提供设备支持；建立模拟极地低温环境的综合力学性能评价试验平台，并进行低温环境强韧力学性能评价方法及性能评价试验研究；建立超低温环境的动态模拟评价平台及低温磨蚀试验方法、标准研究；建立模拟极地低温环境的耐腐蚀性能评价体系，并进行低温环境腐蚀性能评价方法、评价标准研究。

同时应针对极地破冰船用低温钢的冰海区域服役性能进行加速试验方法研究，对极地破冰船示范艇进行实海跟踪试验，并对其低温用钢的性能进行综合评测。建立的超低温性能评价体系应包括各种性能的评价设备、评价方法，同时建立船舶领域超低温性能的评价标准，进行超低温船舶用钢低温性能评价技术的研究、用户加工使用技术及服役性能的研究，使我国在极寒超低温领域的船舶建造有规范可依。

4.1　低温力学性能试验

低温力学性能试验应按照船级社标准及国家标准对钢材在超低温环境下的力学性能指标，如：钢材的屈服强度、抗拉强度、塑性指标(断后伸长率 δ 和截面收缩率 ψ)和冲击韧性等进行试验研究，并分析这些指标随低温钢微观多相结构、冶金元素添加、微观组织致密性、表面织构化等因素及温度变化的规律，从而确定极低温海水环境对船舶材料力学性能，尤其是疲劳断裂的影响规律，建立极寒低温钢的低温力学性能评价试验体系。

为保证每次测试试样具有一定的代表性，根据 GB/T 2975—1998《钢及钢产品力学性能试验取样位置及试样制备》[108]标准，在钢板宽度 1/4 处切取拉伸、弯曲或冲击样坯，如图 4.1 所示，对于轧制钢板则分别取自起轧位置和终轧位置进行组织及性能分析，起轧位置标记为 T，终轧位置标记为 W。

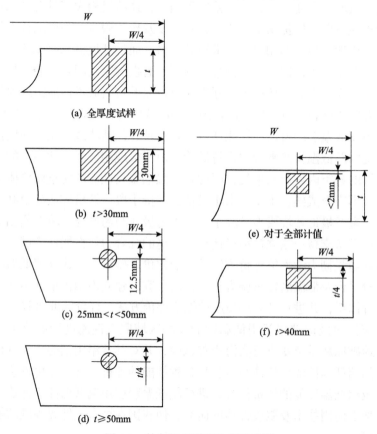

图 4.1　轧制钢板取样位置示意图

(a)～(d)矩形截面钢拉伸试样取样位置；(e)、(f)矩形截面钢冲击试样取样位置

根据 GB/T 228.1—2010《金属材料室温拉伸试验方法》和 GB/T 229—2007《金属材料夏比冲击摆锤试验方法》对试验钢板进行拉伸和冲击试验，评价钢板的常规力学性能，试样取样位置为表面、1/4 处和心部，取向为纵向和横向，典型试验结果如表 4.1 所示，钢板横向试样屈服强度和抗拉强度略高于纵向试样，–80℃下横向试样冲击韧性低于纵向试样，不同位置试样的屈服强度和抗拉强度基本相当，即钢板板厚方向的性能均一性较好。

表 4.1　钢板常规力学性能均一性分析

钢板	取向	取样位置	屈服强度 R_p0.2 /MPa	抗拉强度 R_m /MPa	延伸率 A/%	断面收缩率 Z/%	冲击韧性 (−80℃) /(Kv²/J)
60mm FH40	纵向	表面	477	564	30.0	84	290，306，282 293
			484	561	30.0	84	
		t/4	486	565	30.0	84	253，288，309 283
			484	567	30.0	84	
		心部	450	568	27.5	81	281，291，24 199
			452	565	27.5	81	
	横向	表面	503	595	28.5	82	258，270，268 265
			482	573	27.5	83	
		t/4	502	594	28.0	84	245，292，272 270
			505	592	27.5	84	
		心部	476	592	27.5	80	224，33，256 171
			476	589	26.5	79	

4.1.1　低温表面分析技术及常用分析仪器

分别在轧制钢板的头部和尾部、表面、t/2 处和 t/4 处进行取样以测试轧制后钢板的组织，金相试样经过取样、镶嵌、磨平、抛光、浸蚀后，在金相显微镜上进行观察分析，为显示材料组织细节，部分试样的金相观察分析在扫描电子显微镜上进行。采用的浸蚀剂为 4%硝酸酒精溶液，分别对钢板的不同位置进行金相组织观察。采用白光干涉扫描技术研制的纳米量级形貌测量仪器，通过精密的扫描系统和自主专利的解析算法，进行样品表面微细形貌的量测与分析。表面显微成像能力与高精度测量的完美结合，只需数秒钟，就能观测到表面的三维轮廓、台阶高度、表面纹理、微观尺寸以及包含各类参数的测量结果。

4.1.1.1　金相分析测试

1. 实验仪器

金相检验主要是通过采用定量金相学原理，运用二维金相试样磨面或薄膜的金相显微组织的测量和计算来确定合金组织的三维空间形貌，从而建立合金成分、组织和性能间的定量关系。这种技术不仅大大提高了金相检验的准确率，更是提高了其速度，大大缩短了工作时间。电脑型金相显微镜或是数码金相显微镜（图 4.2）是将光学显微镜技术、光电转换技术、计算机图像处理技术完美地结合在一起而开发研制成的高科技产品，可以在计算机上很方便地观察金相图像，从而对金相图谱进行分析、评级，以及对图片进行输出、打印。

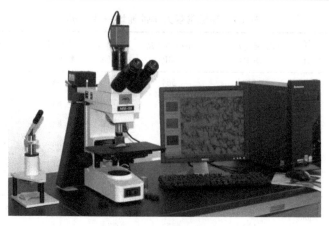

图 4.2　金相显微镜

2. 实验方法

(1)准备好的试样，先在粗砂轮上磨平，待磨痕均匀一致后，即移至细砂轮上续磨并用水冷却试样、使金属的组织不因受热而发生变化。经砂轮磨好、洗净、吹干后的试样，随即依次在由粗到细的各号砂纸上磨制，可采用在预磨机上进行磨制，从粗砂纸到细砂纸再换一次砂纸，试样须转 90° 与旧磨痕成垂直方向。经预磨后的试样，先在抛光机上进行粗抛光(抛光织物为细线布、抛光液为 W2.5 金刚石抛光膏)，然后进行精抛光(抛光织物为锦丝线，抛光液为 W1.5 金刚石抛光膏)，直至磨痕完全除去而表面呈现镜面时为止，即粗糙度为 $R_a0.04$ 以下。

(2)试样的浸蚀：精抛后的试样，便可放入盛于玻璃皿中的浸蚀剂进行浸蚀。浸蚀时，试样可不时地轻微移动，但抛光面不得与皿底接触。浸蚀剂一般采用 4% 硝酸酒精溶液。浸蚀时间视金属的性质、检验目的及显微检验的放大倍数而定，以能在显微镜下清晰显出金属组织为宜。试样浸蚀完毕后，须迅速用去离子水清洗并用酒精洗净，然后用吹风机吹干。

(3)金相显微镜(图 4.2)组织检验：根据观察试样所需的放大倍数要求，正确选配物镜和目镜，分别安装在物镜座上和目镜筒内。调节载物台中心与物镜中心对齐，将制备好的试样放在载物台中心，试样的观察表面应朝下。将显微镜的灯泡插在低压变压器上(6~8V)，再将变压器插头插在 220V 的电源插座上，使灯泡发亮。转动粗调焦手轮，降低载物台，使试样观察表面接近物镜；然后反向转动粗调焦旋钮，升起载物台，使在目镜中可以看到模糊形象；最后转动微调焦。适当调节孔径光阑和视场光阑，选用合适的滤镜片，以获得理想的物像。

图 4.3 为根据轧制的 EH40-A 极寒环境船用钢板金相显微组织图。在该体系中加入较多的 Si、Mn、Cr、Ni、Cu，由金相组织图可以发现，经过轧制后的金相组织以铁素体加珠光体为主，铁素体沿轧制方向有较大的变形，铁素体以块状

为主，有少量的碳化物溶于铁素体中形成珠光体组织。

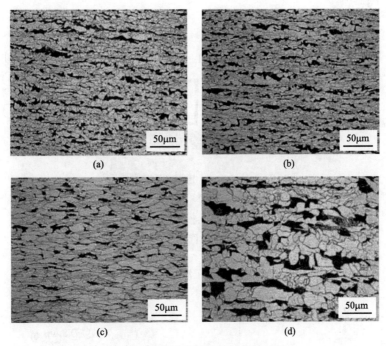

图 4.3　极寒环境船用钢板金相组织

(a) 表面 200×；(b) 1/4 厚度 200×；(c) 1/2 厚度 200×；(d) 1/2 厚度 500×

4.1.1.2　白光干涉试验

1. 实验设备

白光干涉三维形貌仪是利用光学干涉原理研制开发的超精密表面轮廓测量仪器。照明光束经半反半透分光镜分成两束光，分别投射到样品表面和参考镜表面。从两个表面反射的两束光再次通过分光镜后合成一束光，并由成像系统在 CCD 相机感光面形成两个叠加的像。由于两束光相互干涉，在 CCD 相机感光面会观察到明暗相间的干涉条纹(图 4.4)。干涉条纹的亮度取决于两束光的光程差，根据白光干涉条纹明暗度以及干涉条纹出现的位置解析被测样品的相对高度(图 4.5)。

2. 实验方法

以测量单刻线台阶为例，在检查仪器的各线路接头都准确插入对应插孔后，开启仪器电源开关，启动计算机，将单刻线台阶工件置于载物台中间位置，先手动调整载物台大概位置，对准白光干涉仪目镜的下方。在计算机上打开 SuperView W1 光学 3D 表面轮廓仪测量软件，在软件界面上设置好目镜下行的最低点，再微调镜头与被测单刻线台阶表面的距离，调整至计算机屏幕上可以看到两到三条干

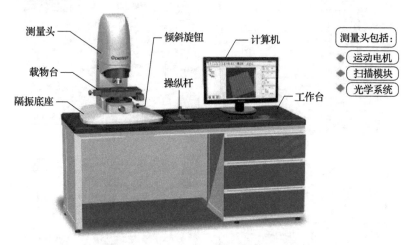

图 4.4　白光干涉三维形貌仪

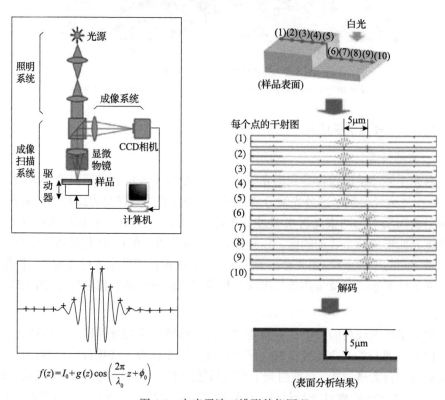

$$f(z) = I_0 + g(z)\cos\left(\frac{2\pi}{\lambda_0}z + \phi_0\right)$$

图 4.5　白光干涉三维形貌仪原理

涉条纹为佳，此时设置好要扫描的距离。按开始按钮，光学 3D 表面轮廓仪可自动进行扫描测量，测量完成后，软件自动生成 3D 图像，测量人员可以对 3D 图像进行数据分析，获得被测器件表面线、面粗糙度和轮廓的 2D、3D 参数。

图 4.6 为使用白光干涉仪拍摄的极寒环境船用钢板表面轮廓照片。

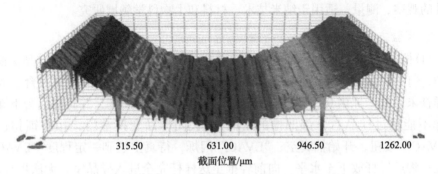

截面位置/μm

图 4.6　白光干涉仪拍摄的极寒环境船用钢板表面轮廓

4.1.1.3　扫描电子显微镜(SEM)试验

1. 实验仪器

以 SM7500F 场发射扫描电子显微镜(图 4.7)为代表介绍 SEM 检测原理及测试流程。场发射扫描电子显微镜利用二次电子成像原理，在镀膜或不镀膜的基础上，低电压下通过在纳米尺度上观察生物样品如组织、细胞、微生物以及生物大分子等，获得忠实原貌的立体感极强的样品表面超微形貌结构信息。该仪器一般具有

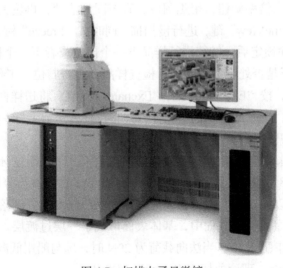

图 4.7　扫描电子显微镜

高性能 X 射线能谱仪，能同时进行样品表层的微区点线面元素的定性、半定量及定量分析，具有形貌、化学组分综合分析能力。低角度背散射电子图像提供更多表面细节和成分信息，可同时得到不同能级的二次电子像和背散射电子像。柔和电子束模式提供良好的低电压图像，用于膜层及体相材料表面微观形貌及组成、尺寸的观察、测量，适用于纳米技术、材料和生物科学领域研究。

2. 实验方法

(1) 按 "vent" 直至灯闪，对样品交换室放氮气，直至灯亮。松开样品交换室锁扣，打开样品交换室，取下原有的样品台，将已固定好样品的样品台，放到送样杆末端的卡抓内(注意：样品高度不能超过样品台高度，并且样品台下面的螺丝不能超过样品台下部凹槽的平面)。关闭样品交换室门，扣好锁扣；接 "EVAC" 按钮，开始抽真空；"EVAC" 闪烁，待真空达到一定程度 "EVAC" 灯亮；将送样杆放下至水平，向前轻推至送样杆完全进入样品室，无法再推动，确认 "Hold" 灯亮，将送样杆向后轻轻拉回直至末端台阶露出导板外，将送样杆竖起卡好。

(2) 观察样品室的真空 "PVG" 值，当真空达到 9.0×10^5 Pa 时，打开 "Maintenance"，加高压 5kV，软件上扫描的发射电流为 10pA，工作距离 WD 为 8mm、扫描模式为 "Lei"(注意：为减少干扰，有磁性样品时，工作距离一般为 15mm 左右)。操作键盘上按 "LowMag"、"QuickView"，将放大倍率调至最低，点击 "StageMap"，按顺序对样品进行标记。

(3) 取消 "LowMag"，看图像是否清楚，不清楚则调节聚焦旋钮，直至图像清楚，再旋转放大倍率旋钮，聚焦图像，直至图像清楚，再放大，直到放大到所需要的图。按 "FineView" 键，进行慢扫描，同时按 "Freeze" 键，锁定扫描图像；按 "Freeze" 解除锁定后，继续进行样品下一个部位或者下一个样品的观察。

(4) 检查高压是否处于关闭状态；检查样品台是否归位，工作距离为 8mm，点击样品台按钮，按 "Exchang" 键，"Exchang" 灯亮；将送样杆放至水平，轻推送样杆到样品室，停顿 1s 后，抽出送样杆并将送样杆竖起卡好，注意观察 "Hold" 关闭，样品台离开样品室。

图 4.8 为极寒环境船用钢板在 20N 法向载荷下、不同温度环境中的磨痕表面形貌，其中图 4.8(a)、(b) 为钢板在环境温度 20℃、法向载荷分别为 30N 和 20N 的磨痕表面。可以发现，摩擦试样表面存在片状凸起和部分剥落坑，表面相对光滑，这是由于在摩擦磨损过程中，基体表面形成了一层过渡层。根据赫兹接触公式[110]，在往复摩擦过程中，当法向载荷为 20N 时，球与船用低温钢板间的接触应力 P_{max} 为 1670MPa，理论剪切应力 τ_{max} 为 518MPa。

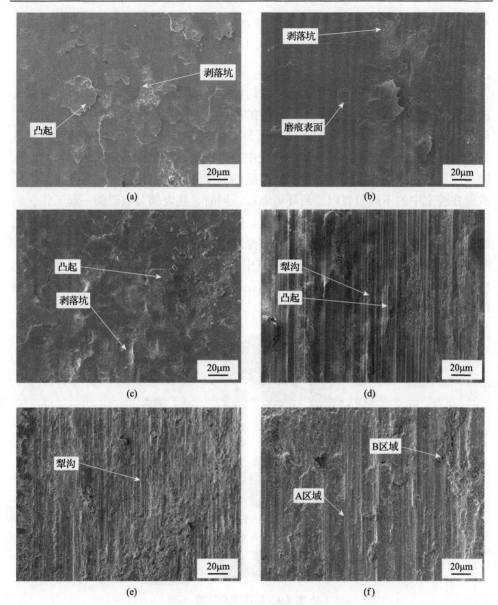

图 4.8　不同环境温度下极寒环境船用钢板磨痕表面形貌

(a) 20℃/30N；(b) 20℃/20N；(c) 5℃/20N；(d) 0℃/20N；(e) -10℃/20N；(f) -20℃/20N

4.1.2　材料低温抗拉强度测试方法

　　试样拉伸力学性能测试通常在通用电子万能试验机上进行。由应力和位移传感器分别得到应力和应变信号，在 X-Y 记录仪上绘出应力-应变曲线，然后计算出对应试样产生 0.2%永久变形的屈服强度 $\sigma 0.2$，试样的拉伸延伸率由断裂前后的试样直接测量得出。拉伸实验的应变速率为 5×10^{-3}/s，温度控制在±3℃范围内。

1. 实验设备

拉伸试验是在万能试验机上配以专门保温容器和降温设备，使用液氮和空气的混合蒸气，实现对试件进行不同温度的冷却。为了模拟低温，使用具有自动控制系统的冷却室。冷却室中的温度可低至190℃。冷却速率、稳定持续时间和目标温度可在控制 PC 上运行的集成系统中预先设定。在拉伸试验期间，通过电磁阀将液氮喷射到冷却室中，以将测试样品的温度降低到目标温度。将几个热电偶放置在腔室中的不同位置以监测环境温度。同时，热电偶与电磁阀一起工作，通过控制液氮的注入速度来维持目标温度。在测试机和冷却室之间的连接处通过绝缘措施来减少热损失。在不同位置将三个热电偶直接连接到样品上以监测温度并实现平衡的冷却效果。一旦达到冷却室中的目标温度，应保持 15min，温度变化应控制在 1℃以内，以确保所有测试均在稳态条件下进行，之后，进行直接拉伸试验，实验装置如图4.9 所示。

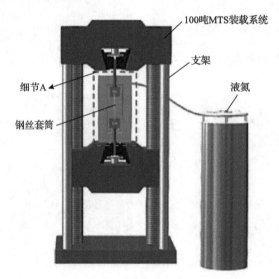

图 4.9　拉伸实验装置

2. 实验方法

低温静力拉伸试验依据 GB/T 228.1—2010《金属材料 拉伸试验　第 1 部分：室温试验方法》和 GB/T 228.3—2019《金属材料 拉伸试验 第 3 部分：低温试验方法》进行力学性能测试（以厚度等于或大于 3mm 板材为例，图 4.10）。

在每个温度点下对试件进行拉伸试验；在每个温度点各选用 3 个试样，得到各个试验点的抗拉强度、屈服强度、屈强比等强度指标以及伸长率 δ、断面收缩

率 ψ 等塑性指标，并获得各项指标随温度的变化规律[111]。

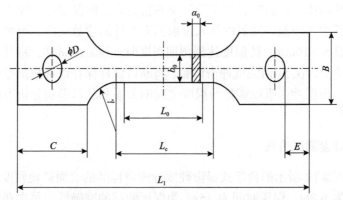

图 4.10　厚度等于或大于 3mm 极寒环境船用钢板拉伸试样尺寸图

α_0-原始厚度；L_0-原始标距长度（$L_0 = 5.65\sqrt{s_0}$）；b_0-平行长度的原始宽度；L_c-平行长度（$L_c \geqslant L_0 + 1.5\sqrt{s_0}$）；
γ-过渡圆弧；L_1-试样总长度；B-夹持端宽度；D-销孔直径；C-夹持端长度；E-试样底端到销孔距离

4.1.3　低温冲击韧性测试方法

冲击韧性测试在摆锤式冲击试验机上进行，针对 CCS 关于 D、E、F 级船用钢板的测试要求，分别对轧制钢板进行室温、–20℃、–40℃、–60℃的低温冲击试验，测试试样根据 GB/T 229—2020《金属材料　夏比摆锤冲击试验方法》标准[112]的 V 型缺口试样，如图 4.11 所示。试样是从轧制板坯上利用电火花线切割机床（DK7740）标准切取，试样侧面的线切割痕要打磨光滑，以防应力集中造成裂纹源，影响数据准确性。

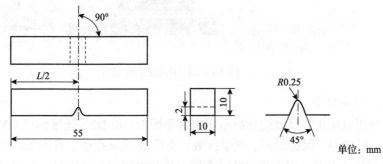

单位：mm

图 4.11　夏比冲击试样尺寸图

1. 实验设备

冲击试验应在多个温度点进行，试验过程中实时测试温度，每一个温度点进行 5 次试验取平均值。对冲击试样的断口进行扫描电子显微镜检测，通过对断口宏观和微观形貌的观察分析断裂的性质。

2. 实验方法

在进行低温冲击试验时，先将液氮及酒精混合，向保温箱中加入一定量的工业酒精，然后加入液氮，液氮的加入量根据温度计的读数确定，再将试样放入保温箱内，保温 5～10min，待温度达到预期温度时迅速取出试样，将其水平放于冲击试验机支座上，在 5s 内完成冲击试验，将断口试样保存以备扫描电子显微镜观察断口形貌。根据冲击吸收能量与温度之间的关系和断口形貌分析方法确定韧脆转变温度[113]。

4.1.4　表面硬度测试方法

采用如图 4.12 所示的数字式显微硬度计测量样品的表面微观硬度，采用维氏压头，载荷为 9.8N，保压时间为 15s，为保证测试的准确性，每次在样品表面测量 5 次，然后取平均值。

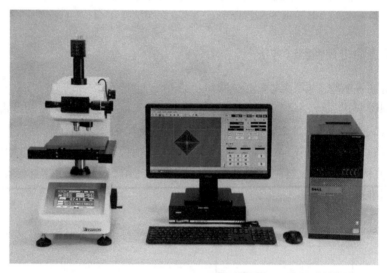

图 4.12　数字式显微硬度计

1. 实验设备

使用双压头数显硬度计显示压痕对角线 D1 和 D2、硬度标尺 HV 或 HK、硬度值、试验力、保持时间、测量次数、维氏-洛氏转换值、日期和时间、测量统计以及加荷过程等。用于测定各种金属零件及渗碳层、电镀层、氮化层的显微硬度（HV 或 HK），也可以测定非金属材料如陶瓷、玛瑙等的显微硬度。还可用于观察材料的金相组织，测定金相组织的显微硬度。

2. 实验方法

转动试验力变换手轮，使试验力符合选择要求。旋转试验力变换手轮时，应小心缓慢地进行，防止过快产生冲击。转动物镜、压头转换手柄，使 40×物镜处于主体前方位置。将标准试块或试样安放在试台上，转动旋轮使试台上升。眼睛接近测微目镜观察。当试样离物镜下端 2~3mm 时，在目镜的视场中心出现明亮光斑，此时应缓慢微量上升，直至在目镜中观察到试块或试样表面的清晰成像，这时聚焦过程完成。试验力保持阶段时，延时 LED 亮，此时 LCD 屏上 T 按所选择时间倒计数，延时时间到，试验力卸除，卸试验力 LED 亮。在 LED 未灭前，不要转动压头测量转换手柄，否则会影响压痕测量精度，甚至损坏仪器。当右侧鼓轮转动时，LCD 屏上 D1 后的数字闪烁，表示结果还未输入，当结果输入后就不再闪烁，光标转入 D2。按上述要求，再次测定另一对角线长度。此时 LCD 屏 HV 硬度值就同时显示。压痕会由于样品的表面粗糙不平或平整度差异或多或少地发生变形，所以测量对角线应在两个垂直方向上进行，取其算术平均值（当进行努氏硬度试验时，只需测试长对角线长度，HK 硬度值就立即显示）。本次测量完成后，才能进行下一次试验。如果本次测量结果不满意，可重复进行测量或按"SPECI"、"RESET"复位键重新进行试验。

4.2　低温海水环境腐蚀试验评定方法

腐蚀因素对船舶、远洋设施、近海工程的服役性能、航运安全、使用周期起到决定性的影响。极地航行船舶航行于不同的海域，同样会面临海水的腐蚀问题。海洋环境的海水盐度较高，含氧浓度高，船舶航行时的海浪冲击和阳光辐射，各种因素综合作用形成严酷的海洋腐蚀环境，给海洋船舶和海洋平台带来严重的损失。

海洋环境的腐蚀分为大气腐蚀区、浪花飞溅区、潮差区、全浸区、海泥区。海水的盐度、溶解氧浓度、湿度和 pH 随海水深度变化会有所不同，船体的腐蚀速率也会随着海域环境不同而明显不同。浪花飞溅区主要集中在船舶的吃水线至甲板区域，由于海水的飞溅经常喷淋至材料表面，会造成此区域的严重腐蚀。在海洋大气区，海水中的 Cl^-、Mg^{2+}、SO_4^{2-} 等离子在日照及海风作用下，对船用钢板也会产生严重的腐蚀。

极地航行船舶航行于北极区域时，由于海洋表面的湿气和雾气以及覆冰的影响，水线以上的船板受到海水飞溅的腐蚀作用会比常规航行船舶更严重。在吃水线附近及以下区域，船舶的中舷侧平直区域在航行中受到浮冰、多年冰、水下冰川的碰撞作用，会破坏船体表面防护层，加重船体的腐蚀，船舱内的压载舱和管道也会受到低温海水的腐蚀困扰[114]。

当海水中 H_2O-NaCl 凝固时，冰层的表面会形成氯化物的浓度梯度，海水中靠近冰层的氯化物浓度相对于其他区域要高，当温度达到 −21.1℃的共晶温度时，海冰中的冰块中间会有纯 NaCl 晶体析出。因此破冰船在破冰过程中会在船体表面上形成氯化物浓差电池，这会增加裸露的船体表面的腐蚀速率。海水中的溶解氧浓度受温度的影响较大，海水表层的氧含量较高，船舶水线区域在海水腐蚀和海浪的作用下比较容易出现油漆层的破坏和脱落，此区域腐蚀速率也很高。对于极地航行船舶的船体，需要选用特殊的船用钢板以应对船舶航行于不同温度海域、面临不同海水腐蚀的恶劣环境的需求。通过测量恒电流极化、动电位扫描、电化学阻抗、金相组织观察、扫描电子显微镜和能谱分析等方法和腐蚀失重实验，可以对低温海水环境腐蚀进行评定。

4.2.1　低温海洋环境腐蚀机理及破坏形式

按照极地环境及极地航行船舶特性，海洋极寒环境服役钢铁材料的腐蚀可分为化学腐蚀、生物腐蚀和电化学腐蚀。化学腐蚀是指氧化剂与金属表面接触，发生化学反应导致的腐蚀。生物腐蚀是指由各种海洋生物的生命活动引起的腐蚀。电化学腐蚀是指发生电化学反应导致的腐蚀。电化学腐蚀是最普遍和最严重的腐蚀，故目前对金属电化学腐蚀的研究较为重视。

4.2.1.1　低温海洋环境腐蚀机理

1. 化学腐蚀

化学腐蚀是指低温金属材料在低温海洋大气中发生化学反应生成化合物的过程。极地海洋大气富含氧气及氯化物，使钢材表面生成氧化铁及表面脱碳的腐蚀均为化学腐蚀，低碳钢可以被三种氧化物膜所覆盖：与金属接触的是 FeO，与空气接触的一侧是 Fe_2O_3，中间则是 Fe_3O_4。更确切地说，也许是三种氧化物的饱和固溶体的混合物构成钢铁表面的氧化膜层。其中，生成的 Fe_3O_4 是一层蓝黑色或棕褐色的致密薄膜，阻止了 O_2 与 Fe 的继续反应，起保护膜的作用。生成的 FeO 是一种既疏松又极易龟裂的物质，可以继续与 Fe 反应，而使腐蚀向深层发展。

极地海水中通常溶有丰富的 O_2，它比 H^+ 更容易得到电子，在阴极上进行反应：

$$阴极反应：O_2 + 2H_2O + 4e^- \rule[0.5ex]{1.5em}{0.4pt} 4OH^- \tag{4.1}$$

$$阳极反应：Fe - 2e^- \rule[0.5ex]{1.5em}{0.4pt} Fe^{2+} \tag{4.2}$$

阴极产生的 OH^- 及阳极产生的 Fe^{2+} 向溶液中扩散，生成 $Fe(OH)_2$，进一步氧化生成 $Fe(OH)_3$，并转化为铁锈，这种腐蚀称为吸氧腐蚀。

2. 生物腐蚀

生物腐蚀是指由于生物活动导致材料的使用寿命降低。很多生物(包括微生物、昆虫、啮齿类、藻类、鸟类等)都能引起生物腐蚀。生物腐蚀过程可分为两类:①机械的,包括非营养物质被昆虫和啮齿动物啮蚀和穿孔。②化学的,包括同化效应和异化效应。同化效应是指生物将物质中的基质作为营养源使用,异化效应则指生物产生代谢产物(如酸性物质),引起腐蚀、霉变、变色、变质或使之不能使用。生物腐蚀在海洋能开发利用中普遍存在。

就极地金属腐蚀而言,参与腐蚀的贝类、石灰虫、藤壶种类和数量都较少,主要是各类腐蚀性细菌的新陈代谢作用。其中,硫循环的主要腐蚀菌有硫氧化菌和硫酸盐还原菌;参与铁循环的有铁细菌。按腐蚀菌生长发育中对氧的需求状况,通常分为好氧腐蚀菌和厌氧腐蚀菌。好氧腐蚀菌包括硫氧化菌、铁细菌及形成黏液的异氧菌。厌氧腐蚀菌主要是硫酸盐还原菌,它是深海中主要的细菌。

好氧腐蚀菌必须在游离氧的环境中生存,如好氧性氧化铁杆菌,它依靠金属腐蚀过程所生成的 Fe^{2+} 氧化为 Fe^{3+} 时释放的能量维持其新陈代谢,存在于中性含有有机物和可溶性铁盐的水、土壤及锈层中,其生长温度为 20～25℃,pH 为 7～7.4。又如好氧性排硫杆菌,能将海洋有机物质发酵所产生的硫代硫酸盐还原为硫单质;而好氧性氧化硫杆菌又可把单质硫氧化为硫酸,从而加快金属的腐蚀。而厌氧菌必须在缺乏游离氧的条件下才能生存,如硫酸盐还原菌是种常见的厌氧型菌。它是地球上最古老的微生物之一,其种类繁多,广泛存在于中性的土壤、河水、海水、油井、港湾及锈层中。硫酸盐还原菌共同的特点是把硫酸盐还原为硫化物。

好氧性菌和厌氧性菌虽然生存条件截然不同,但往往在好氧性菌腐蚀产物所造成的局部缺氧环境中,厌氧性菌也可得到繁殖的机会。这种不同性质细菌的联合腐蚀常发生于水管的内壁,首先是氧化铁杆菌将水管腐蚀溶解下来的 Fe^{2+} 氧化为 Fe^{3+},并形成 $Fe(OH)_3$ 沉淀,附着在水管内壁生成硬壳状锈瘤。锈瘤下面的金属表面缺氧,恰好为硫酸盐还原菌提供生存和繁殖场所。这样,两类腐蚀菌相辅相成,更加快了金属的溶解,取下锈瘤,经分析发现其中的腐蚀产物含有 1.5%～5% 硫化物,每克腐蚀产物中含有近千条硫酸盐还原菌。

3. 电化学腐蚀

电化学腐蚀指金属和电解质组成两个电极,组成腐蚀原电池。例如铁和氧气,因为铁的电极电位总比氧的电极电位低,所以铁是负极,遭到腐蚀,特征是在发生氧腐蚀的表面会形成许多直径不等的小鼓包,鼓包下面是黑色粉末状溃疡腐蚀坑陷。发生金属的电化学腐蚀必须具备三个条件:

①金属表面上的不同区域或不同金属在腐蚀介质中存在着电极电位差。

②具有电极电位差的两电极处于短路状态。

③金属两极都处于电解质溶液中。

以钢铁在空气中生锈为例，钢铁在潮湿空气里，其表面因吸附作用而覆盖一层极薄的水膜，水微弱电离产生少量 H^+ 和 OH^-，同时由于空气中 CO_2 的溶解，水里 H^+ 增多：

$$H_2O + CO_2 \longrightarrow H_2CO_3 \longrightarrow H^+ + HCO_3^- \tag{4.3}$$

这样表面就形成了一层电解质溶液薄膜，它与钢铁里的铁和杂质或碳就形成了无数微小原电池。其中铁为负极，碳为正极，发生原电池反应：

$$(-)Fe - 2e^- \Longrightarrow Fe^{2+} \tag{4.4}$$

$$(+)2H^+ + 2e^- \Longrightarrow 2H \longrightarrow 2H \Longrightarrow H_2 \uparrow \tag{4.5}$$

随着 H^+ 浓度的降低，水的电离平衡向右移，OH^- 浓度逐渐增大，则 OH^- 与 Fe^{2+} 结合生成 $Fe(OH)_2$。

$$Fe^{2+} + 2OH^- \Longrightarrow Fe(OH)_2 \downarrow \tag{4.6}$$

$Fe(OH)_2$ 被空气中氧气氧化生成氢氧化铁：

$$4Fe(OH)_2 + O_2 + 2H_2O \Longrightarrow 4Fe(OH)_3 \downarrow \tag{4.7}$$

这样钢铁表面即产生了铁锈。上述腐蚀过程中有氢气放出，叫作析氢腐蚀。析氢腐蚀一般是在较强的酸性介质中发生的，如果钢铁表面形成的电解质薄膜呈很弱的酸性或中性时，负极仍是铁被氧化成 Fe^{2+}，而正极的主要反应则是水膜里溶解的氧气得电子被还原：

$$(-)Fe - 2e^- \Longrightarrow Fe^{2+} \tag{4.8}$$

$$(+)2H_2O + O_2 + 4e^- \Longrightarrow 4OH^- \tag{4.9}$$

这种由于空气里氧气的溶解促使钢铁的腐蚀，叫作吸氧腐蚀。而如上所述，实际海洋环境中钢铁等金属的腐蚀主要是这种吸氧腐蚀。

影响金属电化学腐蚀的因素很多，首先是金属的性质，金属越活泼，其标准电极电势越低，就越易腐蚀。有些金属，例如 Al、Cr 等，虽然电极电势很低，但可生成一层氧化物薄膜，紧密地覆盖在金属表面上，阻止了腐蚀继续进行；如果氧化膜被破坏，则很快被腐蚀。其次，如果金属所含的杂质比金属活泼，则形成的微电池以金属为阴极，便不易被腐蚀；如果金属比所含杂质活泼，则金属成为微电池的阳极而被腐蚀。

4.2.1.2　低温腐蚀破坏形式

1. 海水全面腐蚀

海水是含盐浓度极高的天然电解质溶液,金属结构部件在海水中的腐蚀情况,除一般电化学腐蚀外,还有其特殊性。海水导致的全面腐蚀指腐蚀分布在整个金属表面,腐蚀的分布和深度相对较均匀。其特点是:腐蚀量大,腐蚀速率较稳定,危险性小,可预测;阴极阳极为微电极,面积大致相等,反应速度较稳定。产生全面腐蚀的原因包括以下四点:

(1)氯离子是具有极强腐蚀活性的离子,可使碳钢、铸铁、合金钢等材料的表面钝化失去作用,甚至对高镍铬不锈钢的表面钝化状态,也会造成严重腐蚀破坏。

(2)海浪的冲击作用,对构件表面电解质溶液起搅拌和更新作用,同时海浪的冲刷使已锈蚀的锈层脱落,加速了腐蚀的进度。

(3)金属结构部件表面海生生物的生长(如船舷的水下部分)能严重破坏原物体的保护层(如油漆),使构件受到腐蚀破坏,同时海生生物的代谢产物(含有硫化物)使金属构件的腐蚀环境进一步恶化,导致了腐蚀作用的加剧。

(4)由于一般电化学腐蚀因素及上述情况的综合影响,浸入海水中的金属结构部件最严重的腐蚀区域分布在较水线略高的水的毛细管上升区域,在这个区域多种加速腐蚀的因素同时作用,造成了十分严重的腐蚀后果。不仅是浸入海水中的金属结构部件受到严重的腐蚀,在沿海地区安置的金属结构部件受大气中的潮湿盐雾影响,也会受到十分严重的腐蚀。

2. 局部腐蚀

材料及设备是一个协同运作的整体,某一区域的局部破坏将导致整个设备的运行故障,甚至造成整个设备报废,特别是飞机、海轮、海上钻井平台机械等,由于局部破坏会造成不堪设想的后果,因此,局部腐蚀是最危险的一类腐蚀,务必引起工程技术人员的密切关注。在海水及海冰区域中常见的局部腐蚀有以下几种:

(1)电偶腐蚀。异种金属在同一电解质中接触,由于金属各自的电势不等构成腐蚀电池,使电势较低的金属首先被腐蚀破坏的过程,称为接触腐蚀或双金属腐蚀,两种金属的电极电势相差越大,电偶腐蚀越严重。另外,电偶腐蚀电池中阴、阳极面积比的增大与阳极的腐蚀速率呈直线函数关系,对于大阳极-小阴极电池,阳极腐蚀速率较慢;而对于大阴极-小阳极电池,阳极腐蚀速率加剧,一旦二者焊接接触,其中(Fe^{2+}/Fe^{3+})电位较低,低温钢材为阳极,受到损坏,以致穿孔,使整个设备损坏。在这种条件下的焊接应注意焊缝部位的强耐蚀涂层保护,一旦涂层破损应及时修补，以防造成严重后果。

(2)小孔腐蚀。在金属表面的局部区域，出现向深处发展的腐蚀小孔，其余区域不腐蚀或腐蚀很轻微，这种腐蚀形态称为小孔腐蚀，简称孔蚀或点蚀。在空气中能发生钝化的金属(合金)，如不锈钢、铝和铝合金等在含氯离子的介质中，钝化膜局部有缺陷时，经常发生孔蚀。材料的表面粗糙度和清洁度对耐点蚀能力有显著影响，光滑和清洁的表面不易发生点蚀。另外，增大流速有助于溶解氧向金属表面的输送，使钝化膜容易形成和修复；减少沉积物及氯离子在金属表面的沉积和吸附，从而减少点蚀发生的机会。但是流速过高，会对钝化膜起冲刷破坏作用，引起磨损腐蚀。另外介质温度升高，会使低温下不产生点蚀的材料发生点蚀。碳钢在低温含氯海冰条件下也发现孔蚀的情况。

(3)缝隙腐蚀。金属部件在介质中，由于金属与金属或金属与非金属之间形成特别小的缝隙(宽度为 0.025~0.1mm)，使缝隙内介质处于滞流状态，引起缝内金属的腐蚀，称为缝隙腐蚀。开始时，吸氧腐蚀在缝隙内外均可发生，但是因滞流导致缝内消耗的氧难以得到补充，缝内外构成了宏观氧浓差电池，缝内缺氧为阳极，缝外富氧为阴极。随着蚀坑的深化、扩展，腐蚀会加速进行。

(4)选择性腐蚀和晶间腐蚀。某些合金在腐蚀过程中，腐蚀介质不是按合金的比例侵蚀，而是发生了其中某成分(一般为电势较低成分)的选择性溶解，使合金的组织和性能恶化，这种腐蚀称为选择性腐蚀，如黄铜(30%Zn 和 70%Cu 组成)的脱锌腐蚀等。晶间腐蚀是指金属材料在适宜的腐蚀性介质中沿晶界发生和发展的局部腐蚀破坏形态。这种腐蚀金属损失量小，但晶粒间的结合力削弱，使强度丧失；有拉应力的情况下晶间腐蚀可诱发晶间应力腐蚀，是不锈钢常见的局部腐蚀形态。

(5)应力腐蚀。当金属中存在内应力或在固定外应力的作用下，都能促使腐蚀过程的进行，这种由于内、外应力的作用引起的腐蚀称为应力腐蚀。若金属材料在固定方向拉应力的连续作用下，应力腐蚀的结果造成材料的开裂，称应力腐蚀开裂(SCC)。例如长期处于冰载荷作用下的船舶冰区水线部位的钢材，就易受到应力腐蚀。另外，机械零件的机械加工也能产生较大的内应力，这些应力集中区域极易发生腐蚀损坏。应力的存在使晶格发生畸变，原子处于不稳定状态，能量升高，电极电势下降，在腐蚀电池中成为阳极而首先受到破坏。应力腐蚀几乎没有预兆，因此破坏性十分严重，危险性很大，必须引起注意。

(6)腐蚀疲劳。材料或结构在交变载荷和腐蚀介质共同作用下引起的材料疲劳强度或疲劳寿命降低的现象称为腐蚀疲劳，对冰区航行船舶材料及冰区装备结构领域需要密切关注，尤其是冰载荷往复冲击、摩擦导致的耦合腐蚀作用，更是决定船舶材料使用寿命的关键因素，后续关于摩擦腐蚀耦合讨论的章节将就该问题进行详细讨论。

(7)空泡腐蚀。金属与液体介质之间做高速相对运动时液体介质对金属进行的冲击和腐蚀称为空泡腐蚀，特点为金属表面有呈蜂窝状的腐蚀坑，如图 4.13 所示。目前在极地船舶船艏及螺旋桨部位都发现了明显的空泡腐蚀现象，究其原因应与船舶结构设计、船舶推力方式及使用的材料相关。

图 4.13　极地破冰船船艏铸钢件空泡腐蚀形貌

4.2.2　低温海水/海冰全浸腐蚀测试方法

海水全浸试验中使用的模拟海水为 3.5%NaCl 溶液，全浸试验样品为 50mm×25mm×3mm，分别浸泡在模拟海水中 0d、5d、10d、15d、20d 后取出。为保证试验的准确，每 7d 更换一次浸泡溶液，实验环境温度为(20±0.2)℃。

深冷腐蚀试验中使用的模拟海水同样为 3.5%NaCl 溶液，将试样分为两组，一组采用"先冷后蚀"方式，先放入低温环境箱中保持–80℃低温 3d(图 4.14)，另一组采用"同冷同蚀"方式，直接将试样置于 0℃海水中浸泡 6d，并与第一组试样腐蚀结果进行对比。

浸泡完成后用除锈液(500mLHCl+500mL 去离子水+3.5g 六次甲基四胺)除锈，清洗吹干并称量，每组试样采用 3 个平行样，对实验前后的试样经过除锈后用电子天平(精度为 0.1mg)进行称量并记录，根据式(4.10)计算试样的腐蚀速率[115]。实验结束后用扫描电子显微镜(SEM)观察试样表面腐蚀形貌。

$$R = 8.76 \times 10^7 \times (m - m_1)/STD \tag{4.10}$$

式中，R 为年平均腐蚀速率，mm/a；m 为试验前的试样质量，g；m_1 为试验后的试样质量，g；S 为试样表面积，cm^2；T 为试验时间，h；D 为钢的密度，g/cm^3。

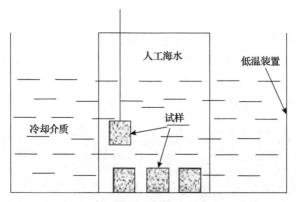

图 4.14 深冷处理后的海水浸泡腐蚀试验

4.2.3 电化学测定机理及方法

海水腐蚀的本质是电化学腐蚀，可以用电化学方法评价腐蚀行为和控制腐蚀过程；海水腐蚀电极过程：多数金属海水腐蚀为氧去极化腐蚀过程，海水腐蚀速率由阴极氧去极化扩散过程控制。

阳极过程：

$$Fe \longrightarrow Fe^{2+} + 2e^- \tag{4.11}$$

阴极过程：

$$\frac{1}{2}O_2 + H_2O + 2e^- \longrightarrow 2OH^- \tag{4.12}$$

海水导电性好，腐蚀过程阻力小，异种金属接触能造成显著的大范围电偶腐蚀(如青铜螺旋桨导致数十米处钢船体腐蚀)。生物污损阻滞氧扩散，降低腐蚀率，而诱发氧浓差极化电池而加速局部腐蚀。海水中高氯离子含量会导致非钝化金属阳极溶解过程阻滞小而加速腐蚀，并除了少数钛、锆、钽、铌合金外能够破坏普通不锈钢的钝化状态而发生点蚀、缝蚀和隧道腐蚀。电化学测定腐蚀速率的方法可以分为稳态测量、暂态测量和非线性测量方法等。

4.2.3.1 稳态测量

常用的稳态测量方法包括：线性极化电阻法、弱极化区法等[17]。

1. 线性极化电阻法

1957 年 Stern 和 Geary 根据电化学反应动力学和混合电位理论，推导了活化极化控制的腐蚀体系自腐蚀电位附近电极电位的变化与外加极化电流之间的关系，此直线的斜率与金属的自腐蚀电流密度存在定量关系，即 Stern-Geary 方程式：

$$i_{\mathrm{corr}} = \frac{b_{\mathrm{c}} \times b_{\mathrm{a}}}{2.303(b_{\mathrm{c}} + b_{\mathrm{a}})} \times \frac{1}{R_{\mathrm{p}}} = \frac{B}{R_{\mathrm{p}}} \tag{4.13}$$

只要已知 B 值，通过实验测定 R_{p}，就可以计算出金属腐蚀电流密度 i_{corr}。此方法的优点是能快度测出金属瞬时腐蚀速率。因属于微极化，不会引起金属表面状态及腐蚀控制机理的变化，但需要另行测定塔菲尔(Tafel)常数 b_{a} 和 b_{c} 来计算 B 值，而且对于自腐蚀电位附近极化曲线线性度不好的体系测量误差较大。

2. 弱极化区法

弱极化区法根据在极化值的绝对值小于 70mV 的弱极化区内的极化曲线计算腐蚀速率。按照解析方法的不同，可以分为两点法、三点法、四点法等。巴拿特于 1970 年提出了两点法和三点法可同时测定腐蚀体系的 i_k 和塔菲尔常数。这种方法的适用条件是腐蚀电极上的两个局部反应之一受活化极化控制，另一反应受扩散控制，且自然腐蚀电位距两个局部反应的平衡电位甚远。选择较小的两点对称极化值 ΔE 和$-\Delta E(\Delta E = E - E_k)$，相应的极化电流密度分别为(设阴极反应受扩散控制 $b_{\mathrm{c}} \to \infty$)：

$$i_{\mathrm{a}} = i_k \left\{ \exp\left(\frac{2.3\Delta E}{b_{\mathrm{a}}} \right) - 1 \right\} \tag{4.14}$$

$$i_{\mathrm{c}} = i_k \left\{ 1 - \exp\left(\frac{-2.3\Delta E}{b_{\mathrm{a}}} \right) \right\} \tag{4.15}$$

两式相除可得：

$$r = \frac{i_{\mathrm{a}}}{i_{\mathrm{c}}} = \exp\left(\frac{2.3\Delta E}{b_{\mathrm{a}}} \right) \tag{4.16}$$

$$b_{\mathrm{a}} = \frac{2.3\Delta E}{\ln r} = \frac{\Delta E}{\lg r} \tag{4.17}$$

由上式可得：

$$i_k = \frac{i_{\mathrm{a}} i_{\mathrm{c}}}{i_{\mathrm{c}} - i_{\mathrm{a}}} \tag{4.18}$$

巴拿特两点法在测量技术上是简单的，只需进行对称的两次小极化 $\pm\Delta E$，即可计算求得自腐蚀电流和塔菲尔常数。此法测量金属腐蚀速率虽然理论上有严格的依据，并且操作简单，数据处理也比较容易。但在测量时还存在一些问题，例如：测量极低腐蚀速率费时较长，高阻溶液中需要进行溶液欧姆压降的校正，而且腐蚀电位的漂移也给测试带来困难。实际应用中也有一定局限性，强极化时金属表面受到扰动，表面状态会发生变化，只适用于较宽广电流密度范围内，电极过程服从指数规律的体系，而不适用于浓差极化较大的体系。对于浓度极化控制的腐蚀体系，阴极极化曲线应为：

$$E - E_k = \frac{b_a b_c}{b_a + b_c} \lg\left(1 - \frac{i_c}{i_L}\right) \tag{4.19}$$

式中，i_L 为阴极极限扩散电流密度。

4.2.3.2　暂态测量

常用的暂态测量方法有暂态线性极化技术、充电曲线法、恒电量法等。

1. 暂态线性极化技术

暂态线性极化技术的测试方法比较简单：对一腐蚀金属电极以阶跃的方式施加一系列相等的电流 I_1、I_2、$I_3 \cdots I_n$，而 $I_n = nI_1$，在每一次外加电流后以相等的时间间隔记录极化电位的数值，当阶跃的次数增加后，极化电位和外加电流呈线性关系，其斜率值和稳态时测得的斜率值相等，即为 R_p。此法可采用经典恒电流电路，也可采用阶梯电流法以提高测试精确性，主要用于极低腐蚀速率体系的测量，通常外加电流很小，有时甚至为 nA 数量级。

2. 充电曲线法

充电曲线法适合于低腐蚀速率体系的测试，克服低腐蚀速率体系极化电阻值大、体系时间常数大，以至于达到稳态所需时间太长的缺点。其基本原理是对腐蚀体系施加恒定电流(其数值应使极化电位不超过 10mV)，从腐蚀电位开始极化记录极化电位-时间曲线，由充电曲线方程式计算稳态时的极化电位值 IR_p，由于施加的电流 I 已知，因此可以求出 R_p，再根据 Stern 公式计算腐蚀电流密度 i_{corr}。充电曲线法的关键是如何由充电曲线方程式求出 IR_p，方法比较多：1966 年 D.A.Jones 和 N.D.Greene 提出了示差法；1974 年 D.A.Aregones 和 S.F.Hulber 提出了改进法；杨璋等提出了切线法和充电曲线二点法；宋诗哲也提出了计算机解析方法等，这些方法的实验技术是相近的，只是对充电曲线方程式的数学演算不同。

3. 恒电量法

恒电量法应用在腐蚀速率测量中，是 K.Kanno、M.Suzuki 和 Y.Sato 等在 1977 年提出的，其原理是将一个小量的电荷脉冲 Δq 施加到处于自腐蚀电位的金属试验电极的双电层上时，产生一初始过电位 ΔE_0。假设在一较小的过电位范围内，试

验电极的微分电容 C_d 是常数，ΔE_0 作为 C_d 的函数可以如下表示：

$$\Delta E_0 = \frac{\Delta q}{C_d} \tag{4.20}$$

其后 Δq 由腐蚀反应所消耗使电极反应又返回自腐蚀电位 E_{corr}，电位衰减随时间呈指数关系：

$$\Delta E_t = \Delta E_0 \times \exp\left(-\frac{t}{R_p C_d}\right) \tag{4.21}$$

写成对数形式为：

$$\lg \Delta E_t = \lg \Delta E_0 - \frac{t}{2.303 R_p C_d} \tag{4.22}$$

这样 $\log \Delta E_t$-t 呈直线关系，由直线的斜率和截距结合以上公式就可以计算出极化电阻 R_p，进而计算出 i_{corr}。这是一种弛豫方法测量，可以在较短的时间内完成。此外过电位的变化是在没有施加外加电流的情况下测定的，因此具有可以在像蒸馏水等高阻介质中应用而不考虑欧姆压降校正的优点。

4.2.3.3　非线性测量

曹楚南等提出的微分极化电阻法是非线性测量的典型代表。此法为了避免线性极化技术引起的一些误差，采用微分极化电阻 DPR 代替线性极化电阻。

$$\mathrm{DPR} = \left(\frac{\mathrm{d}E}{\mathrm{d}I}\right)_{E_{corr}} \tag{4.23}$$

由于采用了微分极化电阻，因此不存在由于线性近似引起的理论误差，并且由于在腐蚀电位附近测量极化阻力，从而可以避免非法拉第电流引起的电极-溶液界面状态的变化，腐蚀电位漂移极化电位和扫描速度的选取引起的误差，但是溶液电阻的存在会引起结果误差，必须予以补偿。其他非线性测量方法有二次谐波法、法拉第整流法等。

4.2.3.4　电化学腐蚀测量设备及参数

电化学工作站 (electrochemical workstation) 是电化学测量系统的简称，是电化学研究和教学常用的测量设备。将这种测量系统组成一台整机，内含快速数字信号发生器、高速数据采集系统、电位电流信号滤波器、多级信号增益、IR 降补偿电路以及恒电位仪、恒电流仪。可直接用于超微电极上的稳态电流测量。如果与微电流放大器及屏蔽箱连接，可测量 1pA 或更低的电流。如果与大电流放大器连接，电流范围可拓宽为±2A。某些实验方法时间尺度的数量级可达 10 倍，动态范围极为宽广。可进行循环伏安法、交流阻抗法、交流伏安法等测量。电化学工作站现已是商品化的产品，不同厂商提供的不同型号的产品具有不同的电化学测量技术和功能，但基本的硬件参数指标和软件性能是相同的。电化学工作站的主要优点是实验的智能化，可以储存大量的数据，以及将数据进行智能化处理。

常用的电化学测试采用三电极测量体系，Pt 电极为辅助电极，饱和甘汞电极为参比电极(SCE)，经过浸泡的试样作为工作电极(WE)。测量前先将试样放在溶液中静置 30min，待开路电位稳定 1800s 后开始测量。电位扫描范围为：−300～500mV(vs.OCP)，扫描速率为 0.5mV/s。电化学阻抗谱(EIS)测量时，频率范围为 $10^5～10^{-2}$Hz，激励信号是振幅为 10mV 的正弦波，EIS 测试在开路电位下进行，使用软件对阻抗数据进行等效电路拟合分析。

4.3　低温海冰环境摩擦试验评定方法

4.3.1　低温海冰环境摩擦机理及破坏形式

4.3.1.1　摩擦类型

摩擦的类别很多，按摩擦副的运动形式，摩擦可分为滑动摩擦和滚动摩擦，前者是两相互接触物体有相对滑动或有相对滑动趋势时的摩擦，后者是两相互接触物体有相对滚动或有相对滚动趋势时的摩擦；而这两种摩擦在计算时须保证的条件是：物体状态是静止或匀速直线运动，这时摩擦力等于物体所受阻力。在相同条件下，滚动摩擦小于滑动摩擦。

按摩擦表面的润滑状态，摩擦可分为干摩擦、边界摩擦和流体摩擦。摩擦又可分为外摩擦和内摩擦。外摩擦是指两物体表面做相对运动时的摩擦；内摩擦是指物体内部分子间的摩擦。干摩擦和边界摩擦属于外摩擦，流体摩擦属于内摩擦。

干摩擦指摩擦副表面直接接触，没有润滑剂存在时的摩擦。常用库仑摩擦定律表达摩擦表面间的滑动摩擦力 F、法向力 N 和摩擦系数 f 间的关系：

$$f = F / N \qquad (4.24)$$

钢对钢的 f 值在大气中约为 0.15～0.20，洁净表面可达 0.7～0.8。根据 F.P.鲍登等的研究，极为洁净的金属(表面上的气体用加热、电子轰击等方法排除)在高真空度的实验条件下，表面接触处完全贴合，f 值可高达 100。这种极为洁净的金属表面一旦与大气相接触便立即被污染或氧化，从而使 f 值显著下降。

边界摩擦是指边界润滑状态下的摩擦。边界摩擦系数低于干摩擦系数。边界摩擦状态下的摩擦系数只取决于摩擦界面的性质和边界膜的结构形式，而与润滑剂的黏度无关。流体润滑状态下的摩擦称为流体摩擦。这种摩擦是由流体黏性引起的。其摩擦系数较干摩擦和边界摩擦低。

4.3.1.2　滑动摩擦的影响因素

摩擦学发展一直很缓慢，其主要原因是摩擦学规律有极强的系统依赖性和复杂的时空特性，故而摩擦是一个复杂多变的过程，它的滑动过程必然会受到各种因素的影响。由于摩擦系数是摩擦系统中的综合特性，所以必须开展摩擦系数影响机理的研究，对影响摩擦系数的各种因素进行分析总结，以便能得到有效的控制和避免不必要的摩擦损失，同时也会对摩擦学的发展起促进作用。影响滑动摩擦摩擦系数的因素主要有下面几种：

(1)法向载荷。就现代摩擦理论而言，摩擦力的数值主要取决于真实的接触区域大小，法向载荷的增加会使实际接触点的数目增多，但由于实际接触点的数目并不与法向载荷成正比，所以造成的结果就是一般情况下摩擦系数的大小会随着法向载荷的增加而减小。弥宁等就研究了载荷对 GCr15/35CrMo 摩擦副摩擦磨损特性的影响，结果发现摩擦系数会随法向载荷的增加而减小，且存在一个临界值。Paulo 等也做了相关的研究，结果发现载荷(接触应力)对摩擦系数有很大影响。Rodrigues 等发现随着载荷的不同，摩擦系数的变化也不同。

(2)滑动速度。古典摩擦定律认为摩擦力只与法向载荷有关，而与速度没有任何关联，但是越来越多的研究结果表明，相对滑动速度会对摩擦系数的大小产生影响。肖乾等做了关于高速列车轮轨材料滑动摩擦的实验研究，结果表明在温度和载荷一定时，摩擦系数会随着滑动速度的变化而变化。蒋浩民等的实验研究就说明了摩擦系数不仅和正压力有关，而且和滑动速度也有很大的关联。

(3)温度。温度是摩擦过程中的一个重要参数，当摩擦表面区域发生相对滑动时，温度的变化会使表面材料的组织性能发生变化，从而使得表面的摩擦系数发生变化，温度的来源主要是摩擦热和外界的加热机构。

(4)材质与表面膜。不同的材质匹配会有不同的摩擦系数，且一般金属材质匹配时会发生黏着现象，会造成较大的摩擦系数。一般来说金属表面具有吸附力，故大多数金属置于大气中时，会被立即氧化，形成厚度不同的氧化膜层。具有表面膜的摩擦副，在摩擦过程中，氧化膜首先受到挤压变形而消失，其次才是内层的组织开始摩擦，故而不容易形成黏着现象，所以摩擦系数的大小会有所降低。当然，氧化膜的厚度不同，其对摩擦系数的影响也不相同，所以研究氧化膜对摩擦系数的影响要与所用材料结合起来。刘海平等就研究了铝合金氧化膜的摩擦系数与磨损过程的关系，结果发现氧化膜对摩擦系数有很大的影响。

(5)表面粗糙度。早期摩擦理论的机械学说就提出了粗糙度对摩擦的影响，而现代摩擦学说就建立在摩擦界面塑性变形的基础上，所以表面粗糙度对摩擦系数有较大的影响。与弥宁等不同的是，黄建龙等也研究了 GCr15/35CrMo 摩擦副的摩擦磨损特性，但影响因素是表面粗糙度而不是法向载荷，并且证明了表面粗糙度对摩擦系数的影响效果显著，还发现存在着一个最佳的表面粗糙度范围，在此范围内摩擦系数是最低的。此外李掘东等也做了相关的研究，发现表面粗糙度的提高会增大摩擦表面的平均摩擦系数。

(6)材料硬度。提高表面硬度可以增强金属表面的耐磨损性能，也会影响摩擦系数。田世新等研究了钢铜摩擦副表面粗糙度、硬度对摩擦行为的影响，结果发现钢铜之间存在一个合理的硬度比值，在这个硬度下的摩擦系数最小。邓汉忠等也做了相关的研究，发现硬度对摩擦副的摩擦系数有很大的影响。华南理工大学研究了硬度对蜗轮副用材料微动磨损特性的影响，结果表明随着 40CrNiMoA 钢硬度的增加，其微动磨损体积减小。

(7)金相组织。金相组织也是摩擦系数影响因素中不可或缺的。高彩桥等在《金属摩擦学》一书中就详细地介绍了晶粒大小、各种金属组织对摩擦系数的影响机理。

4.3.1.3　摩擦过程中金属表层的变化

在摩擦磨损过程中金属的表面和表层中将发生如下一些变化：表面几何形貌的变化、表面化学成分的变化、表面组织结构的变化、表面性能的变化等(其中包括力学性能、物理性能及化学性能的各种变化)。亚表层中主要是组织结构的变化和各种性能的变化，同时也有成分的一些变动。

关于表层组织的变化是不难理解的，在摩擦热的作用下，金属状态将随着温升而变化。这可以结合铁碳状态图来分析，在临界点以下淬火钢可能发生低温、中温及高温回火，此时有 α 分解、碳化物析出、应力松弛，还有残余奥氏体转变为 α 相，以及恢复、再结晶现象等。

如果表层的温度超过了 A_{C1}，奥氏体将重新形成，这时材料的塑性变形抗力急剧下降，因此有明显的范性流动发生。在摩擦过程中形成的奥氏体也有形核、长大、成分均匀化等过程，如果时间太短，在奥氏体开始形成时碳化物的溶解过程及金属流变现象可以看得很清楚。冷却时，这个组织又要发生相反的变化，奥氏体将要转变为热力学更加稳定的相(例如马氏体)，可是极表层的奥氏体由于结构、成分、冷却制度等一系列的原因，有时发生严重的陈化稳定，致使摩擦表面形成少量的残余奥氏体。温度进一步提高，奥氏体粗大，直到表面熔化，它们在随后冷却过程中的变化基本上与上面讲的一样。但是有一个现象很有意思，在摩擦表面上冷却速度极快，初步的估算可以达到 $10^6℃/s$ 以上，在这样大的冷却速度下组织可以得到异常的细化，熔化的金属则可能变为非晶态。

4.3.1.4　摩擦磨损类型

15 世纪中叶，意大利的 Leonardo da Vinic 已经开始摩擦学的理论研究，当时就已经提出了类似于摩擦系数的概念，并且认识到摩擦力与法向载荷成正比的关系。随后摩擦学的研究逐渐开始系统化，实验结果显示，摩擦力与配合端面的表面性质有关。到 1939 年，分子-机械理论被提出，摩擦学的研究已经越来越接近现代的磨粒磨损和黏着磨损理论。随后的研究对磨损基本类型进行了大致分类。

1. 磨粒磨损

摩擦体系中高硬度的微凸体或者颗粒物在对磨表面产生犁削、擦伤的现象，称为磨粒磨损。工程机械、农业机械、矿山机械以及建筑机械由于常与矿石、泥沙等硬质颗粒或者表面硬质微凸体直接接触，所以会发生不同形式的磨粒磨损。磨粒磨损一般有二体和三体磨粒磨损的区分。典型的二体磨粒磨损是磨粒或者摩擦副中硬的微凸体沿着固体表面进行接近平行运动时，在接触应力的作用下对应的固体表面将会产生犁沟痕迹或者擦伤。当单独的硬质颗粒存在于两个对磨表面之间时，由于对磨表面产生较高的接触应力，将会使得接触表面产生塑性变形或者脆裂，此时为三体磨粒磨损。一般情况下，犁削作用就是磨粒磨损的机理，也就是微观切削的过程。由 E. Rabinowicz 提出的切削简易模型可知，材料磨粒磨损的磨损体积与其硬度成反比，与所加的法向载荷成正比。该模型可以用来对磨粒磨损的一般规律进行本质分析，但是由于磨损过程是一个复杂的过程，在材料发生磨粒磨损的同时还伴随着加工硬化和塑性变形的发生，与之对应的理论模型还有待完善。

2. 黏着磨损

摩擦副的表面进行相对滑动时，材料的接触区域将会发生局部黏着或者焊合，并伴随黏着结点处出现剪切断裂，由此产生金属在对磨表面之间的转移。古典的摩擦学机械理论认为摩擦力的存在是由于接触面上凹凸处的相互啮合，但是之后的实验发现较为光滑的接触面对磨时，摩擦力反而更大，由此引发了后来的分子理论，即摩擦力的真正来源是接触的摩擦表面之间的分子引力，之后黏着磨损的理论由 Holm 首先提出，并且得到 Bowden 和 Archard 等的不断完善。当对磨的金属表面互相接触时，在分子力的作用下，两表面将发生焊合，当外力超过焊合处的结合力时，则结合处会被剪断，但是如果这种剪断不是发生在焊合的接触面之间，而是在对磨面金属的内部，则在对磨件的表面会黏附配对表面的金属，发生金属的转移。

3. 疲劳磨损

材料在磨损过程中承受着接触应力的反复作用，在循环应力低于或者远低于材料的弹性极限的条件下，磨损表面仍然会出现由于材料疲劳而剥落形成的凹坑。也就意味着，即使很低的交变载荷作用于材料表面，在亚表层也会累积而最终产生疲劳破坏。关于疲劳磨损，Suh 在 1973 年已经提出了被广泛接受的剥层磨损的理论模型，微裂纹和空洞优先在亚表层的硬质相颗粒附近形成，继而随着循环应力的持续作用不断扩张成为裂纹，存在于亚表层的裂纹扩张到一定程度即会引起材料表层的剥落。不同硬度的材料进行对磨时，即使是硬度较高的材料，拥有较高的塑性变形抗力，也会在循环应力的作用下出现亚表层的裂纹萌生和扩展，而且在磨损过程中局部区域会出现应力集中，只是硬度较低的材料更加易于出现裂纹的萌生。

4. 腐蚀磨损

材料在磨损过程中同时还承受着与周围介质的电化学或者化学反应，在磨损和反应的共同作用下发生表层破坏的现象称为腐蚀磨损。在大多数情况下，腐蚀磨损过程中优先发生化学反应，随后在磨损过程中通过机械作用使得化学反应所生成的物质从磨损表面脱落。腐蚀和磨损对于材料的双重影响不是简单的两种作用的叠加，在特定的介质与材料的配合条件下，磨损过程的机械作用能够及时除去腐蚀产物，使化学或者电化学反应快速进行，而腐蚀过程可以增加磨损表面的粗糙度并且使表层金属的晶体结构被破坏而降低结合能力，从而在交互作用下加速磨损。但是这种化学或者电化学的腐蚀过程也可以促进磨损表面形成比较完整且稳定存在的腐蚀产物膜，当这种腐蚀产物膜相较于基体具有更好的耐磨性能时，可以有很好的减磨作用。氧化磨损就是一种典型的腐蚀磨损，在大气条件下金属磨面会形成摩擦氧化物，其保护作用已得到广泛的验证。

5. 微动磨损

微动磨损指两接触表面间没有宏观相对运动，但在外界变动负荷影响下，有小振幅的相对振动（小于 $100\mu m$），此时接触表面间产生大量的微小氧化物磨损粉末，因此造成的磨损称为微动磨损。

4.3.2 极寒与超低温船舶材料摩擦与载荷、速度的关系

通常认为摩擦力随法向载荷的增加而增大，但是摩擦系数却不一定随法向载荷的增加而增大。一般地说，金属材料摩擦副在大气中干摩擦时，轻载下，摩擦系数随载荷的增加而增大，因为载荷增大，会将氧化膜挤破，导致金属直接接触。

不少的实验也证明，金属在滑动中，摩擦系数随载荷的增加而减小。这是因为真实接触面积的增大不如载荷增加得快。在滑动摩擦时，若载荷尚未达到使吸

附膜脱附的程度,则吸附膜的摩擦系数比反应膜的低。但当载荷增大时,吸附膜被破坏,而具有极压性能的反应膜却能在载荷极高时起到降低摩擦的作用。

4.3.2.1　载荷和速度对极寒环境船用钢板摩擦系数的影响

图 4.15 为船用低温钢在不同载荷/速度下的摩擦系数随摩擦时间的变化曲线,表明在每次摩擦循环中,随着时间的变化,摩擦系数在摩擦前期逐渐上升然后逐

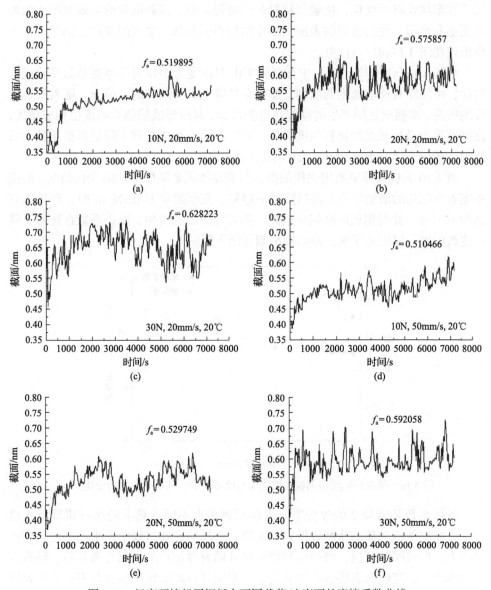

图 4.15　极寒环境船用钢板在不同载荷/速度下的摩擦系数曲线

渐稳定。在球与钢板接触的前 15min 内摩擦系数逐渐上升，然后在 0.51～0.63 范围内波动[图 4.15(a)～(f)]，摩擦副中的碳化钨合金球与极寒环境船用钢板由黏着磨损逐渐转变为磨料磨损和接触磨损。由图 4.15(a)～(c)可知，在同样的频率下，船用低温钢的摩擦系数随着载荷增加逐渐增加，接触球与钢板之间的接触应力增加，导致钢板局部变形加大，船用低温钢板在犁沟磨损作用下产生大量的磨粒，压力越大，产生的磨粒越多。随着压力的增大，钢板在接触副的作用下导致磨粒尺寸和形状也有所变化，接触面材料产生疲劳失效，接触面疲劳失效而产生的局部脱落和凸起，使磨损面的表面粗糙度增加而引起摩擦系数的波动，同样的情况也出现在图 4.15(d)～(f)中。

将图 4.15(a)和图 4.15(d)中往复频率由 2Hz 变为 5Hz 时的摩擦系数变化进行对比，可知随着移动速度的增加，摩擦系数降低，在同样的载荷下，随着移动速度的提高，摩擦副之间产生的摩擦热也会增加，对应形成的热影响区也相应增大，在摩擦界面微接触点的材料强度降低，在摩擦面上形成有利于降低摩擦系数的过渡膜。载荷为 20N 和 30N 时，这一现象再次出现。

图 4.16 为极寒环境船用钢板的磨损量和摩擦系数随摩擦功的变化曲线。磨损率随着摩擦功的增加呈先升高后降低的趋势，在摩擦功为 0.5N·m 时，摩擦系数达到 0.5758，此时钢板的磨损率最高。随着摩擦功的增加，摩擦系数在短暂下降后逐渐增加，但增速缓慢，而磨损率则逐渐下降。

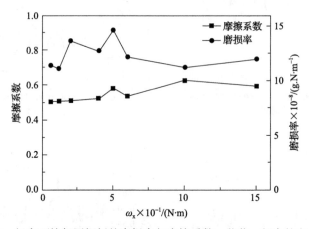

图 4.16　极寒环境船用钢板的磨损率与摩擦系数、载荷、频率的变化曲线

摩擦系数及磨损率的改变意味着船用钢板在不同载荷下的摩擦机理发生改变。当摩擦载荷和移动速度较低时，摩擦副将样品摩擦过程中产生的磨粒带到接触面上，形成磨粒磨损，磨损率和磨粒尺寸随着摩擦功的增加逐渐升高。随着摩擦热的产生，接触面表层会产生氧化层，形成具有减磨作用的过渡膜；表面材料在交变载荷的作用下会产生表面加工硬化，加工硬化层的存在可以提高接触面的

耐磨性。碳化钨球在摩擦热和摩擦载荷的作用下也会发生转移，碳化钨材料的硬度较高，部分被摩擦下来的碳化钨颗粒转移到接触面从而提高接触面的耐磨性；但钢板会因疲劳失效出现点蚀和疲劳磨损，大量点蚀坑的存在使接触面的表面粗糙度增大，进而使摩擦系数增大；船用低温钢的磨损率在摩擦功为 0.5N·m 时达到最大，然后随着氧化膜、加工硬化层、转移层的出现，磨损率呈先下降后缓慢升高的趋势，而摩擦系数逐渐增加。

4.3.2.2 载荷和速度对极寒环境船用钢板磨痕的影响

图 4.17 为极寒环境船用钢板在不同载荷条件下的摩擦表面轮廓和尺寸。由图 4.17(a)～(d)可知，在载荷为 10N、移动速度为 20mm/s 时，钢板的磨损宽度和深度分别为 220μm 和 2935nm，磨痕表面轮廓粗糙；在移动速度提高到 50mm/s 时，磨损宽度和深度分别提高到 505μm 和 3120nm；当载荷为 20N 时，磨损宽度和磨损深度均有所提升。当载荷为 30N、移动速度为 20mm/s 时，磨痕轮廓波动减小而摩擦宽度和深度分别达到 750μm 和 3871nm。在较低的摩擦功作用下，样品的磨痕宽度和深度随着摩擦力的增加而增加，磨损量增大，这是因为钢板在摩

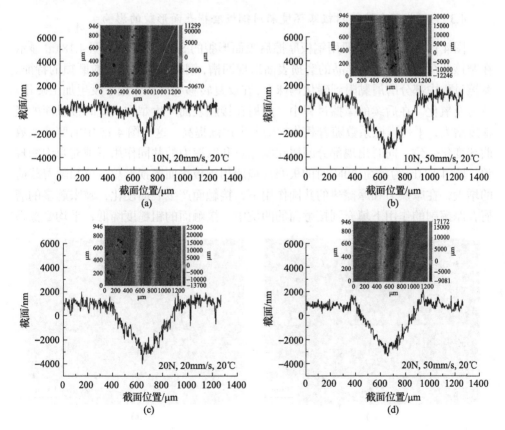

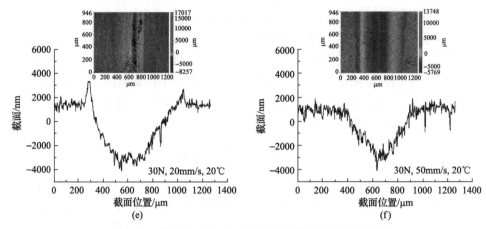

图 4.17 载荷和速度对极寒环境船用钢板的磨痕影响

擦力和摩擦热的作用下，接触副对基体材料产生磨粒磨损，摩擦时间越长，磨损量越多。船用低温钢在连续挤压下形成圆弧形的磨痕轮廓，随着摩擦功的增大，磨损深度、宽度增大，磨痕轮廓随着摩擦功的增大呈先大后小的趋势。

4.3.2.3 载荷和速度对极寒环境船用钢板磨损表面形貌的影响

图 4.18 为极寒环境船用钢板摩擦后表面形貌的 SEM 分析图。图 4.18（a）显示在摩擦载荷为 10N 时，样品的磨损表面出现凹槽，钢板接触面呈磨粒磨损的特征。摩擦过程中部分磨屑黏附到碳化钨球上，在反复转移和挤压作用下发生加工硬化、疲劳及氧化。在后续的摩擦过程中，磨屑在接触表面产生犁沟，此时接触面的粗糙度增大，平均摩擦系数随着载荷的增大也逐渐提高，这与图 4.15 中的摩擦系数曲线变化一致，同时出现部分磨屑在摩擦热和摩擦力的共同作用下填充犁沟的现象。图 4.18（b）为载荷 20N 时的极寒环境船用钢板表面磨损形貌。可知随着载荷的增大，在摩擦力和摩擦热的共同作用下，接触面产生表面硬化，越来越多的磨屑在摩擦副的作用下填充到接触面的凹坑中，接触面的粗糙度降低，平均摩擦系

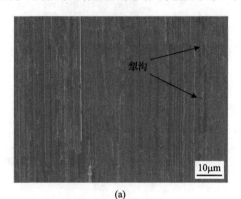

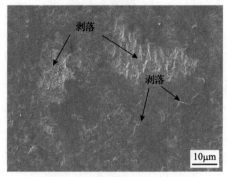

(a)　　　　　　　　　　　　　　(b)

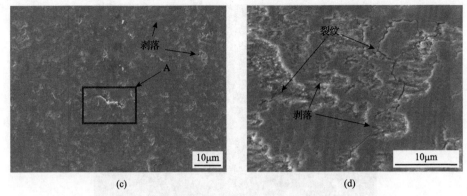

图 4.18 极寒环境船用钢板磨损表面微观形貌 SEM 照片

数随之降低。接触面在载荷的交互作用力下，部分组织结构疲劳失效，产生了垂直于摩擦方向的鱼鳞状凸起和局部剥落现象[116]。

图 4.18(c)为 30N 载荷时的极寒环境船用钢板表面磨损形貌。接触面受到接触应力和温度的交变载荷作用更剧烈，在表面微凸体的作用下，对接触面产生了微切削。接触面硬化层在轴向载荷的作用下被挤入低温钢接触面底层，形成一层磨屑与钢板材料混合的转移层，转移层与低温钢基体的结合力较低，当转移层在交变载荷的作用下产生疲劳失效时，就会在接触面形成图 4.18(d)所示剥落坑和裂纹。可以发现在摩擦槽内出现大量的点状剥落坑，并出现裂纹，表明接触面发生了严重的磨损。在剪切应力和高接触应力的作用下，磨痕接触面凸起形成疲劳剥落，存在大量剥落坑。剥落坑和裂纹的出现表明低温钢接触面的磨损加重，摩擦轮廓宽度和深度加大，进而导致接触面的磨损体积总量增加。由于转移层的存在，当往复频率增加时，接触副中的碳化钨球对于接触面产生的磨屑和元素转移也会增加，从而使表面硬化层的生成速度和硬度增加，接触面的耐磨性能有所提高，从而使磨损率有所下降，这与图 4.16 中的磨损率随载荷和频率的变化曲线一致。

图 4.19 为对磨损表面进行 EDS 能谱元素分析。其中 A 区域为摩擦试验结束后将接触面上的凸起去除后形成的剥落坑，经过能谱分析发现主要有 Fe 元素和微量 C 元素。而在摩擦过程中产生的剥落坑 B 区域发现少量的 W 元素存在，这是由于在摩擦过程中碳化钨球也会产生磨损，形成的磨屑在接触面转移层形成的过程中被挤压入基体，当凸起剥落形成剥落坑后，仍会有新的磨屑被带入剥落坑。对于接触面的 C 区域进行能谱分析表明：在直接与碳化钨球接触的表面有 Fe、O、W、C 等元素存在，这是由于在摩擦力和摩擦热的共同作用下，从碳化钨球上脱落的磨屑填充在摩擦形成的犁沟中，增加了接触面的强度，降低了接触面的粗糙度，进而降低了摩擦系数。O 元素的出现说明摩擦接触面在摩擦热的作用下形成了氧化层，低温钢发生了氧化磨损。氧化层对于基体也起保护作用，在摩擦过

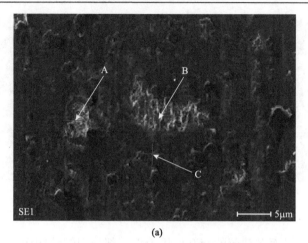

(a)

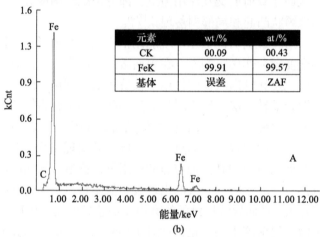

(b)

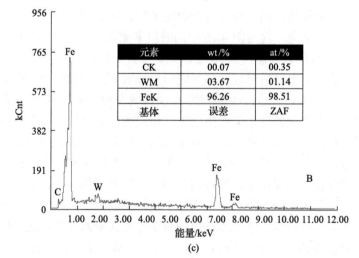

(c)

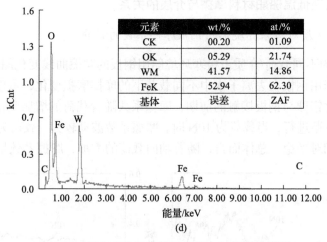

元素	wt/%	at/%
CK	00.20	01.09
OK	05.29	21.74
WM	41.57	14.86
FeK	52.94	62.30
基体	误差	ZAF

图 4.19　极寒环境船用钢板磨痕 EDS 能谱分析图

(a)EDS 分析；(b)A 区；(c)B 区；(d)C 区

程中起到减磨作用，但是由于氧化层的厚度较薄，在磨损过程中容易发生氧化层的脱落现象。

图 4.20 为对磨损后的摩擦表面进行 O 元素面扫描的 EDS 图，A 区域为碳化钨球与钢板摩擦磨损试验中形成的摩擦槽，可以看到在摩擦槽内有均匀致密的氧元素能谱分布，密度明显大于其他区域。即使在 B 区域和 C 区域，由于在样品转移过程中有部分磨屑洒落在样品表面，对其进行氧元素面扫描，结果表明在摩擦过程形成磨屑的氧含量明显高于未磨损面的氧元素分布，说明在摩擦副接触的过程中有氧化磨损的现象，接触面在摩擦热的作用下，大量氧元素与铁元素作用形成氧化膜，氧化膜的存在有利于改善基体材料的摩擦性能，降低摩擦系数。

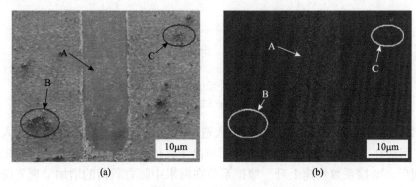

图 4.20　极寒环境船用钢板磨痕面扫描分析图

4.3.3 极寒与超低温船舶材料摩擦与介质的关系

4.3.3.1 介质对极寒环境船用钢板摩擦系数的影响

图 4.21 为不同载荷/介质下极寒环境船用钢板的摩擦曲线变化图。图 4.21(a) 为极寒环境船用钢板在去离子水中不同载荷下的摩擦磨损变化，可以发现在去离子水中，氧化铝球与钢板接触的前期，摩擦系数随着载荷的增加变化不大。随着摩擦行为的不断进行，当载荷为 10N 时，摩擦系数波动较大。载荷为 20N 和 30N 的摩擦系数相对平稳。总体而言，随着轴向载荷的增加，摩擦系数呈降低趋势。

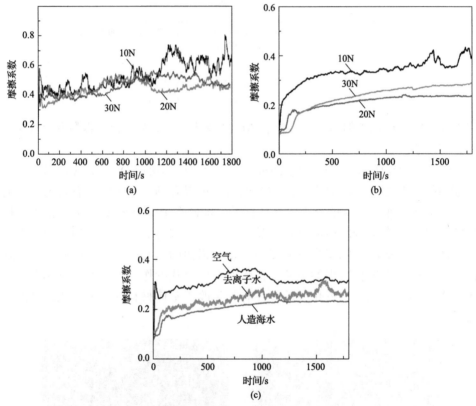

图 4.21 不同载荷/介质的摩擦系数变化曲线
(a) 去离子水；(b) 人造海水；(c) 空气

图 4.21(b) 为极寒环境船用钢板在人造海水中的摩擦系数变化曲线。在人造海水中，钢板在 10N 载荷时的摩擦系数明显高于其他载荷的摩擦系数。经过短暂的磨合期后，摩擦系数快速上升。摩擦系数在海水中随着载荷的增加呈现先降低后上升的趋势。

将极寒环境船用钢板在 20N 载荷作用下去离子水、人造海水、空气环境中的摩擦系数进行对比如图 4.21(c)所示。可以发现在干摩擦环境中船用低温钢板的摩擦系数明显高于介质摩擦磨损过程中的摩擦系数，同等载荷下，人造海水中的摩擦系数最低。

4.3.3.2　介质对极寒环境船用钢板摩擦磨损表面形貌的影响

观察极寒环境船用钢板在介质中的摩擦磨损试验的试样表面形貌，如图 4.22、图 4.23 所示。可以发现，在相同载荷下，经过摩擦磨损试验后，在去离子水中的摩擦磨损试样表面黏附少量的摩擦磨损产物，在试样表面还能看到比较清晰的犁沟磨损行为。结合钢板在去离子水中的摩擦系数变化可以发现，在接触初期，摩擦系数的磨合期较长且摩擦系数升高缓慢，这是由于在去离子水的作用下，摩擦副之间形成一层水润滑膜，起到薄膜润滑作用，进而有效地降低摩擦系数，减少钢板的磨损。随着摩擦行为进行，钢板的表面润滑膜被破坏，而试样表面的基体材料也会由于疲劳失效而脱落，从而在微切削的作用下产生犁沟状形貌，但由于去离子水的润滑作用，产生的犁沟较浅。

图 4.22　极寒环境船用钢板在去离子水中摩擦磨损后的表面形貌

图 4.23　极寒环境船用钢板在海水中摩擦磨损后的表面形貌

　　图 4.23 为极寒环境船用钢板在海水中的摩擦磨损试验表面形貌，由于海水的腐蚀作用，在试样的表面形成一层厚厚的腐蚀摩擦产物。由于海水腐蚀与摩擦磨损的协同作用，在腐蚀产物中既可以看到由于往复磨损过程中的切削作用产生的层片状磨屑，也可以看到海水腐蚀后在表面形成的腐蚀产物形貌。将腐蚀产物去除后，可以发现海水中的摩擦磨损试样表面粗糙度大幅增加，基体表面出现明显的腐蚀坑和脱落行为，同时还有轻微的犁沟磨损形貌。在腐蚀磨损过程产生的腐蚀产物附着在试样的表面也会起到润滑的作用，从而导致摩擦系数波动相对较小〔图 4.22(b)〕，针对极寒环境船用钢板在空气及不同介质中的摩擦磨损行为研究，其摩擦磨损机理如图 4.24 所示。

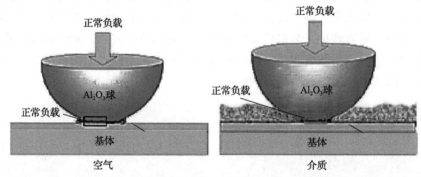

图 4.24　极寒环境船用钢板在不同介质中的磨损机理

　　根据相关文献介绍可知[117]，材料在海水中的摩擦腐蚀行为是一个复杂的过程，腐蚀和摩擦同时作用，相互影响，根据 ASTMG119-09 标准，可将材料的总损失量 $W_{总}$ 分为材料的摩擦磨损损失 W_0、纯腐蚀量 C_0，以及二者的交互协作作用量 S。

$$W_{总} = W_0 + C_0 + S \qquad (4.25)$$

　　其中材料的总损失量 $W_{总}$ 可以用轮廓仪测量摩擦磨损试验后的磨痕磨损体积，然后再转化为损失速率；W_0 可以通过阴极保护(−1V)下的恒电位磨损试验的损失量得出；C_0 可以通过静态人造海水的腐蚀速率得到[109]。

　　交互协作作用量 S 又可以分为腐蚀对于摩擦磨损的影响量 ΔW_c 和摩擦磨损行为对于腐蚀的促进量 ΔC_w。如果 ΔW_c 或者 ΔC_w 是负值，则说明两者之间的行为是相互抑制的。反之，则说明腐蚀和摩擦行为相互促进。所以有以下公式：

$$S = \Delta C_w + \Delta W_c \qquad (4.26)$$

　　鉴于腐蚀和摩擦的相互作用，而船用钢板在实际使用过程中又不可避免地会面临腐蚀和摩擦的环境。近年来，随着摩擦电化学装置的不断完善，可以通过控制电化学参数以及载荷来得到材料的总损失量、磨损量、腐蚀量以及交互作用值，为极寒环境船用钢板的腐蚀摩擦提供数据积累和理论支持。

4.3.4　极寒与超低温船舶材料摩擦与温度的关系

摩擦过程中接触点处材料的变形和剪断产生大量的摩擦热，摩擦副表面的热性能(导热率、线膨胀系数)导致材料机械性能改变。对于熔点低的金属，当摩擦热引起的温升达到金属熔点后，温度就不再升高，此时摩擦系数也不再增大。而对于一些熔点极高的硬质化合物，一般高温下滑动时，表面不致发生咬黏。直到某一很高的温度时，摩擦系数才会明显增大。在润滑状态下的摩擦热会使润滑剂黏度发生变化，容易使油膜厚度变小，导致润滑失效。在边界润滑状态下，摩擦热会导致一些吸附膜的解吸，氧化速率增快。

利用 SiO_2 探针进行的单晶硅不同温度水下微米接触磨损实验显示，随着水温的升高，单晶硅的磨损体积逐渐增加，表明温度对 Si/SiO_2 的水下摩擦化学磨损有明显的促进作用。单晶硅不同温度水下纳米接触磨损的类型仅有摩擦化学磨损，实验结果显示保留自然氧化层的原始硅和去除自然氧化层的疏水硅的实验规律不同。随着水温的升高，原始硅表面由不产生磨损到产生磨损，产生磨损样品的磨损深度和体积随着温度升高近似线性增长，疏水硅首先出现磨损深度和体积从低于常温到常温的略微增加阶段，然后出现高于常温后磨损深度和体积随温度上升而逐渐减小的阶段。

因此，环境温度的改变会影响对磨形式，尤其是极地船舶在低温海水、海冰条件下与冰载荷的摩擦磨损受温度和介质影响更为明显。

4.3.4.1　环境温度对极寒环境船用钢板摩擦系数的影响

图 4.25 为极寒环境船用钢板在不同载荷及温度下的摩擦系数曲线，其中图 4.25(a)为钢板在法向载荷为 20N 时不同温度下的摩擦系数曲线。可以发现，在常温下 Al_2O_3 球与钢板组成摩擦副的摩擦系数为 0.45～0.56，随着环境温度的降低，摩擦系数稍微提高，在 0.52～0.70 波动。图 4.25(b)为钢板在不同载荷和温度下的平均摩擦系数变化曲线，表明在相同环境温度下摩擦系数随着加载压力的增加而降低；在相同的载荷下，该钢材室温的摩擦系数最低。环境温度为 5℃时，平均摩擦系数达到相对高点，随着摩擦腔环境温度不断降低，摩擦系数稍有降低，环境温度为–20℃时，摩擦系数在 0.55～0.57 波动，呈现趋于恒定的变化趋势。

4.3.4.2　环境温度对极寒环境船用钢板磨痕表面轮廓的影响

图 4.26 为极寒环境船用钢板在 20N 载荷下，不同环境温度中的磨痕截面轮廓

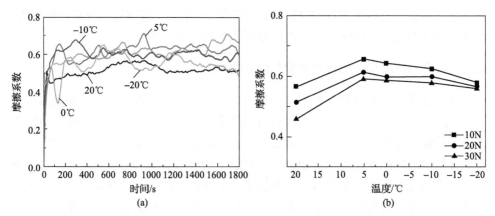

图 4.25　极寒环境船用钢板不同载荷及温度下的摩擦系数曲线

(a)不同温度下的摩擦系数曲线；(b)不同载荷/不同温度下钢板的摩擦系数变化曲线

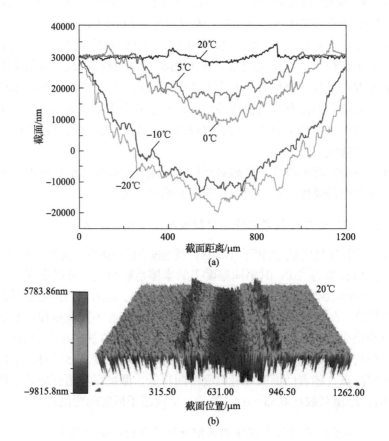

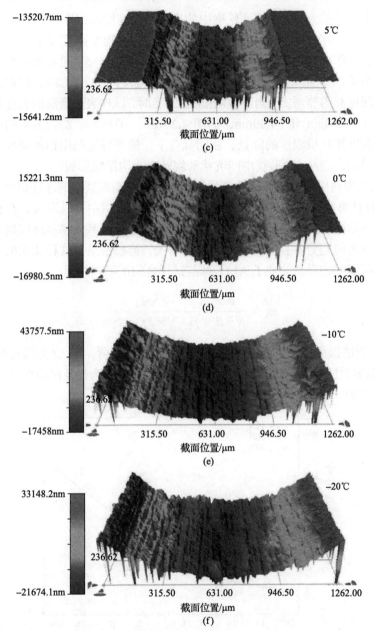

图 4.26　极寒环境船用钢板在不同温度下的磨痕轮廓及 3D 形貌

曲线及磨痕表面 3D 形貌；由图 4.26(a)可以发现，在 20N 的法向载荷作用下，当低温摩擦腔温度为 20℃时，钢板在 Al_2O_3 球的作用下磨痕宽度为 463μm、深度为 10.1μm，在磨痕两侧有因塑性变形产生的轻微挤出凸起，同样的现象在图 4.26(b)、(c)中的磨痕 3D 形貌图中也可清晰发现；当环境温度从 20℃降至 5℃时，磨痕的宽度和深度有所扩大，磨痕截面轮廓中的表面粗糙度增大；图 4.26(c)表明在磨痕表面出现了共同存在的犁沟状形貌与凹坑形貌；当低温摩擦腔温度下降到 0℃时，磨痕的宽度和深度继续扩大，磨痕表面的凹坑形貌相对 5℃时有所减少，犁沟状形貌更加明显，如图 4.26(d)所示；低温摩擦腔温度降至-10℃时，试样表面磨痕的宽度和深度都迅速增加，当环境温度为-20℃时，试样表面磨痕的宽度和深度分别扩大至 1262.00μm 和 54.80μm，如图 4.26(e)、(f)所示。综合前期的研究可以发现，随着摩擦环境温度的降低，相同载荷下，极寒环境船用钢板磨痕的宽度和深度逐渐增加，表面 3D 形貌由凹坑状形貌转变为沟槽状形貌。

　　图 4.27 为利用轮廓扫描软件测量极寒环境船用钢板磨痕的净磨损体积，再根据式(4.27)计算得到的试样体积磨损率变化曲线。从图中可以发现，在相同载荷作用下，当摩擦环境温度从 20℃降至-20℃时，钢板的磨损率呈现前期缓慢增加而后快速变大的趋势；且随着法向载荷的增大，磨损率呈现这种变化的趋势更加明显，表明温度的降低改变了 Al_2O_3 球与试样之间的磨损机理。

$$\omega_k = \frac{V}{N \times d} = \frac{\Delta m}{\rho \times N \times 2f \times A \times t} \tag{4.27}$$

式中，ω_k 为磨损率；V 为磨损体积，m^3；N 为摩擦载荷，N；d 为滑行距离，m；Δm 为磨损前后样品失重，g；ρ 为材料密度，g/cm^3；A 为往复移动行程，m；f 为往复摩擦频率，Hz；t 为磨损时间，s。

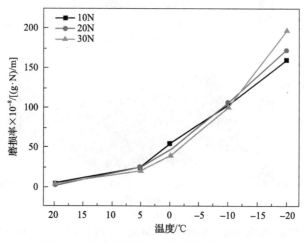

图 4.27　极寒环境船用钢板磨损率变化曲线

　　图 4.28 显示了极寒环境船用钢板在不同环境下摩擦磨损接触区域硬度的变化趋势。在 20℃下磨痕表面的平均硬度较原始表面有了显著的提高，且法向载荷越大，硬度增加值也越高；随着摩擦环境温度的降低，磨痕表面的硬度增加量越小，

低温摩擦腔温度为–20℃时，磨痕表面增加的硬度在 240HV$_{0.2}$ 左右，与基体原有表面硬度相比，增加较小。通过不同载荷作用下，随着摩擦环境温度降低的硬度变化曲线对比可以推测，在相同载荷作用下，随着环境温度的降低，极寒环境船用钢板在磨痕接触表面受摩擦作用产生的过渡层[113]和加工硬化层[114]对表面硬度的影响逐渐减弱。

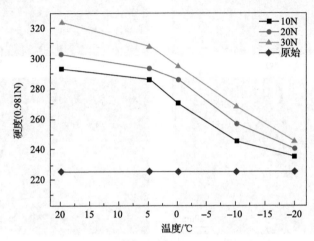

图 4.28　极寒环境船用钢板磨痕表面硬度变化曲线

4.3.4.3　环境温度对磨痕微观形貌与磨屑的影响

图 4.29 为极寒环境船用钢板在不同法向载荷下、不同环境温度中的磨痕表面形貌，其中图 4.29(a)、(b)为钢板在 20℃、法向载荷分别为 20N 和 30N 的磨痕表面。可以发现，摩擦试样表面存在片状凸起和部分剥落坑，表面相对光滑，这是由于在摩擦磨损过程中，基体表面形成了一层过渡层。根据赫兹接触公式，在往复摩擦过程中，当法向载荷为 20N 时，球与船用低温钢板间的接触应力 P_{max} 为 1670MPa，理论剪切应力 τ_{max} 为 518MPa。

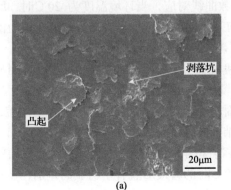
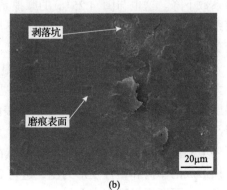

(a)　　　　　　　　　　　　　　(b)

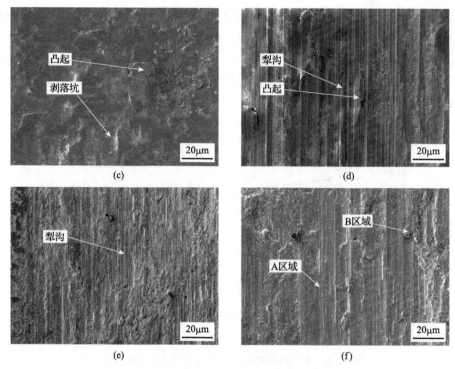

图 4.29　不同环境温度下极寒环境船用钢板磨痕表面形貌

(a) 20℃/30N；(b) 20℃/20N；(c) 5℃/20N；(d) 0℃/20N；(e) –10℃/20N；(f) –20℃/20N

　　由于表面微凸体的存在，实际接触面积要比理论接触面积小得多，这样造成摩擦副之间的实际接触应力更大。由于 Al$_2$O$_3$ 球的硬度较高，摩擦副之间塑性变形以试样发生脱落和挤出为主，当摩擦行为发生时，突然施加的摩擦力会造成试样表面发生剧烈变化，通过破坏表面微凸体的方式来促使试样表面发生塑性变形，基体因疲劳失效产生磨屑，磨屑在法向压力、摩擦力以及摩擦热的共同作用下，在试样表面形成一层过渡层。过渡层的存在降低了表面的粗糙度，进而也使得摩擦系数下降。这也与图 4.25(a) 的摩擦系数曲线对应，当环境温度为 20℃时，摩擦系数相对较低且波动较小。当过渡层与基体的结合力小于法向载荷和摩擦力的交变应力时，会从基体上分离形成凸起，当凸起脱落后就构成了剥落坑。

　　从图 4.29(c) 中可以看出，当环境温度降低到 5℃后，磨痕表面的粗糙度明显增大，表面的剥落坑和凸起也增多，并呈现少许磨粒在表面形成的犁沟形貌；当温度为 0℃时 [图 4.29(d)]，则在磨痕表面出现犁沟、凸起和剥落坑共存的形貌，但凸起和剥落坑的尺寸较 20℃时要小。结合图 4.29(e)、(f) 形貌观察对比可知，当环境温度降至 –10℃和 –20℃时，基体在冷脆因素的影响下表面形貌主要以磨粒磨损形成的犁沟和塑性变形为主，这与 20℃时的磨痕形貌有了明显的差别，显示两者的主要磨损机理存在差异。

为分析两者的磨损机理差异，对图 4.29 所示的环境温度为 20℃和–20℃的磨痕表面所示区域进行 EDS 能谱分析，其结果如图 4.30 所示。图 4.30(a)、(b)为试样在环境温度 20℃、载荷 20N 下磨痕凸起区域的能谱分析，结合图 4.31 的磨痕

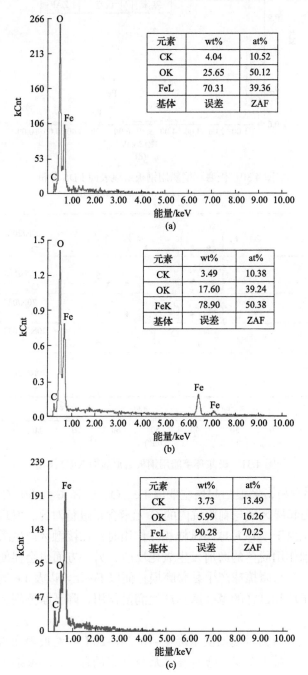

元素	wt%	at%
CK	4.04	10.52
OK	25.65	50.12
FeL	70.31	39.36
基体	误差	ZAF

(a)

元素	wt%	at%
CK	3.49	10.38
OK	17.60	39.24
FeK	78.90	50.38
基体	误差	ZAF

(b)

元素	wt%	at%
CK	3.73	13.49
OK	5.99	16.26
FeL	90.28	70.25
基体	误差	ZAF

(c)

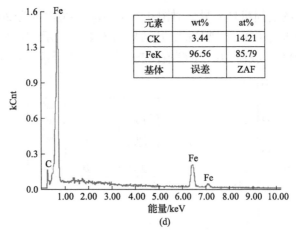

图 4.30　极寒环境船用钢板磨痕表面 EDS 分析

(a) 20℃；(b) 0℃；(c) -10℃；(d) -20℃

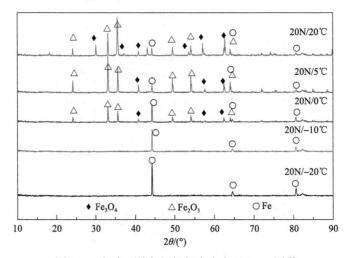

图 4.31　极寒环境船用钢板磨痕表面 XRD 图谱

表面 XRD 图谱分析，磨痕凸起层主要以 Fe、O、C 为主。其中 C 元素含量波动较小，但是将凸起层区域与剥落坑内的 O 元素含量进行对比，发现凸起区域的 O 含量要高；这是由于 Al_2O_3 球与试样相互作用时，在接触区产生瞬间高温，一方面促使因微切削作用脱落的磨屑发生氧化反应，另一方面也会促使形成的过渡层发生塑性流动，并与摩擦球产生黏着磨损；而以 Fe 元素以及 Fe 的氧化物为主的过渡层也会对于球和试样的摩擦磨损产生润滑作用，降低摩擦副之间的摩擦系数和磨损量。

图 4.30(c)、(d) 为环境温度下降至 -10℃和 -20℃时磨痕表面与残留磨屑区域的元素分析结果。对比发现，磨痕表面无 O 元素的存在，而磨痕上残留的磨屑中

O 元素的含量也有所减少。结合图 4.29 的磨痕形貌分析以及图 4.26、图 4.27 可以推测,当环境温度降至–20℃时,试样磨痕表面在接触应力作用下产生了塑性变形,磨损形式以接触面微凸体在剪切应力微切削作用下脱落而形成的磨粒磨损为主,在磨痕的表面已无法形成具有润滑作用的过渡层。

图 4.32 为 20N 法向载荷不同摩擦环境温度下的磨屑形貌图。通过观察可以发现,当环境温度为 20℃时,出现的磨屑主要为带状屑和片状屑,如图 4.32(a)所示,带状屑的长宽比大,主要是试样受到显微切削作用形成。片状屑的长宽比较小且厚度比较薄,主要是由于表面的过渡层产生裂纹、凸起发生疲劳失效剥落形成。当环境温度降至 0℃时,磨屑的长宽比减少,在出现片状屑的同时,出现了颗粒状的磨屑,如图 4.32(b)所示,这是由于温度降低后磨屑受到摩擦热的作用减少,磨屑颗粒之间的结合力削弱,表面微凸体以颗粒状脱落形成磨屑。从图 4.32(c)、(d)可知,在低温环境下,结合图 4.28 的接触面硬度分析可知,接触面受到加工硬化和过渡层的影响减弱,接触面的硬度降低,材料受到冷脆性能作用,抗磨损能力减弱;当试样受到磨粒磨损而发生塑性变形时,产生的磨屑主要以块状屑和球状屑为主。因为缺少过渡层的润滑作用,Al_2O_3 与试样之间的摩擦系

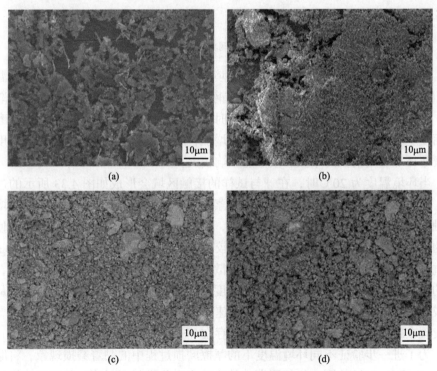

图 4.32　不同环境温度极寒环境船用钢板磨屑形貌图

(a)20℃; (b)0℃; (c)–10℃; (d)–20℃

数增加，接触区域受到的剪切应力增大。试样在磨粒形成的微切削作用下，表面粗糙度增大，接触面的微凸体发生脱落时就会形成块状屑和球状屑，块状屑和球状屑残留在接触面上又会进一步加剧试样表面的摩擦磨损行为，这是磨损量随着温度下降急剧上升的原因。

根据 Archard 摩擦理论，在接触区会出现摩擦瞬间温升，摩擦闪温的高低与接触压力、摩擦速度、表面粗糙度相关。摩擦闪温的出现会对磨痕表面的氧化产物和氧化物厚度产生影响。为了确定不同的环境温度对磨屑氧化产物的影响，将磨痕表面进行 XRD 分析(图 4.31)。可以发现在 20℃时，极寒环境船用钢板的摩擦磨损产物主要为 Fe_2O_3、Fe_3O_4、Fe，当环境温度为 5℃时，接触区的瞬间温升[118]会受到周围环境的辐射而降低，磨痕表面的氧化产物以 Fe_2O_3、Fe 为主，当温度降到 0℃时，摩擦温升的影响进一步减弱，表面 Fe_2O_3 减少并出现 Fe 元素。当环境温度降到–10℃时，则以 Fe 元素为主，未出现 Fe 氧化物的特征峰。相关文献显示[119,120]，Fe_2O_3 具有磨粒作用，会提高摩擦系数并加剧接触表面的磨损，而 Fe_3O_4 和 FeO 则对于接触面的摩擦系数有消减作用。这再次证明图 4.25 中关于环境温度为 5℃时出现的摩擦系数较高及磨损率变高的成因，可见环境温度对于接触区的摩擦闪温影响较大。

4.3.4.4 环境温度对极寒环境船用钢板摩擦磨损机理影响

在 20N 的法向载荷作用下，极寒环境船用钢板以塑性变形为主，当环境温度从 20℃降至–20℃的过程中，Al_2O_3 球与钢板组成的摩擦副的磨损摩擦系数逐渐增加，磨损率增加，当环境温度低于 5℃时磨损由氧化磨损转变为磨粒磨损，磨痕表面硬度增幅减少，磨痕表面的粗糙度增加，磨屑长宽比降低，可见环境温度对于极寒环境船用钢板的摩擦磨损性能影响较大。

当环境温度为 20℃时，在球与试样的接触区域会形成如图 4.33 所示的过渡层，过渡层主要以 Fe 的氧化物和 Fe 元素为主，能够起到有效地润滑作用，增加接触面的实际接触面积，降低接触应力，减少摩擦副之间的摩擦系数，从而使试样的比磨损率降低，磨痕表面的粗糙度较低。随着环境温度的降低，如图 4.33 所示过渡层厚度减少，其影响逐渐减弱，散落在磨痕表面的磨屑的长宽比减小，磨痕的尺寸增大；接触区内的磨粒会对硬度较低的试样微切削产生磨粒磨损，从而形成犁沟状表面形貌，样品的磨损率迅速增加。将 20℃下钢样磨痕表面放大，可以发现在磨痕表面有明显的黏着剥落坑存在(图 4.34)。

为了进一步验证不同环境温度下的摩擦磨损过程中的黏着磨损现象，将摩擦副在 20℃及–20℃的同一往复周期内的摩擦力变化进行了对比，并对摩擦磨损过程的摩擦力进行实时数据监控，结果如图 4.35 所示。图 4.35(a)为 20℃时摩擦力

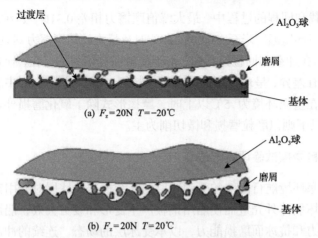

(a) $F_z=20N$　$T=-20℃$

(b) $F_z=20N$　$T=20℃$

图 4.33　极寒环境船用钢板磨损机理示意图

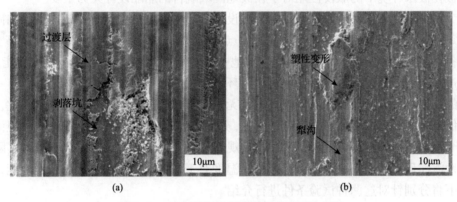

(a)　　　　　　　　　　　　　　　　(b)

图 4.34　极寒环境船用钢板磨痕表面放大图

(a) 20℃/20N；(b) –20℃/20N

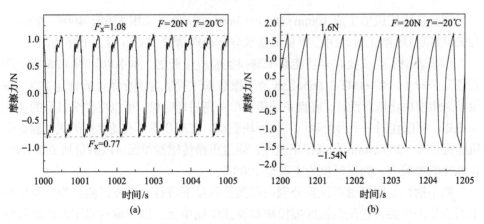

(a)　　　　　　　　　　　　　　　　(b)

图 4.35　不同温度下极寒环境船用钢板往复摩擦力变化曲线

(a) 20℃/20N；(b) –20℃/20N

波动图，在加载和回程的过程中，最大峰值摩擦力相差0.31N，这种现象在5℃时也有体现；而当环境温度降至–10℃和–20℃时，最大峰值摩擦力则只相差0.08N。图4.35(b)显示在加载和回程过程中，由于接触面黏附力的存在，导致加载和回程峰值的摩擦力有差异，呈现典型的黏着摩擦特征。结合图4.34(a)中磨痕表面存在黏附坑，可见在室温环境为5℃以上时，摩擦形式除了氧化磨损外还存在黏着磨损，而在0℃以下则以磨粒磨损和微切削为主。

4.3.5　低温材料摩擦试验评定方法

由于在极寒环境航行的船舶受到冰层的连续撞击，冰层对船用钢板的反复冲击和摩擦会破坏船体外壳进而使船用钢板产生变形和疲劳失效，船用钢板应具有较强的破冰能力和抗冰面磨损能力，以承受冰层的动态、连续的冲击载荷，研究钢板在极寒环境下的服役性能对于在极地区域航行的船舶设计尤为重要。

为了避免冰层对于北极地区的海工设备、船舶作业造成威胁，船舶设计如何确定海冰的作用力一直是人们关注的重点。科研机构通常在各类极地船舶及海工设备完成总体设计后，将产品模型在冰池中验证其在各种不同冰况下的服役性能。经过多年的研究发现，实验室测定极寒环境船用钢板摩擦磨损及腐蚀性能具有一定的局限性，如样品尺寸、降温范围等无法满足长程低温条件测试要求，因此，将低温材料摩擦试验评定分为两个部分，分别为小尺寸样品低温摩擦试验(微观低温摩擦试验)及原板厚低温摩擦试验(宏观低温摩擦试验)，力求能够尽量模拟实际极地海洋环境，研究不同载荷、速度、温度对于极寒环境船用钢板的服役性能，以下将分别针对这两种试验条件进行介绍。

4.3.5.1　微观低温摩擦试验

试验选用钢板加工成10mm×10mm×3mm的试块。采用150#、400#、800#、1200#砂纸打磨抛光后，用乙醇和蒸馏水分别超声清洗10min后，干燥待用。

摩擦磨损实验主要在多功能摩擦磨损实验机上开展，本书以如图4.36所示的布鲁克公司生产的UMT-3 TriboLab型摩擦磨损试验机为例介绍试验评定方法。该设备采用模块化概念设计，底盘系统集成单一高扭矩电机，可以提供全量程的速度和扭矩，可以在同一平台上运行互换模块驱动，实现几乎所有的摩擦磨损试验，电机能提供0~5000r/min的高扭矩速度，通过更换传感器单元可以测量从0.001N~100kN的加载力，测试环境为室温至1000℃。

船用钢板的摩擦磨损试验分别在室温及低温下进行，摩擦试验分为干摩擦和不同介质的摩擦，选配低温摩擦模块和腐蚀摩擦单元，以完成对船用钢板的各项摩擦试验，各模块装置如图4.37所示。

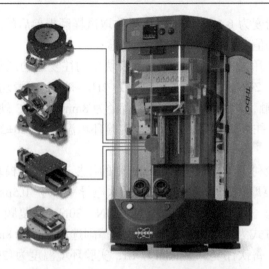

图 4.36 UMT-3 TriboLab 摩擦磨损试验机

图 4.37 摩擦磨损试验机试验模块

(a) 干摩擦模块；(b) 电化学摩擦模块；(c) 低温摩擦单元；(d) 电化学摩擦模块

试验前后用精度为 0.1mg 的电子天平称取试样磨损前后的质量，每次试验重复 3 次并计算平均值，按照式(4.27)计算磨损率。

干摩擦试验采用的 UMT-3 TriboLab 模块中的往复运动试验模块进行，实验载荷分别为 10N、20N、30N，往复频率为 2Hz 和 5Hz，滑动幅度为 5mm。接触方式为球-面接触，对磨球摩擦副选用直径为 8mm 的 WC 硬质合金球（硬度为 1800HV$_{0.2}$），每次往复试验时间为 2h，实验环境温度为(20±2)℃，相对湿度为 (65±5)%。

介质摩擦试验利用 UMT-3 TriboLab 中的往复运动试验模块进行去离子水和人造海水中的往复摩擦试验，其中去离子水电导率小于 0.5μs/cm，人造海水为 3.5wt%NaCl 溶液。实验载荷分别为 10N、20N、30N，往复频率为 2Hz，滑动幅度为 5mm。接触方式为球-面接触，对磨球摩擦副选用直径为 8mm 的 Al$_2$O$_3$ 球（硬度为 2200HV$_{0.2}$），每次往复试验时间为 1h，实验环境温度为(20±2)℃。

为测试钢板在不同温度下的摩擦性能，对布鲁克公司生产的 UMT-3 TriboLab 型多功能摩擦磨损实验机的往复摩擦试验模块进行了改装，改装后低温摩擦腔结构如图 4.38 所示。为保证试验环境的一致性，该装置中使用的压缩空气必须经过干燥除湿处理，干燥后的空气经过低温压缩制冷单元降温，然后流入低温腔，可以控制低温腔内的温度在–40℃至室温之间，安装在侧壁的温度传感器可以实时测量腔内温度并将其反馈至摩擦磨损实验机和低温制冷单元，通过闭环控制可以保证低温腔温度稳定在设定值，误差为±0.5%。采用的实验环境温度分别为 20℃、5℃、0℃、–10℃和–20℃；实验载荷分别为 10N、20N 和 30N；往复频率为 2Hz，

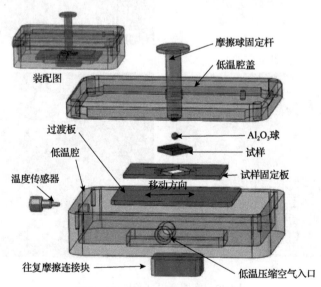

图 4.38　低温摩擦腔装置示意图

滑动幅度为 5mm。测试表面接触方式为球-面接触，对偶球选用直径为 8mm 的 Al_2O_3 陶瓷球（弹性模量为 390GPa，泊松比为 0.24，硬度为 $2200HV_{0.2}$），往复试验时间为 30min。为保证试验的可重复性，每个试验采用 3 个平行样。

所有摩擦磨损前后的试样经抛光后在白光干涉仪观察表面形貌，获取磨痕的表面三维形貌、粗糙度、截面轮廓等数据。用扫描电子显微镜（SEM）观察摩擦前后试样的微观组织和表面形貌，同时利用集成在 SEM 上的 EDS 元素分析仪进行成分分析。使用 X 射线衍射仪（Cu-Kα，40kV），以步长 1°/min，扫描范围为 20°～90° 的连续扫描方式对极寒环境船用钢基体及磨屑进行扫描，利用物相 XRD 衍射图谱获得基体中相的结构信息。

4.3.5.2　宏观低温摩擦试验

使用极地环境试验平台（图 4.39，设备参数如表 4.2 所示）模拟实际极地海洋环境，可用于研究极端低温条件下极寒环境船用钢板原板的冰摩擦服役性能。

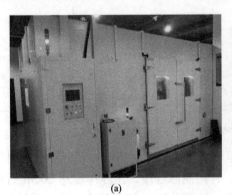

(a)　　　　　　　　　　　　　　　　(b)

图 4.39　极地环境试验平台

(a)试验平台外观；(b)试验平台内部摩擦冰池

表 4.2　极地环境试验平台设备参数

参数	值	参数	值
最大拖拽力/kN	10	拖拽速度/(mm/s)	500～5000
纵向位移分辨率/mm	0.1	纵向位移测量精度/%	1
试验行程/m	7	移动方式	导轨式
最大扭矩/(N·m)	1000	最大加载力/kN	20
压力测量准确度/%	0.5	最小测力值/N	1
竖直位移分辨率/μm	0.5	竖直位移测量精度/%	0.5
调整范围/mm	0～500	测控系统	EAU-2200
环境温度/℃	–60～80	设备功率/kW	< 80

试验用新型极寒环境船用钢板,按照图 4.40 所示尺寸加工并钻固定孔;为保证试样上下两面的平行度,以试样一个原始面为基准,用磨床加工,最终以加工出平行面为标准。

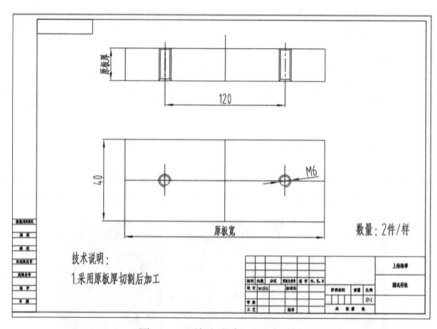

图 4.40　原船板钢加工尺寸图纸

首先将配置的海水注入极地环境试验平台制冰槽;开启极地低温环境模拟平台,设定环境温度为 0～-50℃,开启制冰程序,至冰厚度达 20cm 后使用莫氏硬度笔(型号:WHP10)测试冰硬度,达到莫氏 6 级时停止制冰,后续每摩擦 4h 重新制冰,补充冰道磨痕,并检测冰硬度保证在莫氏 6 级,保证每次测量时冰硬度一致。

将试样固定在极地低温环境模拟平台的极地摩擦平台上,确保试样与平台牢固连接;保持低温摩擦环境模拟平台温度,移动摩擦平台 Z 轴,加载设定力为 400N;设定低温摩擦平台移动速度为 0.5m/s,每行程测试距离为 8m,运动方式为往复运动,低温摩擦测试总行程为 1500m。测试总行程完成后,拆下样品,分别使用数码相机、轮廓扫描仪及显微镜对样品摩擦前后的形貌进行拍照观察。使用电子天平记录钢板摩擦前后质量变化。使用极地环境试验平台设备自带软件记录加载力和摩擦力,并计算相关的摩擦系数。

由于摩擦过程中,冰层持续减薄,使用加载装置保证钢板时刻与冰面接触,并保持足够的载荷压力,安装情况如图 4.41(a)、(b)所示,传感器测得钢样 Z 轴受力,记录如图 4.41(c)所示,说明钢样表面载荷平稳,满足测试要求。

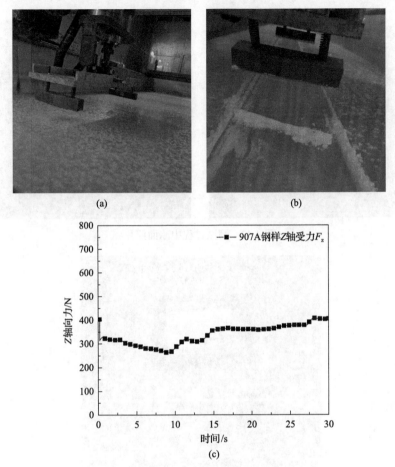

图 4.41　试样安装照片
(a)试样整体安装照片；(b)试样安装细节；(c)钢样垂直轴受力情况

　　低温冰池必须与具有特殊性能的符合极地海冰特性的冰模型配合才能更好地为极地船舶材料检测服务。如何保证研究结果更加接近极地船舶在冰区航行的实际工况，制作与原型冰更加接近的模型冰成为关键。模型冰与原型冰在物理性质的相似程度决定了试验研究的科学性和可信度，相似度越高实验结果越具科学性。

　　在前期工作中，课题组对极寒环境船用钢板低温服役平台冰模型制备工艺进行了系统研究，研究了不同添加剂比例及冷却速度、气泡浓度等对海冰性能的影响，获得了最接近自然环境海冰的冰模型，并通过冰硬度测试保证测试条件的准确性，测试过程照片如图 4.42 所示。

　　极地低温环境的温度对冰硬度、材料强度等参数影响较大，项目为了更优模拟极地环境，使用(–50±1)℃作为测试温度，设备温度如图 4.43 所示。

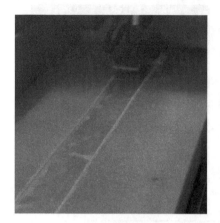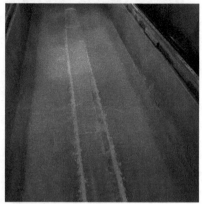

图 4.42　测试过程中冰面照片

图 4.43　极地环境试验平台测试过程温度

　　使用电子天平对钢样磨损前后的质量进行了记录，结果如表 4.3 所示。平均摩擦失重率(g/n mile·m²)(1n mile=1852m)通过钢样失重、钢样接触面积、测试行程进行计算，计算公式如下：

$$P = \frac{m_1 - m_2}{L \cdot S} \times 1852 \tag{4.28}$$

式中，P 为平均摩擦失重率，g/n mile·m²；m_1 为磨前质量，g；m_2 为磨后质量，g；L 为对磨行程，m；S 为样品表面积，m²。本项目中 L 为 1500m，S 为 0.08m²。

　　另外，使用式(4.29)对单次冰区航行厚度损失进行了预测计算，以单次航行破冰区间为 2500n mile、钢板密度为 7.85g/cm³ 进行估算，举例计算结果如表 4.3 所示。

$$T_{\text{LOSS}} = \frac{P}{10^5 \rho} \times C \tag{4.29}$$

式中，T_{LOSS} 为单次航行厚度损失，mm；ρ 为钢板密度，g/cm^3；C 为单次航程总破冰区间长度，n mile。

表 4.3　样品失重及相关计算结果

试样	磨前质量/g	磨后质量/g	总失重/g	平均摩擦失重率/(g/n mile·m^2)	预计单次航程厚度损失/mm
E40 试样	2247.5	2237.4	10.1	1558.77	4.95

从表 4.3 中可知，试验钢板的平均摩擦失重率约为 1558.77g/n mile·m^2，预计单次航程厚度损失为 4.95mm，说明在破冰漆不能进行有效防护的情况下，钢板在冰载荷摩擦过程中会产生较大的破坏，在船舶设计及使用的过程中，必须将冰载荷摩擦作为重点关注内容。

4.4　低温海水中摩擦-腐蚀耦合作用评定方法

海水环境对金属材料的摩擦学性能产生三个方面的影响，包括摩擦磨损、电化学腐蚀，以及腐蚀与磨损之间的交互作用。磨损与腐蚀之间的交互作用，可以理解为金属磨损表面形成的钝化膜"破坏-修复"持续发生过程中的综合作用，摩擦过程中接触表面之间不断滑动，在接触应力作用下，使钝化膜萌生许多微裂纹，不断扩展直至局部破裂。而且海水中的 Cl$^-$ 也会使钝化膜更加容易被破坏，裸露的金属表面不断暴露在海水中受到腐蚀的影响，表面的剪切力会使金属表面发生塑性变形，使其更容易发生腐蚀，再钝化过程加剧了腐蚀，磨损对腐蚀有促进作用。另外，在摩擦过程中，海水渗透至磨损表面上的微裂纹内，加速了裂纹的扩散和增殖，并且腐蚀过的表面疏松多孔，更容易增加表面的磨损，并且钝化膜的破坏使摩擦副接触面积减小，接触应力增大，导致更高的磨损率。腐蚀和磨损的交互作用是影响材料摩擦学行为的不可忽略的关键因素之一。

极地船舶航行的过程中不仅要破开冰面，船体钢板也会与海水接触。极地航行船舶在破冰过程中，船体会受到冰层的连续撞击。冰层对船用钢板的反复冲击和磨损会使船用钢板产生变形和疲劳失效。在航行的过程中由于船体的振动，船体与冰面发生摩擦且受到海水的浸泡腐蚀影响。因此，船用钢板需具有较强的抗冰面磨损能力和抗冲击能力，以承受冰层的动态、连续的冲击载荷，还要在发生磨损的状况下有较好的耐腐蚀性能。新型低温船用钢板的耐摩擦-腐蚀耦合作用的性能对于在极地区域航行的船舶设计尤为重要。目前国际上对于如何评价极地船舶钢材及涂料在航行过程中承受冰层的动态、连续冲击磨损以及航行于不同海域、昼夜的温差变化等苛刻条件的耐蚀性要求尚无统一标准，尤其在船用低温钢冰载荷磨损-腐蚀耦合作用试验方法方面的研究也极少。本节主要从课题组工作方面介绍海洋极寒环境船用钢板的海冰(海水)摩擦-腐蚀、海冰磨蚀等研究进展。

4.4.1 海冰(海水)摩擦-腐蚀耦合作用评定

北极航道所处的北极圈内气温常年在零度以下，即使是在 7~9 月的夏季，北极圈内的气温均在 –5~–3℃，极地海域内所特有的气候条件将在船体结构安全、船舶稳定性、机舱设备正常运行、船上人员与货物安全等多个方面，影响未来船舶在极地海域内的航行安全，进而影响未来极地航道的整体经济性。由于缺乏足够的评价体系，目前关于极地航行船舶材料的使用寿命只能参考普通船只进行初步评估，并通过增加预留腐蚀余量保证船舶使用安全。这大大提升了极地航行船舶建造与维护成本，且更多的厚板与密集骨架的形式，拉高了船舶造价并降低了船舶的载货能力。中国造船工程学会提出的《船用低温钢冰载荷磨损-腐蚀耦合作用试验方法》(T/CSNAME 047—2022)作为我国首个关于船用低温钢海冰磨损-腐蚀耦合作用研究方法的团体标准，于 2022 年 4 月 20 日发布，自 2022 年 7 月 20 日起实施。

根据该标准指导，冰载荷磨损-腐蚀耦合作用试验应在环境温度–60~5℃范围内进行。海冰厚度及盐度根据实际航行需求确定。海水盐度宜为 0.3wt%~0.7wt% NaCl 水溶液，0.5mm ≤ 海冰厚度 ≤ 20mm。测量海冰厚度时应保证环境温度与试验温度偏差不超过±3℃。试验应在无振动、无腐蚀性气体和无粉尘的环境中进行。海冰-水混合介质摩擦腐蚀试验应按以下程序进行：

①按 HY/T 047—2016 的规定测试海冰性质，按 GB/T 12763.2—2007 的规定测定海水性质。

②将试样垂直冰面安装固定在试验机主轴及夹具上，样品顶部应不低于浮冰表面。

③启动试验机，使对磨速度达到规定要求。

④在试验过程中记录摩擦力、摩擦系数等数据。

⑤试验前后记录试样质量，获得腐蚀摩擦失重 C_w。

试验周期应根据船舶设计冰区航程确定。

上述工作还有待全体极地材料研究人员在未来的工作中进一步完善，建立统一关于冰载荷冲击、冰载荷摩擦、海冰-海水耦合腐蚀对钢材的影响评价标准，有助于减少各大科研院所及钢企在钢材耐冰载荷磨蚀性能研究上的重复盲目劳动，缩短设计周期，统一、协调、高效率提升我国低温钢使用性能，保障产品质量，提升国产低温钢的国际竞争力。

4.4.2　低温冰水两相流冲蚀实验

磨损腐蚀又称冲击腐蚀、冲刷腐蚀或磨蚀。磨损腐蚀是由于腐蚀性流体和金属表面间的相对运动引起的金属加速破坏和腐蚀。它同时还包括机械磨耗和磨损作用。此时金属先以溶解的离子状态脱离其表面，或先生成固态腐蚀产物，之后受机械冲刷作用而脱离金属表面。腐蚀与冲蚀的相互作用会加速材料的磨损。

磨损腐蚀的外表特征是：腐蚀的部位成槽、沟、波纹和山谷形，还常常显示有方向性。

目前国内外大多研究集中在常温下钢的腐蚀过程及性能研究，对极寒条件下低温钢的冲蚀性能研究甚少，低温钢冰水两相流冲蚀性能研究现今除本课题组未见其他相关报道。该部分工作将不同的冰水比作为变量，结合腐蚀与磨损的实验结果，全面地研究了船用低温钢的冰水两相流冲蚀性能，为后续的低温冰水两相流冲蚀实验研究提供了一定的参考。

低温冰水两相流冲蚀实验分三大组进行，变量为冰水比，分别进行冰水比为1∶2、1∶1、2∶1的低温冲蚀试验。其中，每一大组实验又以冲蚀环境的介质为变量，分别进行人造海水浸泡、纯水砂浆和人造海水砂浆三组不同介质的冲蚀试验，并且每组试验采用 3 组平行样，实验过程中通过调节冲蚀试验机的转速来达到不同的冲蚀速度，其中每一组试验包括五种不同的冲蚀速度。冲蚀试验前使用超低温环境箱在−60℃下冷冻 3.5wt%NaCl 水溶液 24h，得到 30mm×30mm×30mm的正方体冰块；此外，在实际船舶航行过程中，一节速度等于 1.852km/h，也就是大约 0.51m/s，所以结合实际，一般将试验进行冲蚀的最大速度设置为 5.5m/s，以防冲蚀失重过大引起较大的误差。

将待冲蚀试样用吹风机和干燥烘箱干燥后，对样品表面使用去腐蚀溶液去除腐蚀产物，将去完腐蚀产物的试样在无水乙醇中浸泡并超声 10min，后干燥称重，将试验后的样品质量记为 W_1，失重量记为 ΔW，其中单位为 g。之后利用扫描电子显微镜和白光干涉仪表征试样冲蚀后的微观组织形貌，利用电化学工作站进行试样冲蚀后的极化实验，分析试样冲蚀后的冲蚀机理以及腐蚀速率。

在计算试样的冲蚀失重率过程中，使用游标卡尺对样品尺寸进行精确的测量，并计算其有效冲蚀作用的面积（即试样的正表面），记为有效面积 S，单位为 m^2。材料的冲蚀失重率由冲蚀失重率=质量损失（ΔW）/有效面积（S）计算可得出，单位为 g/m^2。

　　在冲蚀过程中，往往会有腐蚀与磨损的耦合交互作用发生，因此为了得到耦合交互作用的失重量，须得出纯磨损产生的失重量 W_{wear} 和纯腐蚀产生的失重量 W_{corr}。纯磨损产生的失重量的测量方法为：将介质设置为纯水+纯水所制冰，从理论上去除电解质的加入，降低介质对材料的电化学腐蚀效应；纯腐蚀产生失重量的测量方法为：将介质设置为 3.5%NaCl 溶液配制而成的人造海水进行试验，可以有效地杜绝冰载荷对试样的磨损。

　　在含海冰+纯水+3.5wt%的 NaCl 溶液(冰水比为 2∶1)模拟极寒条件下的冰水环境中，不同试验钢在不同转速下的冲蚀失重表如表 4.4 所示。由表中数据可知，材料在冰水两相流的作用下，腐蚀磨损导致材料的流失，四种试验钢的冲蚀失重率与之前常温砂粒冲蚀的失重量相接近，也就是说冰水比为 2∶1 的模拟环境与常温砂粒冲蚀的环境对试样的冲蚀效果相似。随着转速逐渐增大，试验钢的冲蚀失重量也随之增加，DH24 试验钢的冲蚀失重率整体高于其他三种试验钢，且DH40 试验钢的冲蚀失重率最小。材料的腐蚀磨损量由纯磨损分量、纯腐蚀分量和腐蚀磨损耦合交互作用量所组成，力学性能在很大程度上能够影响磨损产生的失重。

表 4.4　不同试验钢在不同转速下的冲蚀失重表

转速/(m/s)	失重量/g				失重率/(g/m²)			
	DH24	DH32	DH36	DH40	DH24	DH32	DH36	DH40
1.1	0.0047	0.0033	0.0018	0.0010	47	33	18	10
2.2	0.0050	0.0036	0.0020	0.0011	50	36	20	11
3.3	0.0057	0.0043	0.0025	0.0015	57	43	25	15
4.4	0.0066	0.0048	0.0032	0.0020	66	48	32	20
5.5	0.0073	0.0053	0.0039	0.0027	73	53	39	27

低温钢材在–15℃海冰冲蚀环境下的冰水两相流冲蚀形貌如图 4.44 所示。

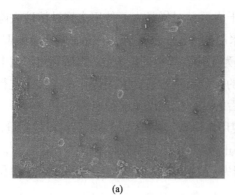
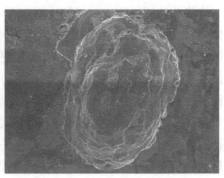

(a)　　　　　　　　　　　　　　(b)

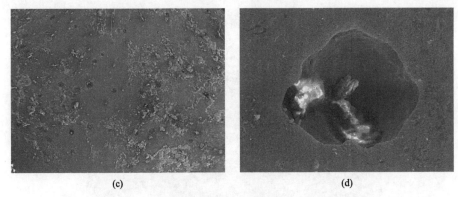

(c)　　　　　　　　　　　　　　　(d)

图 4.44　低温船用钢板在冰载荷条件下的冲蚀形貌
(a) D36 (50×)；(b) D36 (100×)；(c) E40 (50×)；(d) E40 (100×)

4.5　低温实际海冰摩擦腐蚀评估方法

4.5.1　极地海冰测试评估

4.5.1.1　模拟海冰测试冰池

在北极和南极航行并非易事。为了帮助科学家和其他工程人员驾驭这些极寒水域，美国海岸警卫队雇用一部分经过船体加固的破冰船进行破冰作业操作，从而为其他船只开辟道路。2018 年，在近四十年内没有建造一艘重型极地破冰船后，美国海岸警卫队准备通过位于加拿大的世界上最大的极地冰池测试基地开展船模测试，为其极寒环境作业迈出关键的一步。冰池测试设施中使用奥运会游泳池一半尺寸的冰池来测量小型模型在冰层中不同的设计阻力、功率和机动性(图 4.45)的航行性能。冰池试验的目的是评估潜在的重型极地破冰船设计效果，表现最好的模型将作为建造全尺寸船舶的设计标准。

最早的冰池实验室建于 1955 年的苏联，芬兰建立了第二座冰池实验室，后来世界上又出现了二十几座冰池。目前比较有名的冰池是德国汉堡船模实验室(HSVA)的冰池(Hamburg Ship Model Basin)、加拿大海洋科学研究所(NRCC-IOT)冰池、俄罗斯克雷洛夫中央造船研究院的冰水池、芬兰阿克尔北极科技公司(Aker Arctic Technology Inc)冰水池和日本国家船舶研究所冰水池(NMRI)以及其他国家的冰池，表 4.5 为世界各国当前主要的冰池。

极地海冰测试冰池除了需要能够制冷、结冰的低温冰槽，还应该具有往复摩擦系统、测量控制系统等才能实现低温冰摩擦测试功能，如图 4.46 所示。

图 4.45　破冰船冰池测试

表 4.5　当前世界主要的冰池

机构	尺寸/m	位置	国家
National Research Council of Canada NRCC-IOT	90×12×3.0	圣约翰斯，纽芬兰	加拿大
National Research Council of Canada NRCC-CHC	21×7×1.1	渥太华，安大略	加拿大
Helsinki University of Technology (Aalto University)	40×40×2.8	埃斯波	芬兰
Aker Arctic Technology Inc	75×8×2.1	赫尔辛基	芬兰
Maritime & Ocean Engineering Research Institute (MOERI)	42×32×2.5	大田，牙山湖西大学	韩国
HSVA,Large Ice Model Basin	78×10×2.5	汉堡	德国
CRREL	37×9×2.4	汉诺威，新罕布什尔州	美国
NMRI	35×6×1.8	三鹰市，东京	日本
Krylov Institute	35×6×1.5	圣彼得堡	俄罗斯
HSVA,Environmental Test Basin	35×6×1.2	汉堡	德国
Arctic and Antarctic Research Institute	35×5×1.8	圣彼得堡	俄罗斯

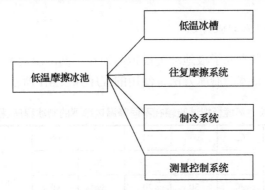

图 4.46 极寒环境船用钢板低温摩擦服役平台冰池功能模块

(1)低温冰槽。低温冰槽是用来制取极地环境海冰的主要场所,可以实现不同温度、盐度、时间、硬度的海冰制作。

(2)往复摩擦系统。往复摩擦系统可以在冰池中往复移动极寒环境船用钢板或者船模,实现船用钢板或者船模以不同的载荷和速度与冰层发生摩擦和碰撞,测试工件与冰层之间的作用力,也可以实现船模在水中的移动,测试船舶型线在水中的阻力。

(3)制冷系统。可以实现低温摩擦实验系统中的温度控制,控制箱体内环境温度在$-60\sim80℃$之间变化,控制箱体内的降温速率,从而实现不同参数的海冰制取。

(4)测量控制系统。对于环境箱内的温度、湿度、往复摩擦系统的温度、拖曳力、轴向载荷加载力、冲撞力等参数进行监控反馈,控制系统中各执行元件的启动与停止,全方位监控系统各电气元件。

在关于极寒环境船舶用钢摩擦磨损、腐蚀性能的研究中,上海海事大学海洋材料研究团队确定了针对低温船舶用钢服役性能研究的技术参数,并以之为要求进行了极地环境模拟实验平台的设计和建造,具体参数如表 4.6 所示。

表 4.6 极寒环境船用钢板低温摩擦服役测试系统技术参数表

项目	参数要求	项目	参数要求
最大拖拽力	10kN	拖拽速度	$500\sim5000m/s$
纵向位移分辨率	0.1mm	纵向位移测量精度	1%
试验行程	8m	最大扭矩	$1000N \cdot m$
最大轴向加载力	20kN	压力测量精度	0.5%
轴向最小测力值	1N	轴向位移测量精度	0.5%
轴向位移	$0\sim0.5m$	环境箱温度	$-60\sim80℃$
设备功率	<70kW	注排水方式	循环水泵
水槽尺寸	9m×1.5m×0.5m		

4.5.1.2 模拟海冰制冰规律

接下来，课题组研究了极地环境模拟冰池在不同降温速率下的制冰规律，以期得到更加接近自然冰的制冰方法，使用的程序如表 4.7 所示。

表 4.7 极地环境模拟试验箱在不同降温速率下的制冰程序（程序段 1）

程序段 1	01	02	03	04	05	06	
温度/℃	0	0	–10	–20	–30	–30	初始温度为 35.84℃ 0~10℃用时 3min； 0~20℃用时 10min； –20~–30℃用时 4.5min
持续时间/min	30	30	30	30	30	60	
结冰情况	未结	未结	未结	未结	未结	已结	

使用程序段 1 制冰模式，在温度降到–30℃时，维持温度 1.5h 后结冰厚度约为 8mm；冰未形成硬度层，冰无明显的冰晶走向。

使用程序段 2 制冰模式（表 4.8），结冰厚度为 14mm；冰水混合处有明显的结晶，冰晶呈树叶状，形态如图 4.47 所示。

表 4.8 极地环境模拟试验箱在不同降温速率下的制冰程序（程序段 2）

程序段 2	01	02	03	04	05	06	07	08
温度/℃	0	–5	–10	–15	–20	–25	–30	–30
持续时间/min	5	5	5	5	5	5	5	132

图 4.47 使用程序段 2 制得冰模型照片

使用程序段 3 制冰模式（表 4.9），结冰厚度约为 14mm，冰晶走向多为平行于冰面方向。设备停止运行状态下 11h，降温至 19℃（低于室温）；水箱内水温为–0.38℃，有冰水混合物存在。

使用程序段 4 制冰模式（表 4.10），结冰厚度为 7mm，水温为 –1.83℃。继续保持 –30℃下 3h 结冰厚度为 25mm，水温为 –1.80℃。自然状态下 –30~9.85℃用时 270min。此时表面开始融化，冰水混合物温度为 2.08℃，冰层形貌如图 4.48 所示，海冰压缩强度约为 2.3MPa，硬度为 6 级。

表 4.9   极地环境模拟试验箱在不同降温速率下的制冰程序（程序段 3）

程序段 3	01	02
温度/℃	6.89～−30	−30
温度持续时间/min	22	180

表 4.10   极地环境模拟试验箱在不同降温速率下的制冰程序（程序段 4）

程序段 4	01	02	03	04	05	06	07	08	09	初始空气温度为 22.76℃；初始水温为 7.62℃
温度/℃	5	0	−5	−10	−15	−20	−25	−30	−30	
持续时间/min	30	30	30	30	30	30	30	30	45	

图 4.48   使用程序段 4 制得冰模型照片

使用程序段 5 制冰模式（表 4.11），结冰厚度为 22mm，水温为 −1.66℃，在冰和水的混合层观察到明显的冰晶走向，且冰晶垂直于冰面发展，如图 4.49 所示。

结合以上实验可知快速降温可以提高结冰的速率，但快速降温会使冰晶变得无序，由于冰晶发展较快会引起水中气泡未及时排除而产生气泡；缓慢降温模拟出的结冰情况更加接近自然界结冰的状态，冰晶走向规律明显。冰层以下水温即使低于零度也不会结冰，证明该实验里的熔点低于 0℃。因此模拟自然冰状态

表 4.11   极地环境模拟试验箱在不同降温速率下的制冰程序（程序段 5）

程序段 5	01	02	03	04	05	06	07	08	初始空气温度为 22.42℃；初始水温为 7.95℃
温度/℃	0	−1	−10	−10	−20	−20	−30	−30	
持续时间/min	30	60	60	60	60	60	60	60	

图 4.49　使用程序段 5 制得冰模型照片

应采取缓慢降温结冰方式，更接近自然冰生成规律，使用程序段 4 制得的冰模型力学性能满足极地测试需求，因此将其作为后续研究选用的制备工艺。

4.5.2　极寒环境船用钢板极地航行评估实验

船用钢板的腐蚀性能测试目前主要有实验室测试法和实海挂片测试法。实验室测试法操作简单，可以控制单一因素变量对实验结果的影响，但是无法综合展示各种实际存在的腐蚀因素；实海挂片测试法比较接近于材料的实际使用环境，是最能真实反映材料在实际应用条件下各性能是否符合要求的实验方法，但是实际操作性差、实验成本高，而且存在诸如挂片丢失等风险。极寒环境船用钢板在实海环境中会受到海浪冲击、极地区域浮冰磨损及破冰磨损等冰载荷产生的摩擦磨损，同时不同海域常温海水腐蚀、生物污损腐蚀、极地区域低温海水腐蚀、低温海冰磨蚀等腐蚀行为也会对钢板产生腐蚀，特殊腐蚀+磨损的破坏形式对材料破坏影响异常严峻，因此进行极寒环境船用钢板的实海环境测试对于材料性能的确定十分重要。

为了研究新型极寒环境船用钢板在实际极地航行过程中的摩擦腐蚀性能，课题组将轧制的 EH40-C 极寒环境船用钢板安装在“雪龙”号科学考察船上进行了实船性能测试。

4.5.2.1　极寒环境船用钢板实船腐蚀方案

根据实际挂片条件，课题组将实海挂片钢板沿轧制方向切割成 400mm×200mm×10mm 的钢板，采用两块钢板拼接的方式挂片，用铣床将钢板的原始表面层去除。试样最终的表面使用符合 GB/T2481 规定的 120# 的水砂纸进行抛光，然后用水、氧化镁粉充分去油并洗涤，用酒精脱脂洗净并低温干燥，在表面不涂装任何防腐涂层。经过拼接后的挂片如图 4.50 所示，共 8 块。

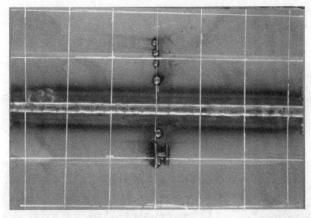

图 4.50　极寒环境船用钢板实船腐蚀试样

为了衡量钢板的耐腐蚀性能,参照 JB/T 7901—1999《金属材料实验室均匀腐蚀全浸试验方法》,分别把样品经过超声测厚仪测量厚度并记录,然后通过失重法腐蚀速率计算公式来衡量船用钢板的腐蚀速率。

4.5.2.2　极寒环境船用钢板挂片方案设计

极寒环境船用钢板挂片实验是在"雪龙"号极地破冰科学考察船上进行的。"雪龙"号是在我国 1993 年从乌克兰购买的极地运输船基础上改造而来,至今已承担 34 次南极考察和 8 次北极科学考察任务。该船技术性能先进,是目前中国进行南北极海域科学考察的唯一的一艘功能齐全的破冰船,全长 167m、满载排水 2.1 万 t,具备 1.5 节航速连续破冰 1.1m(含 0.2m 厚的雪)的能力,可搭乘科学考察队员 120 人,主要承担南极考察站物资补给运输、科学考察队员的轮换和南北极大洋调查等三大任务。

现场考察后发现,"雪龙"号极地破冰船服役过程中船艏的破冰区域、船身的吃水线区域、船舷的外飘区域(图 4.51、图 4.52)存在较为严重的腐蚀,其中腐蚀形式主要有海洋飞溅区的海水腐蚀,船体破冰区的冰面摩擦腐蚀,甲板以上部分的海洋大气腐蚀,船体水下部分受到的水流磨蚀、微生物附着腐蚀和船体与水下结构物的碰撞摩擦腐蚀。按照船舶受力分析及现场实际观测结果,初步确定本次测试样板安装位置为腐蚀最为严重,且安装挂片不会影响船舶安全性的船艏甲板上浪区及船舷外飘区,安装方案如图 4.53 所示。

船艏主甲板上浪区挂片,主要开展海洋大气腐蚀的研究。船侧高低水线区处于海水飞溅区,由于海水受到风浪的冲击、搅动以及剧烈的自然对流作用使得表层几十米范围内海水充气良好,溶解氧几乎达到饱和状态,由于海水的中性或弱碱性特征及高溶解氧量,致使船体在海水飞溅区发生氧去极化过程,在破冰船的

图 4.51 "雪龙"号船身腐蚀现场图

(a), (b) "雪龙"号; (c), (d) 船舶破冰区; (e), (f) 船艉外飘处

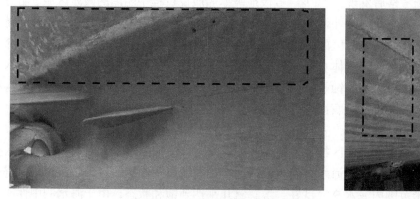

图 4.52 "雪龙"号船身外侧腐蚀图

图 4.53　"雪龙"号挂片安装方案

破冰过程中，船艏部位为与冰层首先接触的区域，既受到冰层的巨大冲击作用力，又深受海水的腐蚀，是最容易发生疲劳失效的区域。

船艉外飘区域的船体表面经受海水飞溅和海洋大气腐蚀，且冰区水线部位在航行过程中会受到冰块摩擦破坏，二者综合作用往往加速船体表面材料的腐蚀，而实际海水环境中磨蚀现象的研究也属于材料摩擦磨损研究的空白领域，本书在该领域的研究结果具有较强的应用指导作用。

根据上述研究结果，最终制定了具体挂片方案如图 4.54 所示。

(a)　　　　　　　　　　　　　　　　　　(b)

图 4.54　实船腐蚀挂片安装前现场位置图

(a)船艏上浪区；(b)船艉外飘区

船艏主甲板上浪区焊接试样布置于带缆桩与舷墙之间，试样位置大致布置在FR-6~FR-8 区域，精确定位位置依据现场勘验情况，为了不影响系泊操作及其他相关甲板工作，可做局部调整。

试样长度方向与船体长度方向平行，2 列×2 行布置，试样片间距为 100mm，试样通过分段角钢(∠50×50×5，热轧等边 Q235 角钢)与船板进行焊接，其中角钢平面依托试样，立侧面与船板焊接，以保证在强度足够的情况下焊接面积最小。尽量减小对船体的影响。每个样品固定 6 个焊接部位，焊接长度占周长的二分之一左右。角铁高度为 50mm，样品高度为 10mm，故凸起高度共为 60mm。

焊接过程顺序为：①船板钢表面预处理；②角钢立侧面-船板钢焊接；③船板及角钢-船板焊缝处补漆处理；④角钢平面-钢样焊接；⑤角钢-钢样焊缝处补漆处理。

对于船艉外飘区，试样长度方向与船体高度方向平行，垂直布置单侧 2 列×2 行布置，试样片布置原则为：中心对齐船体肋位或半档肋位（"雪龙"号船肋距为800mm，整档/半档肋位设置冰带肋骨）。具体布置为：右舷近艉端试样中心对齐～FR145（近似位置，具体肋位号可依据装船现场勘验情况前后微调，焊接背面对应机舱位置）；试样上缘位置大致为 7800ab.B.L 水线处；试样纵向间距为 400mm，垂向距离为 200mm。该部位可以考察材料的低温冰摩擦、低温腐蚀以及冲击强度，具有重要意义。考虑到其承受的冲击载荷较大，该部位采取四周封焊方法进行固定。

2017 年 6 月，顺利完成了上述实海挂片的施工安装工作，现场照片如图 4.55 所示。

图 4.55　实船腐蚀挂片安装

4.5.2.3　极寒环境船用钢板北极航次腐蚀结果

2017 年 7 月 20 日～2017 年 10 月 10 日，中国第 8 次北极科学考察圆满完成。其间"雪龙"号进入戴维斯海峡，途经巴芬湾、兰开斯特海峡、皮尔海峡、维多利亚海峡和阿蒙森湾，沿途克服航道曲折、浮冰密集、冰山散布、海雾频现、冰区夜航等诸多困难，航行 2293 海里，于北京时间 9 月 6 日 17 时 40 分进入波弗特海，完成中国船舶首次成功试航北极西北航道（图 4.56），为未来中国船只穿行西北航道积累了丰富的航行经验。这条由格陵兰岛经加拿大北部北极群岛到阿拉斯加北岸的航道，是世界上最险峻的航线之一。本次科学考察实现了我国首次环北冰洋科学考察，开展了海洋基础环境、海冰、生物多样性等内容的调查，填补了我国多项科学考察空白。

图 4.56　"雪龙"号第 8 次北极科学考察出发驶往北极西北航道

本课题所使用的实海测试样品正是随着"雪龙"号完成了北极航线中央航道和西北航道的航行，获得了珍贵的第一手资料。图 4.57 所示即为经历一次北极航行后船舶甲板上浪区试样的表面形貌。

图 4.57　船舶甲板上浪区实海挂片北极航行后的腐蚀情况

按照 GB/T 16545—2015/ISO8407—2009《腐蚀和合金的腐蚀试样上腐蚀产物的去除标准》对极寒环境船用钢板的腐蚀产物进行了剥离收集。可以发现，甲板上浪区的船板挂片在经过北极航线后，由于海洋大气及海水飞溅的影响，且挂片表面没有油漆的保护，表面发生了均匀腐蚀，对腐蚀产物进行 SEM 分析，结果如图 4.58 所示。

图 4.58　极寒环境船用钢板"雪龙"号挂片腐蚀产物 SEM 图

　　经过本轮海试后，可以发现钢样的腐蚀产物随着腐蚀行为的不断发生，表面的腐蚀层不断增厚。由于腐蚀产物之间的结合力较弱，因此从基体剥离后呈块状分布。腐蚀层的下半部分相对致密而腐蚀层表面比较松散，腐蚀层厚度为 40μm 左右。对腐蚀层的上下表面形貌进行观察可以得到如图 4.59(a)、(b) 的 SEM 图，在海水和大气的作用下，上表面的腐蚀产物呈颗粒状分布，而下面的腐蚀产物层

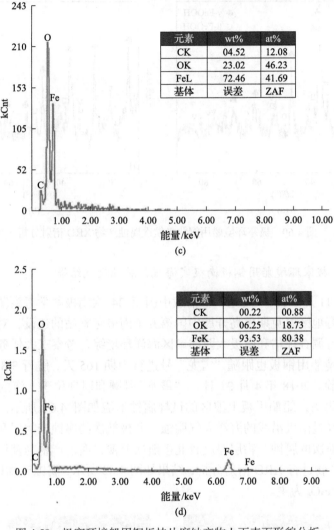

图 4.59　极寒环境船用钢板挂片腐蚀产物上下表面形貌分析

相对致密，这是由于随着腐蚀产物的不断累积，阻止了氧元素及 Cl⁻向下渗入，从而对基体材料产生保护作用，下部材料的腐蚀速率相对较慢，形成了较致密的腐蚀层。

如图 4.59(c)、(d)对所示区域进行 EDS 观察可以发现，不同区域的 O 元素含量明显不同，在腐蚀产物的上表面，O 元素的含量达到 23.02%，而腐蚀产物的下表面 O 元素含量只有 6.25%，这说明在不同的区域由于 O 元素的扩散程度不同，导致基体的腐蚀产物有所不同。对腐蚀产物进行 X 射线衍射分析，结果如图 4.60 所示，可以发现腐蚀产物以 γ-FeOOH、α-FeOOH 和 β-FeOOH 为主。

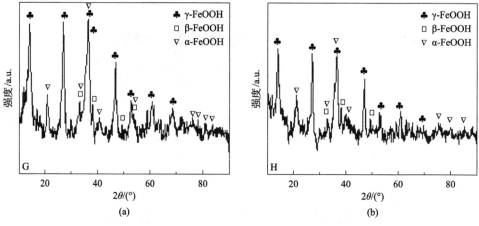

图 4.60　极寒环境船用钢北极航次腐蚀产物 XRD 衍射分析

4.5.2.4　极寒环境船用钢板南极实海航行腐蚀测试结果

2017 年 11 月 8 日，"雪龙"号搭载中国第 34 次南极科学考察队奔赴南极，围绕在罗斯海地区恩克斯堡岛开展中国第五个南极考察站的建设，对南极环境业务化调查进行调查评估和南极大西洋扇区海洋环境综合考察三大任务开展研究。新型极寒环境船用钢板也跟随"雪龙"号进行为期 165 天，航行 3.8 万余海里的海洋腐蚀试验。2018 年 4 月 21 日，"雪龙"号顺利回到位于上海的中国极地考察国内基地码头，船艏甲板上浪区的试样腐蚀形貌如图 4.61 所示。现场取样后发现，钢板经过南极沿线的海洋大气腐蚀与北极航次的腐蚀产物层和厚度有一定差别，南极航次的腐蚀产物层厚度较北极航次要薄，腐蚀产物与基体的结合力更牢。对腐蚀产物进行 XRD 衍射分析，结果如图 4.62 所示，腐蚀产物以 $\gamma\text{-FeOOH}$、$\alpha\text{-FeOOH}$、Fe_3O_4 为主。

图 4.61　南极航次挂片腐蚀形貌图

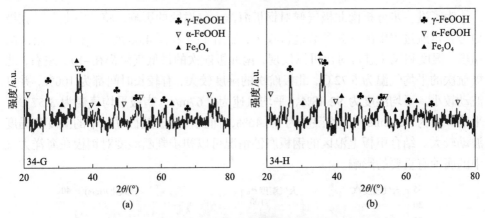

图 4.62　极寒环境船用钢南极航次腐蚀产物 XRD 衍射分析

4.5.2.5　极寒环境船用钢板南北极航次腐蚀机理分析

采用 TMG I/II 超声波测厚仪对极寒环境船用钢板的表面腐蚀产物厚度进行测量，结果如图 4.63 所示。甲板上浪区的钢样经过北极航行后锈层的厚度达到 323μm，而南极航行后的腐蚀层厚度为 167μm。

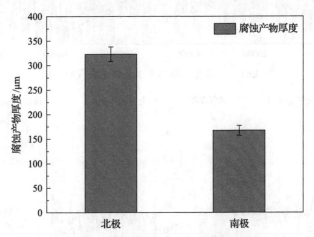

图 4.63　极寒环境船用钢南北极航次腐蚀产物厚度对比

由于碳钢在海洋大气环境中的腐蚀过程非常复杂，包括金属的阳极溶解及氧的还原反应，金属锈层的氧化还原过程，锈层与海水之间的电荷移动，微生物在金属表面及锈层的活动。在潮湿的海洋大气环境中，钢铁表面会出现一层电解液，这会对腐蚀行为产生很大的影响，出现溶解氧在液膜层中的传质以及腐蚀产物的堆积，金属离子的水解等现象，这与钢样浸泡在海水中的腐蚀过程有很大的区别。

　　为了进一步分析南北极气候对钢板海洋大气腐蚀的影响，将"雪龙"号在极地考察走航过程中的气候参数进行收集，如图 4.64 和图 4.65 所示。将两个航次的温度、湿度和风速进行对比可以发现，南北极航次的最低气温都在–10℃左右，北极航次的平均气温为 5.72℃，北极航次的湿度较大，有较长时间都为 100%，并且波动较小，平均湿度为 92.48%，平均风速为 7.67m/s。南极平均气温为 3.57℃，平均风速为 7.61m/s，平均湿度为 78.46%，而且在南极航行过程中的湿度和温度波动较大。结合甲板上浪区的钢板腐蚀情况可以初步判断湿度对钢板在海洋大气中的腐蚀有重要的影响。

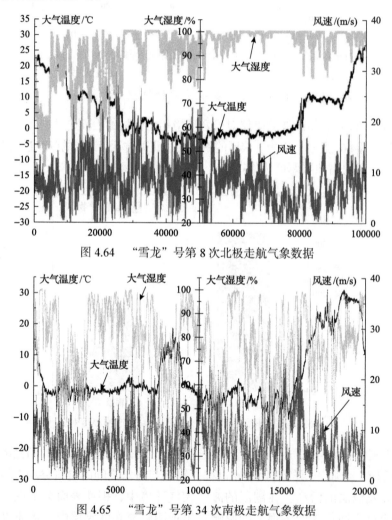

图 4.64　"雪龙"号第 8 次北极走航气象数据

图 4.65　"雪龙"号第 34 次南极走航气象数据

　　结合钢板在海水中的腐蚀产物分析，在极寒环境船用钢板的初始腐蚀阶段，铁在阳极发生氧化溶解出 Fe^{2+}，溶解氧在阴极生成 OH^-，Fe^{2+} 和 OH^- 结合生成氢

氧化物固体 $Fe(OH)_2(s)$，具体反应过程如下：

$$2Fe + O_2 + 2H_2O \longrightarrow 2Fe(OH)_2 \qquad (4.30)$$

$$4Fe(OH)_2 + O_2 + 2H_2O \longrightarrow 4Fe(OH)_3 \qquad (4.31)$$

O_2 的扩散速度决定了 $Fe(OH)_3$ 沉淀产生的速度，以及潮湿海洋大气液膜下的腐蚀反应的速度，当空气中的湿度越大，O_2 的传递速度加快，溶解氧的增加促进了沉淀产生的数量，进而加快了阴极腐蚀反应。

随着腐蚀产物的不断产生，部分沉淀会失水形成稳定的 γ-FeOOH，然后在一定条件下变为 α-FeOOH、β-FeOOH，北极航次的潮湿气氛加速了钢板表面的腐蚀过程，因此在腐蚀产物中出现了 γ-FeOOH、α-FeOOH、β-FeOOH。

$$Fe(OH)_3 \longrightarrow FeOOH + H_2O \qquad (4.32)$$

如果腐蚀形成的 $Fe(OH)_2$ 凝胶所处环境溶解氧浓度较低，会转变为 Fe_3O_4 或者铁酸盐。如果经过长时间的积累，内层的腐蚀产物也会被氧化成 Fe_3O_4，Fe_3O_4 是一种蓝黑色或者棕褐色的氧化膜，非常致密，能够阻止 Fe 与溶解氧接触形成保护膜。

$$3Fe(OH)_2(s) + \frac{1}{2}O_2 \longrightarrow Fe_3O_4 + 3H_2O \qquad (4.33)$$

$$8FeOOH + Fe^{2+} + 2e^- \longrightarrow 3Fe_3O_4 + 4H_2O \qquad (4.34)$$

在南极航次中，整个航行周期较长，湿度较低，钢板表面水膜层的溶解氧含量较北极要低，腐蚀速率减缓，腐蚀产物 $Fe(OH)_2$ 凝胶在溶解氧较低及长时间的航行过程中会转变为 Fe_3O_4，因此在腐蚀产物中检测到 γ-FeOOH、α-FeOOH、Fe_3O_4。

极寒环境船用钢板的腐蚀过程中 Fe 元素转变流程整体可以概括如下(图4.66)。

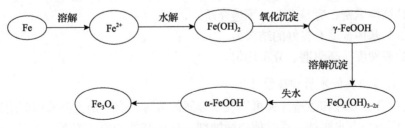

图 4.66　极寒环境船用钢板的腐蚀过程 Fe 元素转变流程

第5章　海洋极寒环境服役钢铁材料防护技术

随着造船技术不断发展，船舶的大型化、轻质化对高强度船用钢板提出了更高的要求。船用钢板需要具有优良的强度、韧性、可焊性、表面质量以及低温韧性，应能够避免船舶在正常航行或突发事故中因裂纹扩展和脆性断裂而发生灾难。船用钢板还应有足够的性能余量以应对船舶建造过程中因各种冷、热加工导致的材料性能下降，并具有较低的韧脆转变温度。由于船体部分长期浸没在海水中，部分暴露在潮湿的海洋大气中，需具有较高的耐海水和大气腐蚀性能，没有防护的钢铁材料由于磨损及腐蚀，无法在恶劣的条件下保持原有的力学性能，严重影响船舶及建筑的安全，因此应针对海洋极寒环境设计开发并使用相应的防护技术。

低温海水腐蚀的防护方法及措施主要有电化学保护、形成保护层、改善金属的本质和腐蚀环境等。

1. 电化学保护

电化学保护有外加电流保护法和牺牲阳极保护法。外加电流保护法是将被保护的金属与另一附加电极作为电解池的两极，被保护金属为阴极，这样就使被保护金属免受腐蚀。牺牲阳极保护法是将活泼金属或其合金连在被保护的金属上，形成一个原电池，活泼金属作为电池的阳极而被腐蚀，基体金属作为电池的阴极而受到保护。

2. 形成保护层

在表面喷/衬、镀、涂上一层耐蚀性较好的金属或非金属物质以及将被保护表面进行磷化、氧化处理，使被保护表面与介质机械隔离。一般采用电镀，也有用熔融金属浸镀或喷镀，或者直接从溶液中置换金属进行化学镀等。使用覆盖层防止金属腐蚀时，对覆盖层的基本要求：

(1)结构紧密，完整无孔，不透介质。

(2)与基体金属有良好的结合力。

(3)高硬度、高耐磨、分布均匀。

3. 改善金属的本质和腐蚀环境

通过合金处理和锻造淬火可以改变金属的成分，有效地提高其耐磨耐腐蚀性能，从而减小海水腐蚀。通过使用缓蚀剂、减少腐蚀介质的浓度，除去介质中的氧，控制环境温度、湿度等改变腐蚀环境的方法能有效地减慢金属在海水中的腐蚀速率。

4. 微生物腐蚀的防护

(1)微生物抑制剂。微生物抑制剂有两类，即杀菌剂和抑菌剂。

(2)除去代谢物质。从一个系统中除去一种重要的代谢物质，可以控制细菌的活动。

(3)避免缺氧条件。氧可以抑制硫酸盐还原菌的活动，停滞水系的强烈曝气可以防止水箱等系统的厌氧细菌腐蚀，水涝土壤的排水可以减轻埋设管道的腐蚀。

(4)还可以通过控制 pH，使用保护性涂料，阴极保护等措施减弱微生物对金属的腐蚀。

本章将针对影响低温金属腐蚀的环境因素、自身因素，金属极化、钝化，以及低温船舶涂料等方面进行海洋极寒环境服役钢铁材料防护技术的详细介绍。

5.1　影响海洋极寒环境服役钢铁材料腐蚀的因素

影响金属腐蚀的因素主要有环境因素和金属自身属性因素两种，环境因素包括：电解质溶液 pH 的影响、溶液的成分及浓度的影响、腐蚀介质流速的影响、外界温度、外力作用等对腐蚀过程的影响；自身属性因素包括：金属的电极电位、超电压、合金元素、材料的表面状态等。

5.1.1　环境因素

1. 电解质溶液成分、浓度及 pH 的影响

由于极寒环境冰川、冰山及碎冰的存在，严重影响了海水中的电解质含量。不同海域、不同深度电解质差别很大，对金属腐蚀的电极过程有较大影响。尤其是不管金属发生氢去极化腐蚀或氧去极化腐蚀，溶液中的 pH 降低，将会使氢电极和氧电极的电位变正，这样必然会使腐蚀电池的阴极过程更容易进行，引起腐蚀速率加快。

极地海水表面盐度往往低于常规海域，而较深海域盐度则高于常规海域，而多数金属的腐蚀速率随着盐浓度的增加而加快。当浓度进一步增加时，腐蚀速率又逐渐减小，这是因为电解质溶液中氧的溶解度随盐浓度的增加而逐渐降低，去极化作用减小，所以腐蚀速率减慢。因此极地海洋装备必须借助深海技术对设计深度处盐度进行测定，以更好地评估装备使用安全性，预留足够腐蚀余量或采用更有效的防护技术。

2. 腐蚀介质流速及外部载荷的影响

极地表面海水属于含有空气但不含大量活性离子的稀溶液，当流速不高时，

随着流速的增加，腐蚀速率显著增加，这是由于溶解氧到达阴极表面的数量增加；当流速相当大时出现了腐蚀速率的降低，这是由于足够的氧使金属表面钝化形成了保护膜；流速很大时，强烈地冲击作用破坏了保护膜又使腐蚀速率加快。

另外，许多极地装备的金属结构和零部件是在遭受海水、紫外辐射等腐蚀介质浸蚀的情况下，同时承受外部冰载荷的机械作用，因而使金属的腐蚀破坏行为复杂化，研究应力与环境共同作用下的腐蚀破坏很有意义。在这种条件下常见的破坏形式是应力腐蚀开裂和腐蚀疲劳。应力腐蚀开裂是指金属结构在拉应力或残余应力及特定腐蚀介质联合作用下发生的脆性破坏。腐蚀疲劳是指船舶螺旋桨、尾轴、透平叶片、化工泵的泵轴等受到交变循环应力和腐蚀介质的联合作用时发生的脆性断裂。

3. 低温的影响

一般认为环境温度越低，钢板表面的腐蚀速率会下降。但是如果环境温度低于某一临界温度，钢材可能在表面产生微裂纹，反而会促进钢板的局部腐蚀进程。图 5.1 为极寒环境船用钢板低温条件下的腐蚀机理图。如图 5.1 所示，极寒环境船用钢板在-80℃时，会从基体中产生裂纹并逐渐延伸到表面，Cl⁻能够进入裂纹的内部并逐渐导致点蚀现象。没有经过深冷处理的钢样表面因无裂纹出现，也就使Cl⁻没有侵入基体的入口，从而使金属表面产生均匀的腐蚀产物。

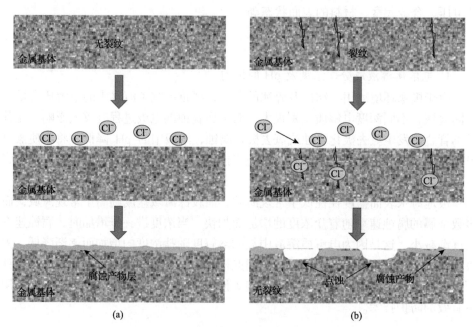

图 5.1　极寒环境船用钢板深冷处理腐蚀机理

采用开路电位(OCPs)对钢板的腐蚀机理进行分析，结果如图 5.2 所示，在腐蚀行为发生时，开路电位开始负移，但是没有经过深冷处理钢板的负移速度比经过深冷处理钢板负移的数值小，再次证明没有经过深冷处理的钢样表面产生了保护层，从而降低了样品的腐蚀速率。经过深冷处理的船用钢板由于表面点蚀坑的出现会导致严重腐蚀，开路电位会负移，同时会降低钢板的耐腐蚀性能。

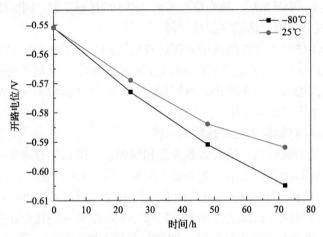

图 5.2　经过深冷处理的极寒船用钢板的开路电位变化曲线

5.1.2　自身因素

1. 金属的电极电位

从热力学稳定性的角度来看，电位越正的金属越稳定，耐腐蚀性越好。电位越负的金属越不稳定，有发生腐蚀的趋势。除了电偶腐蚀外，自然界中所发生的绝大多数电化学腐蚀为吸氧腐蚀和析氢腐蚀，即氧电极或氢电极充当阴极，促使金属腐蚀。其驱动力主要决定于金属电位与氧电极或氢电极的电位差，例如：$E_{H_2}=-0.059pH$、$E_{O_2}=1.228-0.059pH$、铜的标准电极电位为+0.337V、铁的标准电极电位为–0.44V、锌的标准电极电位为–0.76V，可以利用动力学因素——超电压来判断金属腐蚀速率的大小。

2. 金属的合金元素

(1)合金元素对混合电位的影响

合金电极电位必定处于阳极组分电位 E_a 和阴极组分电位 E_c 之间，称为混合电位(E_k)或腐蚀电位(E_{corr})。当阳极极化率与阴极极化率相等时($P_c=P_a$)，其腐蚀电位 $E_{corr}=(E_c-E_a)/2$。当 $P_a>P_c$ 时，总腐蚀电位 E_{corr} 靠近阴极电位 E_c，即混合电位正移。当 $P_a<P_c$ 时，总腐蚀电位 E_{corr} 靠近阳极电位方向移动，即混合电位变负。因此，可以通过添加贵金属或阳极极化率大的组元，提高合金的混合电位，进而改善耐蚀性。

(2)合金成分与耐蚀性的 $n/8$ 定律

合金稳定性的台阶变化，出现于合金成分 $n/8$ 原子比处，n 为有效整数，这一规律也称为塔曼规律。$n/8$ 规律只出现在部分二元合金中。其理论解释为：固溶体开始溶解时，表面不稳定组分的原子被溶解，最后在合金表面包裹聚集一层稳定组元的原子，形成一个屏蔽层，使介质与不稳定原子的接触受阻，因而使耐蚀性提高。

(3)合金成分与固溶体的选择性溶解

以单相固溶体状态存在的黄铜有脱锌现象为例，在某些介质(如海水)中，黄铜中的锌优先溶解(或者 Cu、Zn 溶解而 Cu 又沉淀回去)，而剩下脱锌后的红色铜骨架，其表面疏松多孔，密度小，强度低而脆。选择性溶解不仅发生在单相固溶体中，也会发生于复相合金中。

(4)合金元素对钢铁电化学性能的影响

实际使用的金属材料，绝大多数为复相组织。一般认为合金中的杂质、碳化物、石墨、金属间化合物等第二相多数为阴极。其中 Cr 的电位比 Fe 负，因此促使混合电位 E_R 负移。Ni、Mo 的电位比 Fe 正，使 E_R 正移。Cr 使临界钝化点负移，促进钝化，提高耐蚀性；反之，加入 Ni、Ti、Mo 使临界钝化点正移，延缓纯铁钝化。Cr、Si 使稳态钝化电位负移，使钢易于转入稳态钝化。反之，Ni、Mo 使 E_p 正移，减少稳态钝化电位范围，对钝化起延缓作用。Ni、Si、N 可使过钝化电位正移，而 Cr、Mo、V 使钢的过钝化电位负移，影响二次活化。

3. 金属的表面状态

合金表面的粗糙度直接关系到腐蚀速率，一般粗加工比精加工的表面易腐蚀。其原因为：粗加工表面积比精加工表面积大，其腐蚀介质的接触面积大；由于表面粗糙，坑洼部分氧进入较困难，且面积大，极化小，而突起部分接触氧的机会多，因而可形成溶差电池；在粗加工表面上形成保护膜时易产生内应力的不一致，膜也不易致密，因此粗加工的表面容易被腐蚀。

5.2　低温下金属的极化及钝化

5.2.1　金属的极化

金属中有大量的自由电子，这些电子平常会向任意方向游动，故宏观上无磁场和电场，但一旦给金属一个外加电场或磁场，则电子受到电场或磁场吸引，将进行定向排布，结果是一头显正电性、另一头显负电性，这个过程叫作金属的极化，即偶极矩从无到有的过程。

图 5.3 为腐蚀电池极化测量装置示意图，用控制电流的方法就可测出不同电流下的电极电位。当可变电阻很大时，外电路流过很小的电流，然后减小可变电阻，

外电路电流逐渐增大，这时观察到伏特表上电压的读数减小。当外电路电阻降至最小值，接近电池短路状态时，通过的电流量大，伏特表上的电压最小，这说明通过两个电极的电流越大，它们的极化越严重，两极间的电位差越小。

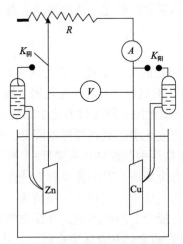

图 5.3　腐蚀电池极化测量装置示意图

极化是因为电流的移动而最终导致电位偏离电极开路电位的现象。当电流不停移动时，阴极和阳极都会出现极化现象。极化降低了阳极与阴极之间的电位差，从而降低了腐蚀电流和腐蚀速率。最开始阴极周围有大量的反应物，可以及时减少阴极上的电子，但是随着阴极反应的不断增加，阴极周围的反应物越来越少，反应后沉积下来的产物越来越多；因为反应产物不能快速被移走，妨碍了新的反应物接近阴极。

最终的结果就是阴极区域多余的电子得不到消化而越来越多。伴随着电子不断增加，阴极电位也会慢慢降低。阴极保护就是利用这一原理，使金属表面各点的电位都降低到同一个电位值，因此可以减少金属表面各点之间的电位差，达到减缓腐蚀的目的。

相反情况，如果阴极区域存在很多的反应物或者反应产物很容易被移走，比如在流动的水中。如需将电位降低到某一位置，就会需要相对更多的电子，也就是极化困难。例如，阴极周围存在大量的氧分子，阴极就难以极化到要求的电位。能够消耗阴极电子的物质称为去极化剂，包括溶解氧、微生物活性以及液体流动。当极化和去极化作用达到平衡时，电位差和阴阳极间的腐蚀电流达到稳定，腐蚀速率也趋于稳定。

腐蚀电池中阴阳极的相对面积比对阳极的腐蚀速率也有很大的影响。如果相对于阴极，阳极面积很小，例如铜板上的钢铆钉，则阳极(钢铆钉)将迅速被腐蚀。这是由于腐蚀电流集中于一个很小的面积上(电流密度很大)。同样，大阴极可能不易极化，因此保持比较高的腐蚀速率。

当小阴极与大阳极相连，例如钢板上的铜铆钉，阳极（钢板）上的腐蚀电流密度要比上面讨论的那种情况小很多，因此阳极的腐蚀较慢。极化在此也起到了重要的作用。小阴极可能会迅速发生极化，从而降低了腐蚀速率。

5.2.2　金属的钝化

金属表面状态变化所引起的金属电化学行为使它具有贵金属的某些特征（低的腐蚀速率、正的电极电势）的过程。若这种变化因金属与介质自然作用产生，称为化学钝化或自钝化；若该变化由金属通过电化学阳极极化引起，称为阳极钝化。另有一类由于金属表面状态变化引起其腐蚀速率降低，但电极电势并不正移的钝化（如铅在硫酸中表面覆盖盐层引起腐蚀速率降低），称为机械钝化。金属钝化后所处的状态称为钝态。钝态金属所具有的性质称为钝性（或称惰性）。如：在有些情况下，铁氧化后生成结构复杂的氧化物，其组成为 Fe_3O_4。钝化后的铁与没有钝化的铁有不同的光电发射能力。经过测定，铁在浓硝酸中的金属氧化膜的厚度为 $3\times10^{-9}\sim4\times10^{-9}$m。这种膜将金属和介质完全隔绝，从而使金属变得稳定。

金属钝化是一种界面现象，它没有改变金属本体的性能，只是使金属表面在介质中的稳定性发生了变化。产生钝化的原因较为复杂，对其机理还存在着不同的看法，还没有一个完整的理论可以解释所有的钝化现象。

钢铁材料与海水接触会加速腐蚀行为的发生，且随着浸泡时间的增加，附着在钢样表面的腐蚀氧化产物变厚。不同类型的氧化产物对后续腐蚀行为的影响也不一样。对锈层成分观测显示，锈层成分主要由 α-FeOOH、β-FeOOH、γ-FeOOH 等羟基氧化物和 Fe_2O_3、Fe_3O_4 等铁氧化物组成。它们自身的结构特征以及与金属表面结合力差异显著，所以对基体的防护水平也各不相同。然而，目前不同腐蚀产物对锈层下船用钢的摩擦腐蚀行为的研究鲜见报道。为此在参考有关合金钢腐蚀方面的研究基础上，采取如表 5.1 所示条件对钢样进行预腐蚀处理，在钢样表面分别生成 γ-FeOOH 层和 Fe_3O_4 层，研究采取不同锈层成分对钢样磨蚀性能的影响。希望有助于了解不同腐蚀产物对海洋涂层防腐耐磨的影响，为船用钢材料采取最佳防护措施，促进海洋经济发展提供帮助。

表 5.1　腐蚀液配方及实验条件

锈层	腐蚀液成分	实验条件
γ-FeOOH	去离子水	实验室环境、常温常压
Fe_3O_4	$FeSO_4\cdot7H_2O$、聚乙二醇 20000、$NH_3\cdot H_2O$、H_2O_2	160℃水热合成 8h

实验过程中，为了使钢样与腐蚀液有充分的接触面积，将准备好的船用低温

钢垂直立于溶液底部。制备 γ-FeOOH 层时，将钢样垂直放入盛有去离子水的烧杯中，烧杯口用密封膜密封，防止外界环境影响实验，静态腐蚀 7 天后取出，在真空干燥箱内常温干燥；制备 Fe_3O_4 层时，取 1.251g 的 $FeSO_4·7H_2O$ 溶于 30mL 去离子水中，向 $FeSO_4$ 水溶液中加入 5mL 聚乙二醇 20000（50g/L）搅拌均匀，随后加入 5mL 的 2.5% $NH_3·H_2O$，最后向溶液中缓慢加入 0.15mL H_2O_2，并将反应混合物搅拌 5min 以获得均匀的溶液，将腐蚀液转移至 50mL 的反应釜内衬中。然后将钢样垂直放入反应釜内衬溶液中密封，在 160℃下保温 8h[78]。等反应釜风冷至室温，取出发黑的钢样用去离子水洗涤，然后在 80℃下干燥后保存备用。收集钢样表面的腐蚀产物，用去离子水和无水乙醇多次洗涤后干燥保存。制备前后的钢样如图 5.4 所示，钢样表面棕黄色的腐蚀产物成分主要是 γ-FeOOH，与基体表面紧密结合呈现棕黑色的是 Fe_3O_4。为了确保实验的可靠与客观，每组测试都制备了三个平行试样进行后续实验。

图 5.4　表面氧化处理前后钢样的照片
(a)未处理钢样；(b)γ-FeOOH 层钢样；(c)Fe_3O_4 层钢样

图 5.5 显示了不同铁氧化物层钢样的摩擦系数随时间的变化。Fe_3O_4 层钢样的

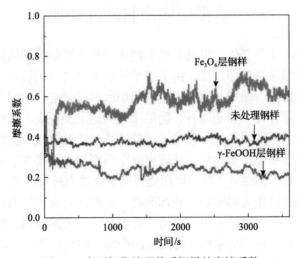

图 5.5　表面氧化处理前后钢样的摩擦系数

摩擦系数在摩擦开始迅速达到稳态值，随后在一定时间间隔内出现幅值的规则波动，这种波动现象可以归咎于磨损碎片的形成。γ-FeOOH 层钢样的摩擦系数则远小于前者，由图 5.6 可以看出，预腐蚀前后实验钢样的平均摩擦系数从大到小的顺序为 0.57（Fe_3O_4 层钢样）>0.38（未处理钢样）>0.24（γ-FeOOH 层钢样）。γ-FeOOH 具有细小的针叶状结构和光滑的接触面，类似于磨屑在往复滑动摩擦中充当着"润滑剂"的角色，摩擦系数因此降低。而当 Fe_3O_4 氧化层的致密表面出现在钢样与磨球的摩擦副之间，会在摩擦过程中形成釉化表面，磨损的主要机制可能变成黏附磨损，导致摩擦系数的增加。

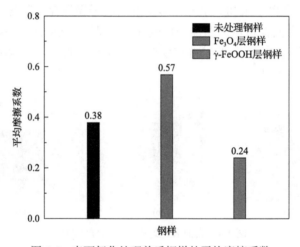

图 5.6　表面氧化处理前后钢样的平均摩擦系数

5.3　低温船舶涂料的性能要求

涂装于船舶内外各部位、以延长船舶使用寿命和满足船舶的特种要求的各种涂料系统称为船舶涂料或船舶漆。由于船舶涂装有其自身的特点，因此船舶涂料也应具备一定的特性。船舶的庞大决定了船舶涂料必须能在常温下干燥，需要加热烘干的涂料不适合作为船舶涂料。船舶涂料的施工面积大，因此涂料应适合高压无气喷涂作业。船舶的某些区域施工比较困难，因此希望一次涂装能达到较高的膜厚，故往往需要厚膜型涂料。从防火安全角度出发，要求船舶机舱内部、上层建筑内部的涂料不易燃烧，且一旦燃烧时也不会放出过量的烟。因此，硝基漆、氯化橡胶漆均不适宜作为船舶舱内装饰涂料。船舶涂料保护暴露在低温环境下的船舶结构，使其不受腐蚀、磨损、冲击、辐射和结冰等多种载荷的影响。因此低温船舶涂料应具有良好的耐水性、耐温度冲击性、耐磨性和耐候性等性能。

低温船舶的船体要求使用低摩擦的破冰船涂料，以减少船体摩擦和锈蚀。传统涂料会被海水磨掉，使不受保护的船体区域受到锈蚀，而锈蚀产生的不平整表面会进一步增加冰与船体之间的摩擦。航行于海洋中的船舶，其水下部分会受到海洋生物的污损，污损的结果会增加船体的重量、降低航速，多耗燃油，而且会大大加速船体的腐蚀，所以低温船舶的涂料应该具有防污功效，保护船体不受海洋生物的附着污损；船舶的水下部位往往需要进行阴极保护，因此，用于水下部位的涂料具有较好的耐电位性、耐碱性、耐水性。

水线区处于冰水混合区，会受到碎冰的冲击、海水的冲刷以及日光暴晒的干湿交替状态，即处于飞溅区这一特殊环境，因此水线部位的涂料应该具有良好的耐水性、耐冲击性、耐磨性和耐候性。船舶的干舷、露天甲板等处于海洋大气暴露区，这些部位常年处于含盐的潮湿的海洋大气中，又会受到日光的暴晒，因此要求涂料具有良好的防锈性、耐候性、耐低温冲击等性能。由于这些暴露于大气中的部位属于船舶的主要外观部位，因此其面层涂料还需要良好的保色性和保光性。

船舶内部液舱部位有压载水舱、燃油舱、滑油舱等。压载水舱长期处于海水和空载的干湿交替状态，环境湿润、盐分高等恶劣条件，因此，要求涂料具有优良的耐水、耐盐雾、耐干湿交替和卓越的抗腐蚀性。燃油舱、滑油舱长期存放燃油、滑油，一般不会受到腐蚀，故可以不涂装，但是在投油封仓之前要进行清洁，涂以相应的油类保护。因此选用耐油涂料进行保护。机舱、泵舱等工作场所要求涂料不易燃烧和良好的耐锈性能，同时机舱、泵舱底部经常积聚油和水，因此要求涂料具有良好的耐油性和耐水性。

涂料可根据其基料类型、使用部位、作用特点、施工方式等不同方法进行分类。目前比较通用的分类是按作用部位分类，分类情况如表 5.2 所示。

表 5.2　船舶漆分类情况

分类		涂料类型	备注
车间底漆		(1) 磷化底漆 (聚乙烯缩丁醛树脂) (2) 环氧富锌底漆 (3) 环氧铁红底漆 (4) 无机硅酸底漆	
水线以下涂料	船底防锈漆	(1) 沥青船底防锈漆 (2) 氯化橡胶类船底防锈漆 (3) 乙烯树脂类船底防锈漆 (氯醋三元共聚树脂) (4) 环氧沥青船底防锈漆	(2) (3) 两项常用沥青改性
	船底防污漆	(1) 溶解型 (沥青、松香、氧化亚铜) (2) 接触性 (氯化橡胶、乙烯树脂、丙烯酸树脂与氧化亚铜) (3) 扩散型 (氯化橡胶、乙烯树脂、丙烯酸树脂与松香、有机锡) (4) 自抛光型 (有机锡高聚物或无机锡高聚物)	

续表

分类		涂料类型	备注
水线以上涂料	船用防锈漆	(1)红丹防锈漆(油基、醇酸树脂、酚醛树脂、环氧树脂) (2)铁红防锈漆(醇酸树脂、酚醛树脂、环氧树脂) (3)云铁防锈漆(油基、酚醛树脂、环氧树脂) (4)铬酸盐防锈漆(油基、醇酸树脂、酚醛树脂、环氧树脂)	(2)项常加入铝粉
	水线漆	(1)酚醛水线漆 (2)氯化橡胶水线漆 (3)丙烯酸树脂水线漆 (4)环氧树脂水线漆 (5)乙烯基树脂水线漆 (6)水线防污漆(接触型、扩散型、自抛光型)	(3)项常用氯化橡胶改性
	船壳漆	(1)醇酸船壳漆 (2)氯化橡胶船壳漆 (3)丙烯酸树脂船壳漆 (4)聚酯树脂船壳漆 (5)乙烯基树脂船壳漆 (6)环氧树脂船壳漆	船壳漆主要用于船舶干舷、上层建筑外部和室外船装件 (6)项常生产环氧树脂船壳漆
	甲板漆	(1)醇酸、酚醛甲板漆 (2)氯化橡胶甲板漆 (3)环氧甲板漆 (4)甲板防滑漆	
	货舱漆	(1)银舱漆(油基、醇酸树脂与铝粉) (2)氯化橡胶货舱漆 (3)环氧货舱漆 (4)环氧沥青漆	(4)项用于货/压载水舱 (4)项用于谷物舱时应采用漂白型环氧沥青漆
	舱室面漆	(1)油基调和漆 (2)醇酸漆	用于船舱、上层建筑内部
液舱涂料	压载水舱涂料	(1)沥青漆 (2环氧沥青漆	
	饮水舱涂料	(1)漆酚树脂漆 (2纯环氧树脂漆	
	油舱涂料	(1)石油树脂漆 (2)环氧沥青漆 (3)环氧树脂漆 (4)聚氨酯树脂漆 (5)无机锌涂料	(1)适用于燃油舱 (2)适用于原油船货油舱 (3)常以酚醛树脂改性 (3)(4)(5)适用于成品油船货油舱
其他涂料		耐热漆、耐酸漆、阻尼涂料、屏蔽涂料等	

船用涂料根据其基料类型的不同,还可分为常规涂料和高性能涂料两类。以

沥青、油脂类、醇酸树脂、酚醛树脂及一些天然树脂为基料的船舶涂料,是早期发展和应用的涂料,成为常规涂料。而以各种耐水性好、耐化学性好的合成树脂为基料,多数制成厚膜型的船舶涂料,是近年来日益获得广泛应用的涂料,成为高性能涂料。

5.4　低温防腐涂料

5.4.1　氯丁橡胶防腐蚀涂料

氯丁橡胶防腐蚀涂料是由氯丁橡胶和其他树脂如对叔丁酚甲醛树脂或过氯乙烯树脂等配制而成。氯丁橡胶涂料具有耐水、耐晒、抗磨损及耐酸碱化学物质腐蚀性能,使用温度为-40~90℃。其缺点是有色变,不能配制浅色漆,对金属附着力差,需要氯化橡胶底漆打底。

5.4.2　聚脲弹性体涂料

聚脲是由异氰酸酯组分与氨基化合物反应生成的一种弹性体物质。聚脲是由半预聚体、端氨基聚醚、胺扩链剂等原料现场喷涂而成。聚脲具有以下优点。

①对湿度、温度不敏感,因为反应速度比水快得多,在实际施工时不受环境水分、湿度的影响,可在-40℃下成膜。

②为单道涂层系统,1 次施工即能达到施工要求。由于有弹性及强度,涂抹不会开裂。能快速固化,不会挂流。因此,通过涂装方式得到了较厚的橡胶覆盖层,可代替防腐蚀橡胶衬底来应用。

③耐候性、抗紫外线、耐冷热冲击、耐风霜雨雪,在户外长期使用不粉化、不开裂、不脱落。

④耐冷热交替性能好;能在-50~150℃下长期工作。

聚脲分为纯聚脲和半聚脲,它们的性能是不一样的,聚脲最基本的特性就是防腐、防水、耐磨等。聚脲对环境湿度不敏感,甚至可以在水(或者冰)上喷涂成膜,在极端恶劣的环境条件下可正常施工,表现特别突出。聚脲涂层柔韧有余、刚性十足、色彩丰富,它致密、连续、无接缝,完全隔绝空气中水分和氧气的渗入,防腐和防护性能无与伦比。它同时具有耐磨、防水、抗冲击、抗疲劳、耐老化、耐高温、耐核辐射等多种功能,因此应用领域十分广泛。

5.4.3　聚氨酯防腐涂料

潮气固化聚氨酯/煤焦沥青防腐蚀涂料将煤焦沥青和聚氨酯预聚物配合,依靠预聚物分子上的—NCO 基团和空气中的潮气交联固化。煤焦沥青中可能存在某些含 O、N、S 的化合物,对湿气固化有催化作用。煤焦沥青有较好的耐水性和耐酸、耐碱、耐盐性,据报道,煤焦沥青漆膜浸水 10 年吸水率仅为 0.1%～0.2%;对表面的湿润性非常好,在有锈迹的表面上也能保持一定的附着力,与聚氨酯配合后适用范围更大。但煤焦沥青在高温时发软,低温时变脆,长期暴晒易出现龟裂,宜做水下、海洋和石油化工储罐内壁防腐涂料,还可用于涂装高压水管内壁和水闸装置等。用含油的聚氨酯及其配方可以改善上述缺陷,且因其固化快,特别适用于寒冷地区施工和冬季施工。该类涂料可用于水利工程、港湾码头钢结构、管道、船舶等方面的防腐蚀。

5.5　低温防冲击柔性涂料

防冲击柔性涂料材料是一个广义的概念,相对刚性材料而言,指具备一定柔软度、柔韧性的材料。实际应用中,我们常用到的柔性材料普遍是高分子材料,如树脂、纤维等。但是在不同的应用领域对柔性材料又有不同的定义,防冲击的柔性涂料运用在低温船舶上时,可以称其为低温防冲击柔性涂料。

5.5.1　含氯橡胶类防腐蚀涂料

合成橡胶的品种很多,某些品种如丁苯橡胶、氯丁橡胶及丁基橡胶等皆可用作涂料,但防腐蚀性能不够理想。不论是天然橡胶或合成橡胶,通过氯化改性或者通过其他方法合成得到的含氯弹性聚合物,其溶解性、可塑性、反应性、化学稳定性以及耐腐蚀性才有所改善或提高,达到制备防腐蚀涂料的要求。因此,橡胶类防腐涂料主要为含氯橡胶涂料,包括:氯化橡胶涂料、氯磺化聚乙烯涂料、氯丁橡胶涂料、氯化氯丁橡胶涂料。另外氯化橡胶可与多种树脂配合制漆,如不干性醇酸、环氧树脂、煤焦沥青、热塑性丙烯酸以及乙烯-乙酸乙烯共聚树脂等,以改进其柔韧性、耐候性、耐腐蚀性等。

5.5.2　耐磨柔性陶瓷粉涂料

陶瓷粉复合涂料一般具有防腐、耐磨,耐冲击和良好的柔韧性能。它是通过树脂、陶瓷填料、颜料、溶剂、助剂协同作用实现防腐耐冲击作用。树脂作为成膜物质,用具有纤维状硅灰石作为耐冲击改性物质,用几种陶瓷粉提高涂层的耐磨性能。例如,某品牌陶瓷粉复合涂料采用三种环氧树脂掺杂(比例为 E54∶E44∶F44=10∶8∶4),混合环氧树脂占涂料中的比例为 20%～25%,硅灰石为 5%～30%,陶瓷粉、碳化钛 1%～2%,透闪石为 1%～15%,硅微粉 20%～50%,另采用陶瓷粉超细氧化锌为 0～8%,二氧化钛为 0～10%作为颜料,其他颜色的颜料根据需要,选用加入,其使用范围为 0～10%。所用的溶剂为混合溶剂,在涂料组分中占总量的 20%。混合溶剂所含的物质和配比为:甲基异丁基酮为 35%~50%,丙酮为 10%~25%,正丁醇为 15%~25%。助剂为:分散润湿剂为 0.2%~2%,流平剂为 0.2%~2%。B 组分为固化剂。它为改性胺化合物。在固化剂分子结构中,由于长链存在使固化剂兼有分散填料和颜料的功能,固化后的涂层具有良好的柔韧性和耐冲击性能。而分子中羟基的存在,赋予该固化剂具有自催化作用,使固化剂不需要严格按比例加入。还可以通过控制固化剂加入量,控制涂层干燥速度和涂料的使用期,在低温或快速干燥时,可以加大固化剂的用量,非常方便低温施工,如果在高温时使用或希望涂料的使用期长,可加入固化剂少一些,其用量为树脂用量的 1/10~1/15。

由于采用三种环氧树脂作为成膜物质,以硅灰石、透闪石、硅微粉、超细氧化锌、碳化钛、二氧化钛作为功能填料,利用它们的耐磨性和防腐性能赋予涂层良好的耐磨和防腐性能,所使用的纤维状的硅灰石可最大限度地改善涂层的耐冲击性。

陶瓷粉涂料具有下列优点:

(1)具有防腐、耐磨、抗冲击和良好的柔韧性能。在固化剂分子结构中,引入具有长链的酚胺为固化剂,使固化后的涂层具有良好的柔韧性和耐冲击性能。涂层所采用的纤维状硅灰石进一步提高了涂层耐冲击性能。采用的几种陶瓷功能填料,相互协同赋予了涂层耐磨、防腐、杀菌性能。而油漆中固体的含量高消除了涂层的内应力,增强了涂层的附着力,克服了涂料干燥过程中因体积收缩而产生的应力,大大降低了因溶剂挥发对环境造成的污染。采用三种不同类型的环氧树脂成膜,相互协同提高了涂层抗温变性能,超细氧化锌的使用赋予涂层抗菌性能,经过各种组分相互优化、协同,使涂层各种性能达到了最佳化。

(2)施工容易、使用方便,在常温下成膜,可以采用刷涂和滚涂以及喷涂方式。克服了目前涂料施工不便,功能单一的缺点,因为高固体分、挥发溶剂较少而具有环保性能。

(3)价格低廉。原料中使用大量的硅微粉、透闪石、硅灰石等天然矿物,大大降低了成本。

(4)耐候性好。填料中加入对紫外线具有吸收作用的二氧化钛,提高了涂层的耐候性,延长了涂层使用寿命。

第6章　典型极寒环境钢铁材料研究

海洋平台用钢一般是指船体结构用钢，它指按船级社建造规范要求生产的用于制造船体结构的钢材。船体用结构钢按照其最小屈服点划分强度级别为：一般强度结构钢和高强度结构钢。中国船级社规范标准的一般强度结构钢分为：A、B、D、E 四个质量等级；中国船级社规范标准的高强度结构钢分为三个强度级别、四个质量等级：A32、A36、A40、D32、D36、D40。牌号由质量等级和屈服强度两部分组成，如：A32 代表屈服强度不小于 320MPa 的 A 级造船用钢。

目前高强度船用钢板的生产主要是在普通 C-Mn-Si 钢中添加少量的 Nb、V、Ti 等微合金元素，利用控轧控冷工艺以控制组织中的微合金析出行为，起到晶粒细化的作用，进而改善钢材的组织和性能。本章以典型极寒环境钢铁材料研究为例，通过对新型极寒环境船用钢板根据微合金化原理设计三种不同配比的元素成分，制定合理的轧制流程和轧制冷却温度，采用 TMCP(thermo mechanical control process, 热机械控制工艺)对不同成分的极寒环境船用钢板进行制备，对轧制钢板的组织结构、晶粒尺寸、力学性能、表面硬度、耐蚀性、耐磨性等开展系统研究。

6.1　实验材料及方法

首先，综合乌克兰进口极地科学考察船原船船板成分及中国船级社 CCS《材料与焊接规范 2015》的要求，设计了低 C 高 Si 及高 C 低 Si 两个系列的低温钢成分工艺，并根据各元素作用及低温钢性能要求，确定了相应的 Mn、Cr、Ni、Cu 合金成分含量；之后，采用热机械控制工艺(TMCP)分别轧制了 EH40-A、EH40-B、EH40-C 极寒环境船用钢板，测定其力学性能并据此优化轧制工艺，确定了该 EH 系列低温船用钢最优轧制工艺为：150kg 真空感应炉→浇铸 230mm×240mm×250mm 铸锭→铸锭再加热→TMCP 轧制+ACC 冷却→轧后缓冷。

6.1.1　TMCP 轧制工艺

采用如图 6.1 所示的两阶段 TMCP 控轧控冷生产线进行制备，具体冶炼、轧制工艺为：150kg 真空感应炉→浇注 230mm×240mm×250mm 铸锭→铸锭再加热→TMCP 轧制+ACC 冷却→轧后缓冷。具体 TMCP 控温曲线如图 6.2 所示，其中将板坯加热至 1170℃，然后轧制，采用 TMCP 工艺沿钢锭中轴方向轧制成 30mm×279mm×1577mm 的钢板。

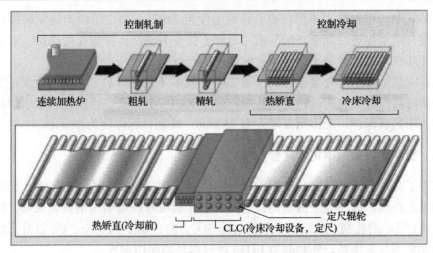

图 6.1　极寒环境船用钢板轧制采用的 TMCP 工艺流程

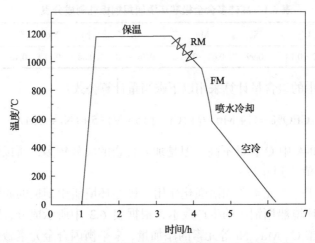

图 6.2　新型极寒环境船用钢板轧制 TMCP 控温曲线

　　在热轧过程中，通过控制船用钢板板坯加热温度、轧制温度和每次压下量的控轧(control rolling)的基础上，再实施空冷或控制冷却及加速冷却(accelerated cooling)的过程，可以减少合金元素的添加量，也不需要复杂的后续热处理的条件即能生产出高强度高韧性的钢材，更加节能环保。在奥氏体区间，即适于变形的温度区间完成连续大变形和应变积累，得到硬化的奥氏体，轧后立即进行超快冷，使轧件迅速通过奥氏体相区，保持轧件奥氏体硬化状态，然后在奥氏体向铁素体相变的动态相变点终止冷却，最后依照材料组织和性能的需要进行冷却路径的控制。

　　TMCP 工艺分为两个阶段，第一阶段为将坯体加热至奥氏体化再结晶区进行轧制，从而细化奥氏体晶粒，控制终轧温度大于 950℃，然后进入奥氏体未再结晶区的轧制，增加铁素体形核点，终轧温度为 740℃。第二阶段为轧制后控制冷却速度，喷水加速冷却至 580℃后，冷却方式变为空冷。冷却速度越快，形成的铁素体晶粒就越多且越小，对钢材的韧性比较有利。

在完成钢样的微合金成分设计和 TMCP 轧制工艺设计后，实验钢板委托宝钢中央研究院厚板研究所进行冶炼轧制，采用 KGPS-150 真空感应炉，采用耐材坯浇注，用氩气保护，浇铸钢锭厚度为 250mm，轧制目标厚度为 30mm。

6.1.2 极寒环境船用钢化学成分

为了高效地开展极寒环境船用钢板的试制工作，项目组结合多年生产船用钢板的工艺路线，以乌克兰提供的高硅多合金元素极寒环境船用钢板为原型，制定如表 6.1 所示的轧制成分表。主要通过添加 C、Si、Mn、Cr、Ni、Cu 以及其他微合金元素的合金体系，轧制新型 EH40 级极寒环境船用钢板。

表 6.1　高硅多合金极寒环境船用钢板轧制成分表　　　　（单位：%）

钢样	C	Si	Mn	Cr	Ni	Mo	Cu	Al	CEQ
EH40-A	0.12~0.13	0.99	0.63~0.65	0.76~0.8	0.68	0.11	0.46	0.017	0.475

对于钢板中的碳含量计算采用以下碳当量计算公式：

$$CEQ\% = C + Mn/6 + (Cr + Mo + V)/5 + (Ni + Cu)/5 \tag{6.1}$$

虽然 EH40-A 中 C 含量不高，但是加入合金的成分较多，所以增加了钢样的碳当量，CEQ 值达到 0.475。

另外，由于合金元素的固溶强化作用，极寒环境船用钢板的屈服强度增高，还会增加极寒环境船用钢板的生产成本，根据表 6.2 中所示成分，降低合金元素的添加量并调整 C、Mn、Ni 等元素的添加量，来平衡因合金元素减少对强度产生的影响，从而达到优化钢板性能的目的。

表 6.2　低合金极寒环境船用钢板化学成分表　　　　（单位：%）

钢样	C	Si	Mn	Cr	Ni	Mo	Cu	Al	Nb	V	Ti
EH40-B	0.17	0.16	0.93	0.22	0.41	0.077	0.34	0.01	0.021	0.1	0.022
EH40-C	0.099	0.16	0.91	0.2	0.38	0.084	0.36	0.013	0.017	0.1	0.018

6.1.3 极寒环境船用钢组织结构分析

图 6.3 为轧制的 EH40-A 极寒环境船用钢板金相显微组织图。在该体系中加入较多的 Si、Mn、Cr，Ni、Cu，由图 6.3 可以发现，经过轧制后的金相组织以铁素体加珠光体为主，铁素体沿轧制方向有较大的变形，铁素体以多边形铁素体为

主，有少量的碳化物溶于铁素体中形成珠光体组织。

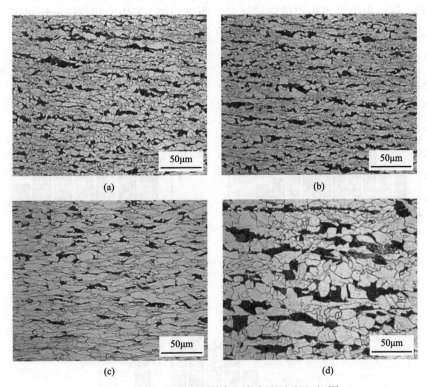

图 6.3　EH40-A 极寒环境船用钢板的金相组织图

图 6.4 为对 EH40-A 极寒环境船用钢板的表面进行 XRD 物相分析的结果。可以发现当 2θ 衍射角为 44.674°时，出现了铁素体的最强特征峰，通过峰值比对可以证明物相以铁素体和 FeC 为主，这些碳化物存在于珠光体组织中。

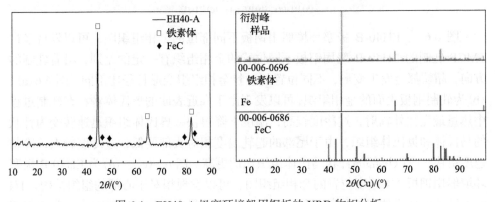

图 6.4　EH40-A 极寒环境船用钢板的 XRD 物相分析

对晶粒尺寸进行统计如图 6.5 所示，可以发现晶粒的平均尺寸为 11.0～14.6μm，晶粒尺寸整体较大。轧制的钢板晶粒尺寸均匀，带状组织变化不明显，增加 C 含量以后，钢板中沿晶界析出的渗碳体含量明显增加，采用金相软件分析可以发现，在距表面 $t/4$ 厚度处，珠光体加渗碳体的含量为 41.7%。

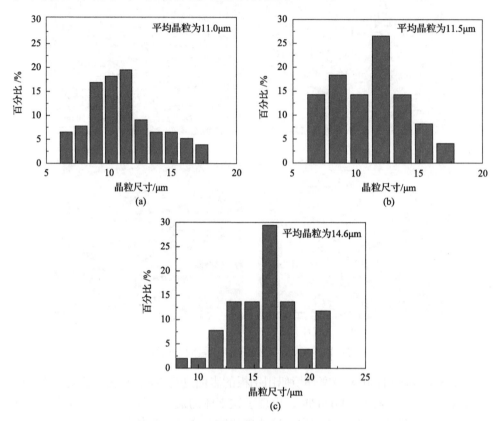

图 6.5　EH40-A 极寒环境船用钢板晶粒尺寸分布
(a) PT-0t；(b) PT-t/4；(c) PT-t/2

　　图 6.6 为 EH40-B 极寒环境船用钢板不同部位的金相组织图，可以发现经过TMCP 轧制的 EH40-B 船用钢板不同位置的金相组织有一定的差别，沿着轧制的方向，晶粒都会发生变形，不同位置的材料金相组织变形长径比不同，图 6.6(a)、(b) 为轧制钢板表面的金相组织，可以发现由于靠近表面的奥氏体颗粒在轧制过程中热量最先往外辐射，过冷度较高，温度下降得快，奥氏体组织迅速转变为针状的马氏体和贝氏体组织，由于尾部的起轧温度相对头部要低，过冷度较大，冷却速度更快，所以尾部的针状马氏体组织比例更高。图 6.6(c)、(d) 为 EH40-B 极寒环境船用钢板 1/4 厚度位置的金相组织图，可以发现相对于心部的组织结构，1/4厚度区域的珠光体组织比例增加，带状组织的数量也增加，宽度变窄，带内组织以珠光体、贝氏体、铁素体为主，相对于心部，铁素体的晶粒尺寸变小，铁素体

的长宽比也变得更大，通过对比发现，头部组织的铁素体含量要比尾部的高。

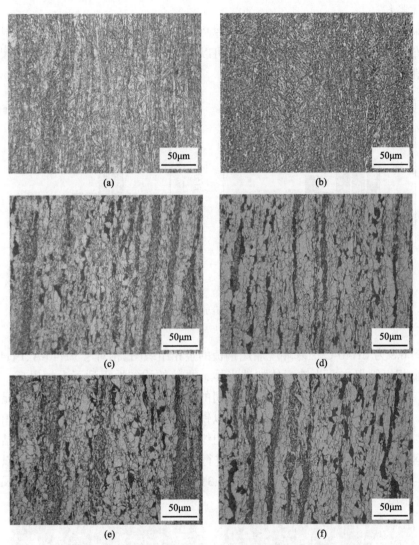

图 6.6　EH40-B 极寒环境船用钢板不同位置金相组织图
(a) Lt-0*t*；(b) Lw-0*t*；(c) Lt-*t*/4；(d) Lw-*t*/4；(e) Lt-*t*/2；(f) Lw-*t*/2

图 6.6(e)、(f) 为 EH40-B 轧制钢板 1/2 厚度位置的金相组织图，可以发现头部与尾部的组织均主要为铁素体+珠光体的结构，轧制钢板尾部的组织内铁素体的含量较头部要高，但是在冷却过程中出现了带状组织，对比可以发现轧制钢板的头部带状组织间距要比尾部的带状组织间距大，但是头部的带状组织宽度比尾部的稍宽，带状组织内以贝氏体和铁素体为主，还有少量残余奥氏体。将尾部的 *t*/4 位置金相组织放大发现，其晶粒尺寸更加细小，以多边形铁素体为主，

在晶界的边缘有碳化物析出，在带状组织内含有较多的渗碳体组织以及细小的铁素体颗粒。

采用晶粒分析软件，利用线性测量法[100]将钢板起轧位置和终轧位置的晶粒尺寸分布进行对比，结果如图 6.7 所示。可以发现相同位置起轧点的晶粒平均尺寸都比终轧位置的要大。

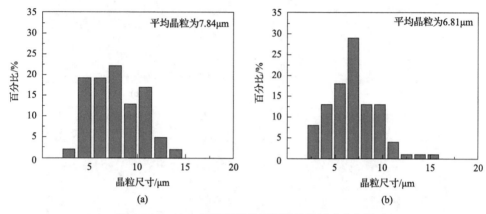

图 6.7　EH40-B 极寒环境船用钢板晶粒尺寸分布图

(a)Lt-t/4；(b)Lw-t/4

图 6.8 为 EH40-C 极寒环境船用钢板的金相组织图。相对于 EH40-A、EH40-B，钢板金相组织仍主要为铁素体加珠光体，晶粒的均匀性得到了大幅提高，虽然也有带状组织出现，但是带状组织之间的间距缩小。与首次轧制钢板明显不同的是，船用钢板轧制的表面组织也是以铁素体和珠光体为主，在带状组织中出现了渗碳体和板条状铁素体和奥氏体组织，这与前面的马氏体加贝氏体结构有很大区别。采用分析软件对晶粒尺寸进行分析，结果如图 6.9 所示，可以发现 EH40-C 钢板晶粒尺寸整体介于 4.26～5.31μm 之间，轧制钢板头部的晶粒尺寸分布相对均匀。

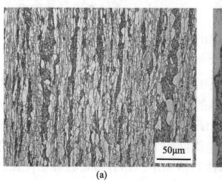
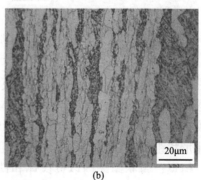

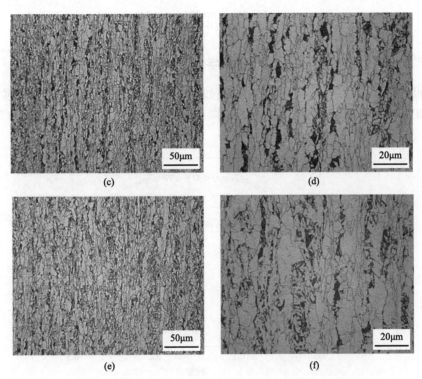

图 6.8　EH40-C 极寒环境船用钢板不同位置金相组织图

(a) Mt-0*t*；　(b) Mw-0*t*；　(c) Mt-*t*/4；　(d) Mw-*t*/4；　(e) Mt-*t*/2；　(f) Mw-*t*/2

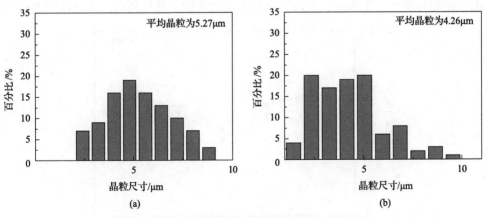

图 6.9　EH40-C 极寒环境船用钢板晶粒尺寸分布图

(a) Mt-*t*/4；　(b) Mw-*t*/4

6.2 极寒环境船用钢力学性能

6.2.1 高硅多合金极寒环境船用钢的力学性能

极寒环境船用钢板的应力应变曲线如图 6.10 所示。船用钢板的屈服强度为 458MPa，而抗拉强度达到 580MPa。试样有明显的屈服点出现，延伸率为 0.26%。具有较好的韧性。

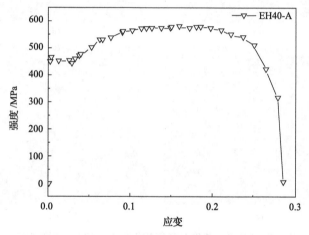

图 6.10　EH40-A 极寒环境船用钢板应变曲线

沿轧制截面测量极寒环境船用钢板的显微硬度如图 6.11 所示。在钢板的表面由于冷却速度快，钢板过冷度高，会有大量碳化物从晶界析出，故显微硬度达到

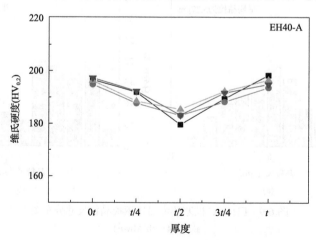

图 6.11　EH40-A 极寒环境船用钢板硬度变化曲线

Hv$_{0.2}$ 200 左右，而由于钢板的心部冷却速度相对于表面要慢，奥氏体转变过程长，铁素体的晶粒相对较大，显微硬度相对表面要低 Hv$_{0.2}$ 20 左右。

图 6.12 为 EH40-A 钢板的低温冲击性能测试结果。可以发现 EH40-A 钢板拥有较好的低温韧性，在 –40℃时其冲击功达到 137J/cm^2，而在–60℃时的冲击功也达到 79J/cm^2。

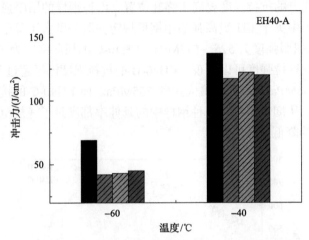

图 6.12　EH40-A 极寒环境船用钢板低温夏比冲击性能测试结果

图 6.13 为 EH40-A 极寒环境船用钢板的 TEM 组织照片。可以发现由于在元素中加入了较多的合金元素，铁素体为主要相，在铁素体的晶粒和晶界区域有颗粒状的碳化物和析出相，尺寸为 10～80nm，这些析出相起到固溶强化和钉扎效应的作用，能够细化晶粒并且增加基体的韧性和强度。

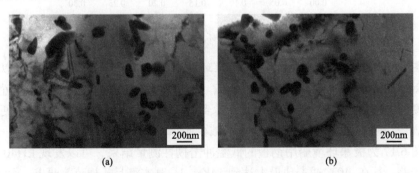

(a)　　　　　　　　　　　　　　　　　(b)

图 6.13　EH40-A 极寒环境船用钢板 TEM 组织分析

根据《材料与焊接规范 2015》对 EH 级高强船用钢板的性能规定，由于 EH40-A 中加入较多的 Si、Cu、Cr、Ni 元素，极寒船用钢板虽然晶粒尺寸较大，但是屈服强度超过了船用钢板的要求，而合金元素的添加量也不满足材料规范的规定，需要对钢板中添加的合金元素进行优化。

6.2.2　低合金极寒环境船用钢力学性能

图 6.14 为低合金极寒环境船用钢板的应力应变曲线。可以发现由于钢样在轧制过程中的热量损失不同，轧制钢板的起轧位置和终轧位置的力学性能略有不同，同种钢样，起轧点的抗拉强度要高于终轧位置。两种钢样的屈服强度均满足 CCS 发布的《规范》中关于 EH 级高强船用钢板规定屈服强度大于等于 390MPa 的要求。EH40-B 的屈服强度为 525～537MPa，EH40-C 的屈服强度为 523～534MPa。对比两种钢样的抗拉强度可以发现，EH40-B 的抗拉强度已经超过了 CCS 关于抗拉强度 510～660MPa 的规定，最大达到 705MPa。而 EH40-C 的抗拉强度则控制在这个范围内，从韧性来看，两种钢样中的延伸率都满足了《规范》要求，其韧性随着 C 含量的降低而升高。

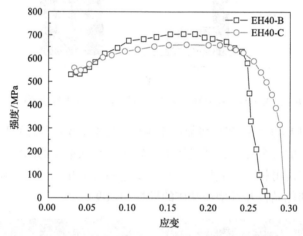

图 6.14　低合金极寒环境船用钢板应变曲线

图 6.15 和图 6.16 为两种低合金极寒环境船用钢板的截面显微硬度。可以发现轧制钢板的表面硬度均大于心部的硬度，起轧位置的硬度也均大于终轧位置的钢板硬度，EH40-B 的表面硬度值最大，达到 $HV_{0.2}300.8$，而 EH40-C 的表面硬度只有 $HV_{0.2}214.9$，平均硬度随着碳含量的减少而降低。

图 6.17 为极寒环境船用钢板的低温冲击韧性测量结果，可以发现 EH40-B 的韧性较差，其在–40℃冲击功最大达到 $54Kv^2/J$，基本满足《规范》要求，而–60℃的冲击功最小只有 $21Kv^2/J$，与《规范》的要求还有一定的差距，而 EH40-C 的低温韧性比较突出，在 –40℃下的低温冲击功最高达到 $141Kv^2/J$，而在–60℃下的最小冲击功也达到 $48Kv^2/J$，完全满足 $39Kv^2/J$ 的要求。

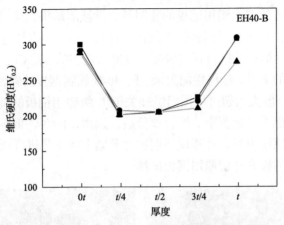

图 6.15　EH40-B 极寒环境船用钢板硬度变化曲线

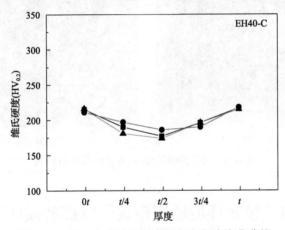

图 6.16　EH40-C 极寒环境船用钢板硬度变化曲线

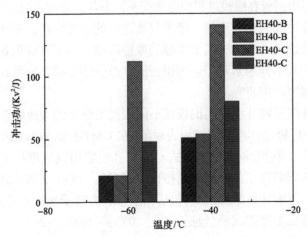

图 6.17　极寒环境船用钢板低温夏比冲击性能测试结果

根据前面所述的三次船用钢板的轧制及力学性能结果，通过与相关单位一起召开了讨论会，将三次船用钢板的轧制情况进行汇报，各位专家经过全面论证后认为 EH40-A 轧制钢板的抗拉强度偏低，且加入过多的 Si、Cr、Ni 元素后，会带来船板生产成本的上升，经济性能欠缺。EH40-B 轧制钢板的碳含量较高，其抗拉强度为 705MPa，已大大超过中国船级社关于 E 级船用钢板的抗拉强度要求，而且低温冲击韧性也不满足要求。综合评价后，选用 EH40-C 低碳微合金化极寒环境船用钢板作为使用材料，并建议后期在此基础上将工艺进行调整优化，图 6.18 为轧制不同厚度的极寒环境船用钢板试样。

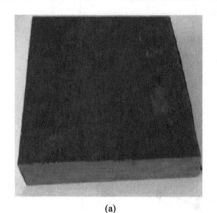

(a)　　　　　　　　　　　　　　　(b)

图 6.18　不同厚度的极寒环境船用钢板样板

6.3　极寒环境船用钢板的摩擦磨损性能

极寒环境船用钢板在服役过程中会承受不同条件、载荷、温度下的摩擦磨损，比如船板与设备之间的摩擦磨损，船体与冰之间的摩擦磨损，船体在不同海域、不同季节与船上设备、海冰、码头设施的摩擦磨损。为了测试极寒环境船用钢板的摩擦性能，探索不同因素对于船用钢板的摩擦性能影响，需要开展极寒环境船用钢板的摩擦腐蚀性能研究。

本节主要开展极寒环境船用钢板在不同服役条件下的摩擦磨损性能研究，以新轧制的 EH40-C 极寒环境船用钢板为对象，在 UMT-3 型 TriboLab 往复式滑动摩擦磨损试验机上，利用球-面接触模式对极寒环境船用钢板进行了一系列摩擦试验，其中包括不同载荷条件下的干摩擦试验(包括：10N、20N、30N、50N)，三种不同环境介质下的液体摩擦试验(包括：空气、去离子水、人造海水)以及四种不同环境温度的低温摩擦试验(包括：5℃、0℃、-10℃、-20℃)。利用扫描电子显微镜(SEM)、显微硬度计、白光干涉仪、金相显微镜、X 射线衍射分析仪等分析测试设备对磨损前后样品进行表征分析。另外，运用 Abaqus 有限元分析软件建立球-板接触的摩擦磨损有限元分析模型，将相关摩擦学参数输入模型，分析极寒环境船用钢板的接触应力、变形曲线并将其与实际实验结果进行对比，为极寒环境船用钢板的摩擦研究提供数学计算模型。

6.3.1　极寒环境船用钢板的摩擦接触模型

根据泰勒理论[118]，在本书中，采用的摩擦副为 Al_2O_3 球与极寒环境船用钢板，当两者接触时，会发生如图 6.19 (a) 所示的接触变形，摩擦力 F 与摩擦副之间的实际接触面 A_r 和球与平面之间的剪切应力 τ_f 有关，因此有如下公式：

$$F = \tau_f A_r \tag{6.2}$$

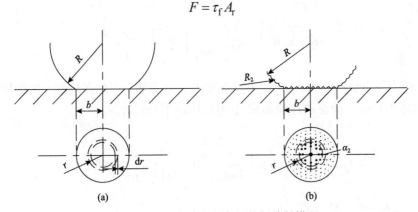

图 6.19　球与极寒环境船用钢板接触模型

(a) 不考虑粗糙度的球-板接触模型；(b) 考虑表面粗糙度的球-板接触模型

当对 Al_2O_3 球施加载荷 W 时，如果不考虑接触面的粗糙度，则两者之间的接触面是半径为 b 的圆形，其接触面积为：

$$A_1 = \pi b^2 = k_1 W^{2/3} \tag{6.3}$$

式中，k_1 为由接触半径和接触材料的材料特性决定的常量。

根据赫兹接触理论，当两者之间发生弹性变形时，对于半径为 r 区域的宽度为 dr 的圆环，其受到的载荷为：

$$\delta W = \frac{2}{3} \frac{W^{\frac{1}{3}}}{k_1} \left(1 - \frac{r^2}{b^2}\right)^{\frac{1}{2}} 2\pi r dr \tag{6.4}$$

但是接触面实际都为非理想曲面，有一定的粗糙度，把实际接触区域按如图 6.19 (b) 所示将摩擦副表面的突点变成均匀分布的半径为 R_2 的圆弧进行处理（$R_2 \ll$

R)，凸点在单位面积内分布的数量为 m。由于 R_2 的尺寸远小于 R，因此加载到球上的总载荷 W 没有变化，而式(6.4)所计算的环状载荷则加载到环状内的 q 个凸起点上，每个凸起点承受的载荷 W_2 为：

$$q = m_2 \pi r d \tag{6.5}$$

$$W_2 = \frac{\delta W}{q} = \frac{2}{3} \frac{W^{\frac{1}{3}}}{mk_1} \left(1 - \frac{r^2}{b^2}\right)^{\frac{1}{2}} \tag{6.6}$$

每个接触点的接触面积 α_2 为：

$$\alpha_2 = \kappa_2 W_2^{\frac{2}{3}} = \kappa_2 \left(\frac{2}{3mk_1}\right)^{\frac{2}{3}} W^{\frac{2}{9}} \left(1 - \frac{r^2}{b^2}\right)^{\frac{1}{3}} \tag{6.7}$$

式中，κ_2 为与点状凸起半径 R_2 相关且正比于 k_1 的常数。因此在接触环内的接触面可以等效为 $q\alpha_2$。而总的接触面积 A_2 可以用以下公式计算：

$$A_2 = \int_{r=0}^{r=b} q\alpha_2 = k_2 \left(\frac{2}{3mk_1}\right)^{\frac{2}{3}} W^{\frac{2}{9}} \int_0^b \left(1 - \frac{r^2}{b^2}\right)^{\frac{1}{3}} m 2\pi r dr \tag{6.8}$$

令 $r = b\sin\theta$，则

$$A_2 = k_2 \left(\frac{2}{3mk_1}\right)^{\frac{2}{3}} W^{\frac{2}{9}} 2\pi b^2 \int_0^{\frac{1}{2}\pi} \cos^{\frac{5}{3}}\theta \sin\theta d\theta \tag{6.9}$$

将式(6.9)代入式(6.8)可得：

$$A_2 = k_2 m \left(\frac{2}{3mk_1}\right)^{\frac{2}{3}} W^{\frac{2}{9}} \frac{3}{4} k_1 W^{\frac{2}{3}} = k_3 W^{\frac{8}{9}} \tag{6.10}$$

其中，

$$k_3 = \frac{3}{4} k_2 \left(\frac{2}{3}\right)^{\frac{2}{3}} (k_1 m)^{\frac{1}{3}} \tag{6.11}$$

根据理论力学[124]可知，当球与板接触时，接触应力可以通过以下公式进行计算：

$$\sigma_{\max} = \frac{1}{\pi} \sqrt{6F \left[\frac{\left(\dfrac{1}{R}\right)}{\left(\dfrac{1-v_1^2}{E_1}\right) + \left(\dfrac{1-v_2^2}{E_2}\right)} \right]^2} \tag{6.12}$$

式中，F 为法向载荷；R 为 Al_2O_3 球的半径；v_1 为 Al_2O_3 球的泊松比；v_2 为极寒环境船用钢板的泊松比；E_1 为球的弹性模量；E_2 为极寒环境船用钢板的弹性模量。在接触模型中，k_1 的值与 Al_2O_3 球的材料、板的材料及球的形状有关以及与板和球的硬度相关，因此有：

$$k_1 = k_H k_E k_v \tag{6.13}$$

式中，k_H 为摩擦副硬度相关系数；k_E 为摩擦副弹性模量系数；k_v 为泊松比系数。

在本接触模型中，Al_2O_3 球的硬度为 $HV_{0.2}2200$，极寒环境船用钢板的表面硬度取为 $HV_{0.2}220$，因此定义：

$$k_H = k_\alpha \frac{H_{球}}{H_{板}} = k_\alpha \frac{2200}{220} = 10k_\alpha \tag{6.14}$$

Al_2O_3 球的弹性模量为 390GPa，极寒环境船用钢板的弹性模量为 210GPa，因此定义：

$$\kappa_E = \kappa_b \frac{极寒环境船用钢板弹性模量}{Al_2O_3弹性模量} = \kappa_b \frac{210}{390} = 0.5385\kappa_b \tag{6.15}$$

Al_2O_3 球的泊松比为 0.2，极寒环境船用钢板的弹性模量为 0.24，因此定义：

$$\kappa_v = \kappa_c \frac{极寒环境船用钢板泊松比}{Al_2O_3泊松比} = \kappa_c \frac{0.24}{0.2} = 0.12\kappa_c \tag{6.16}$$

κ_2 为与接触面区域表面微观形貌相关的系数，根据前面的实验研究可以发现 Al_2O_3 球与极寒环境船用钢板的干摩擦行为与环境温度、接触表面粗糙度、过渡层、表面硬化层有关，因此本书中将 κ_2 系数进一步细化如下：

$$\kappa_2 = \kappa_{Tem} \kappa_{Rough} \kappa_S \tag{6.17}$$

式中，κ_{Tem} 为环境温度影响系数；κ_{Rough} 为接触面表面粗糙度影响系数；κ_S 为相对移动速度影响系数。

根据船用低温钢板与 Al_2O_3 球随着环境温度变化的磨痕截面变化情况，以及空气中的水蒸气的干扰因素，将 κ_{Tem} 定义如下：

$$\kappa_{\text{Tem}} = \frac{\kappa_{\text{d}}T}{273.15} \tag{6.18}$$

式中，T 为热力学温度，K。

在球与表面接触过程中，接触面的表面粗糙度是动态变化的，与接触材料的特点、环境温度、表面磨损的机理有很大关系，在本书中，初步将接触面表面粗糙度影响因素定义如下：

$$\kappa_{\text{Rough}} = \kappa_{\text{e}}R_{\text{a}} \tag{6.19}$$

式中，R_{a} 为接触面的综合表面轮廓算术平均差，μm。

根据 J.F.Archard 的相关理论，对于 Al_2O_3 球与极寒环境船用钢板的干摩擦接触模型中，在弹性变形条件下，摩擦力 F、接触面积 A、载荷 W 之间有如下关系：

$$A \propto W^{0.72\pm0.02}$$

$$F \propto W^{0.76\pm0.01} \tag{6.20}$$

因此可以推定弹性接触中，在给定的条件下，摩擦力 $F \propto A$，而摩擦有 $F = \mu W$，所以有：

$$\mu \propto \frac{A}{W} \tag{6.21}$$

由式(6.20)、式(6.21)可以得到：

$$\mu \propto \frac{A}{W} \propto \frac{K_2 W^{\frac{9}{8}}}{W} \propto k_2 \propto \frac{3}{4}\kappa_2\left(\frac{2}{3}\right)^{\frac{2}{3}}(k_1 m)^{\frac{1}{3}} \tag{6.22}$$

所以有：

$$\mu \propto 0.5723\kappa_{\text{Tem}}\kappa_{\text{Rough}}\kappa_{\text{S}}(k_1 m)^{\frac{1}{3}} \tag{6.23}$$

$$\mu \propto 0.5723\kappa_{\text{Tem}}\kappa_{\text{Rough}}\kappa_{\text{S}}(0.6462\kappa_{\text{a}}\kappa_{\text{b}}\kappa_{\text{c}}m)^{\frac{1}{3}}$$

$$\propto 1.808634\times10^{-3}\kappa_{\text{d}}T\kappa_{\text{e}}R_{\text{a}}\kappa_{\text{S}}(\kappa_{\text{a}}\kappa_{\text{b}}\kappa_{\text{c}}m)^{\frac{1}{3}} \tag{6.24}$$

式中，κ_{a}、κ_{b}、κ_{c}、κ_{d}、κ_{e} 分别对应氧化铝球与极寒环境船用钢板摩擦副之间的硬

度影响系数、弹性模量影响系数、泊松比影响系数、环境温度影响系数、粗糙度影响系数。T 为实验环境温度影响系数；R_a 为接触表面综合表面轮廓算术平均差系数；κ_S 为摩擦副之间的相对移动速度系数。

在氧化铝球与极寒环境船用钢板的接触模型中，由于材料的硬度、泊松比、弹性模量、粗糙度相对固定，而且在前期的干摩擦实验中只是进行了速度、载荷、环境温度三个变量的调整，以上参数对于 κ_a、κ_b、κ_c、κ_e 的影响相对固定，可以将接触模型综合系数用 κ_M 代替，故有：

$$\mu \propto 1.808634 \times 10^{-3} \kappa_d \cdot T \cdot R_a \cdot \kappa_S \cdot \kappa_M \tag{6.25}$$

$$\kappa_M = \kappa_a \kappa_b \kappa_c \kappa_e{}^3 m \tag{6.26}$$

进而得知，本摩擦副中摩擦系数主要与表面粗糙度、环境温度、过渡层、移动速度四个因素正相关，极寒环境船用钢板以 20mm/s 和 50mm/s 的移动速度，载荷为 10N、20N、30N 时，将摩擦力与载荷、摩擦系数与载荷之间的关系进行对比，如图 6.20 所示，可以发现在常温干摩擦条件下，虽然经过实验观察，极寒环境船用钢板在载荷的作用下，钢板发生了部分塑性变形，但是其摩擦系数曲线特征仍与式(6.13)接近，呈现摩擦力与载荷正相关。

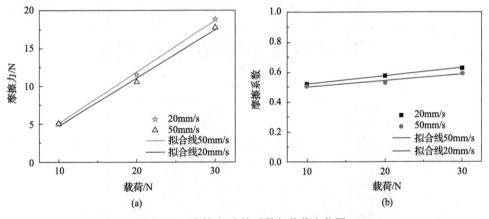

图 6.20　摩擦力/摩擦系数与载荷变化图
(a)摩擦力与载荷变化趋势图；(b)摩擦系数与载荷变化趋势图

为了测试极寒环境船用钢板的摩擦磨损性能，采用试验与有限元分析软件 Abaqus 结合的方法来研究钢板在低温环境下的摩擦学行为，通过实际试样摩擦测试后得到钢板在应力作用下和不同环境温度的摩擦磨损性能，获取材料的关键摩擦性能参数，然后利用 Abaqus 有限元分析软件建立数学模型，通过网格划分和系统计算来获取材料应力分布和变形参数，并将计算结果与实际摩擦磨损结果进行对比，以验证有限元仿真模型的可靠性，从而为极地破冰船的摩擦学行为研究提供新的方法和补充。

根据摩擦磨损试验过程中试验传感器实时记录下的试样所承受的纵向压力 F_z 和切向力 F_x，拟合绘制出如图 6.21(a) 所示的摩擦因数随时间的变化曲线图。由于钢板的初始状态为抛光状态，表面粗糙度较低，接触球和钢板之间与理想的赫兹应力接触状态较为接近，摩擦副之间的摩擦因数较小(普遍低于 0.1)；随着往复摩擦的进行，摩擦因数呈不断增加趋势。当环境温度为 0℃和 20℃时，极寒环境船用钢板的摩擦因数随着摩擦行为的进行逐渐升高，当环境温度降至-20℃时，摩擦因数呈现先升高后降低的趋势，这是由于低温状态下，材料表面温升较慢，黏附磨损出现的概率减少，从而导致摩擦因数降低。为了将仿真输入变量与实际试

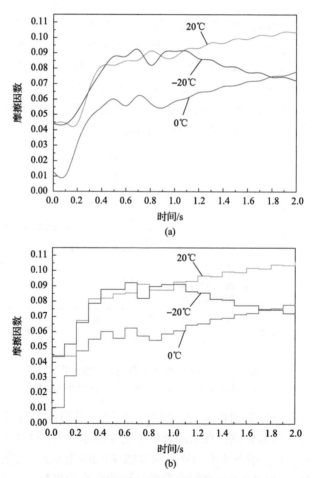

图 6.21　极寒环境船用钢板的摩擦因数曲线图

(a) 处理前；(b) 处理后

验数据尽可能贴合，对图 6.21(a) 的摩擦因数曲线进行分区域均值处理，区域周期为 0.1s，即将试验时间以 0.1s 为单位划分为 20 个区间，此区间的摩擦因数数值均用该区间时段的平均摩擦因数数值代替，处理结果如图 6.21(b) 所示，将表 6.3 所示经过均值处理的摩擦因数结果输入 Abaqus 有限元计算模型。

　　将不同环境温度摩擦试验后的试样磨痕表面轮廓截面曲线采用白光干涉仪进行观察，结果如图 6.22(a) 所示；可以发现，随着环境温度的降低，磨痕的深度和宽度都逐渐增加，在磨痕的两侧会产生凸起，这是由于在 Al_2O_3 球与样品接触的

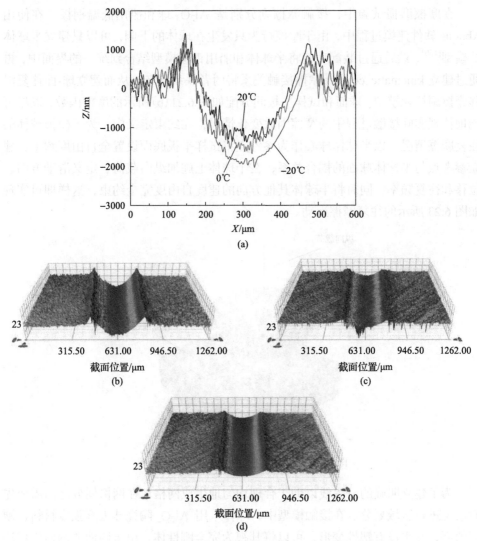

图 6.22　极寒环境船用钢板在不同温度下的表面轮廓曲线

(a) 截面轮廓曲线；(b) 20℃；(c) 0℃；(d) -20℃

初期，摩擦副之间以赫兹接触为主，基体材料在轴向载荷力的作用下产生塑性变形所致。在磨合阶段，摩擦球的往复运动会对基体表面产生微切削作用，在微切削力作用下材料发生疲劳失效而从基体上脱离。

结合图 6.22(b)～(d)的三维轮廓扫描数据可以发现，磨痕表面的粗糙度随着温度的降低也略有降低，磨痕表面变得更加光滑，这是由于温度降低导致接触区域的材料表面硬度提高，摩擦功在接触区产生的热影响降低，进而导致黏附磨损减少。

在摩擦磨损试验中，接触摩擦副分别是 Al_2O_3 球和船用低温钢板，在使用 Abaqus 软件建模过程中，由于摩擦行为只发生在球体的下侧，可以只建立半球体的模型[130]，然后通过装配功能将半球体和船用钢板模型结合到统一的界面中，再通过建立 kinematic contact 摩擦接触关系将两者联系起来，从而建立球-面往复滑移摩擦副接触模型。球面和试样平板间分配如图 6.21(b)所示的摩擦因数，以尽可能地体现实际接触过程中的摩擦因数变化情况；在约束定义中，为了模拟球体的往复摩擦情况，以半球体球心作为参考点将试样平板底面设置全自由度约束，建立参考点与半球体球面的耦合关系；在半球体上施加纵向载荷、定义滑动方向、位移和往复频率，同时将半球体其他方向的速度自由度完全约束，这样即可实现如图 6.23 所示的往复摩擦运动。

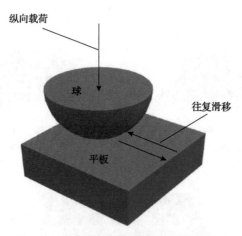

图 6.23　极寒环境船用钢板往复摩擦模型

为了建立明确的分界线以助于合理均匀地生成网格，在网格划分之前需要先对模型进行区域划分。在接触模型中，球体采用 Al_2O_3 陶瓷球为高强度材料，硬度值高，几乎没有塑性变形，可以将其视为完全刚性体。由于四面体网格生成法在计算效率、可靠性以及几何通用性上具有较大优势，因此对半球体采用四面体网格生成法(Tet)。根据半球体的曲面轴对称特点,将半球体平均分割为八个大小一致的四面体;为了更加精细地将极寒环境船用钢板的变形和受力情况进行仿真,相对于四面体单元,六面体单元在数值计算上有计算精度高、网格划分数量更少等优势,考虑到船用钢板的数值仿真结果对于实际试验具有相当重要的参考价值,对船用钢板模型采用了六面体网格生成法(Hex)。

网格划分的密度与整体模型及仿真结果有着紧密的关系,尤其是与接触区域相邻的网格,相对较小的网格可以更好地反应材料的应力应变情况。对于材质硬度较大的半球体选择网格尺寸从对磨中心开始由 35μm 逐渐扩大至 2mm,船用钢板的网格单元则由对磨区域中心开始从约 54μm×72μm×83μm 逐渐扩大至约 263μm×458μm×478μm,网格划分结果如图 6.24 所示,通过这种网格划分方法,可以较好地平衡仿真计算时间与网格单元应力应变仿真结果的准确度。

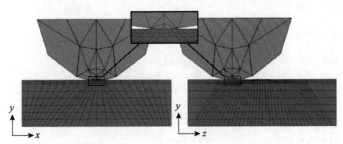

图 6.24　往复摩擦模型的网格划分

在 Abaqus 的 Property 模块中定义了四种材料,性能参数如表 6.3 所示,Al_2O_3 陶瓷球在不同温度下与钢板的摩擦因数根据图 6.21(b)处理的结果进行设置,数值如表 6.4 所示;根据钢材力学性能随温度降低变化情况定义极寒环境船用钢板在不同温度下的参数,将 Al_2O_3 陶瓷力学性能参数赋给半球体,将极寒环境船用钢板在 0℃、20℃、−20℃的性能参数分三次赋给船用钢板模型,并在其他条件相同的情况下进行仿真计算。

表 6.3　接触模型中的性能参数

材料	密度 /(kg/m³)	热导率 /[W/(m·K)]	热膨胀系数 /K⁻¹	弹性模量/GPa	泊松比	屈服强度 R_{eH} /MPa
Al_2O_3 陶瓷	3920	25	$8.5×10^{-5}$	340	0.220	2 200
钢板(20℃)	7886	47	$1.17×10^{-5}$	207	0.269	440
钢板(0℃)	7890	47	$1.17×10^{-5}$	209	0.269	452
钢板(−20℃)	7894	47	$1.17×10^{-5}$	211	0.269	466

表 6.4　均值处理后的摩擦因数

时间/s	温度/℃		
	20	0	−20
[0.1, 0.2)	0.0444	0.0103	0.0437
[0.2, 0.3)	0.0441	0.0312	0.0519
[0.3, 0.4)	0.0673	0.0475	0.0660
[0.4, 0.5)	0.0816	0.0551	0.0787
[0.5, 0.6)	0.0820	0.0602	0.0879
[0.6, 0.7)	0.0849	0.0558	0.0879
[0.7, 0.8)	0.0855	0.0625	0.0922
[0.8, 0.9)	0.0913	0.0574	0.0821
[0.9, 1.0)	0.0875	0.0545	0.0898
[1.0, 1.1)	0.0874	0.0587	0.0911
[1.1, 1.2)	0.0928	0.0608	0.0913
[1.2, 1.3)	0.0931	0.0646	0.0864
[1.3, 1.4)	0.0967	0.0654	0.0856
[1.4, 1.5)	0.0963	0.0685	0.0815
[1.5, 1.6)	0.0994	0.0691	0.0811
[1.6, 1.7)	0.0990	0.0716	0.0775
[1.7, 1.8)	0.1018	0.0723	0.0774
[1.8, 1.9)	0.1014	0.0750	0.0745
[1.9, 2.0]	0.1036	0.0755	0.0746

　　图 6.25 为根据上述模型计算在试验环境温度下的接触应力分布云图, 可以发现在球面与钢板接触区域的应力明显较大, 最大应力值在球的顶点与接触面结合区域。将有限元仿真得到的钢板在往复摩擦 2s 的磨痕截面接触应力的分布数值曲线与理论计算的接触应力曲线进行比较, 结果如图 6.26 所示, 在 20℃时, 仿真值与理论值偏差为 13%, 在 0℃时, 偏差值为 6%, 在−20℃时, 偏差值为 7%。

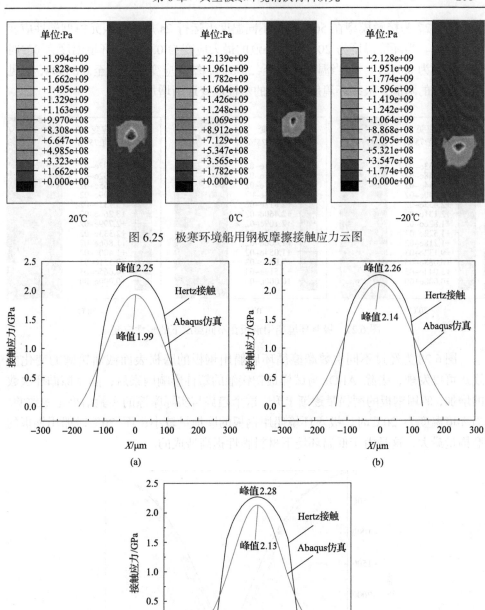

图 6.25 极寒环境船用钢板摩擦接触应力云图

图 6.26 极寒环境船用钢板接触区域的理论应力与仿真接触应力对比

(a)20℃；(b)0℃；(c)-20℃

图 6.27 为接触模型在 50N 载荷不同温度下运行 2s 后的有限元模型塑性应变分布云图。当环境温度为 20℃时，磨痕的最大应变为 0.0365，环境温度为 0℃时最大应变为 0.04217，而当温度降低至–20℃时，塑性应变则提高至 0.05598，可见随着温度的降低，极寒环境船用钢板的塑性应变逐渐增加。

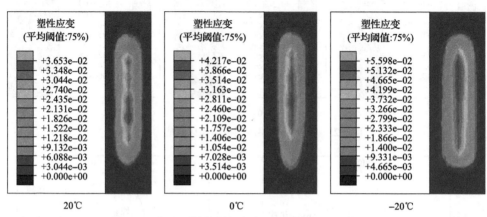

图 6.27　极寒环境船用钢板在不同温度下的塑性应变

图 6.28 为经过不同次数摩擦循环后船用钢板的磨损表面截面轮廓的变化曲线。可以发现，去除 Al$_2$O$_3$ 与试样最初接触的塑性影响因素后，随摩擦循环次数的增加，船用钢板的磨损量逐渐上升，这个趋势与实际摩擦的实验结果是一致的。当环境温度为 20℃时，极寒环境船用钢板的磨损量较小，而–20℃时船用钢板的磨损量最大，这是由于低温环境下材料脆性提高造成的。

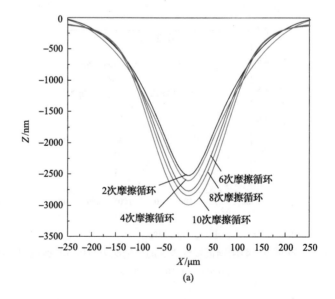

(a)

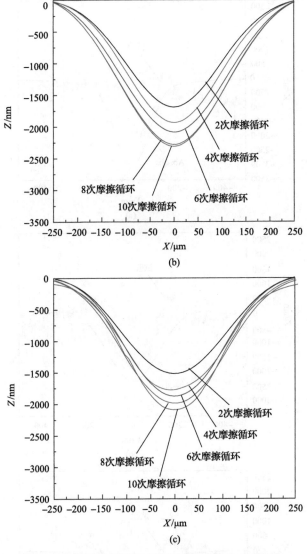

图 6.28　不同磨损循环次数下接触模型的表面轮廓
(a) 20℃；(b) 0℃；(c) −20℃

如图 6.29 所示，将有限元仿真的磨痕轮廓结果与实际磨损试验结果进行对比，可以发现，在环境温度为 20℃、0℃、−20℃时，仿真截面轮廓的峰值与实际磨损试验的峰值误差分别为 18%、13%、3%，随着温度的降低，仿真结果与实际磨损结果越来越接近，这是由于在摩擦力的作用下，船用钢板与球接触时会产生摩擦温升、摩擦转移层和磨屑，这些都会对材料的摩擦行为产生影响，温度越高，这些影响因素对于磨痕截面变形的作用越大，当环境温度为−20℃时，摩擦产生的

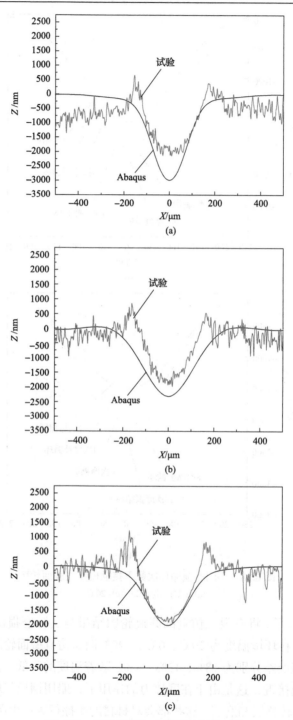

图 6.29　试验数据与有限元结果的对比

(a) 20℃；　(b) 0℃；　(c) -20℃

热向外辐射较快，因此在球与钢板接触的区域受上述因素的影响减少，船用钢板的塑性变形以船用钢板在赫兹接触下的应力变形为主，故其结果更接近于仿真计算的数值。

结合前面建立的 Abaqus 有限元模型，对极寒环境船用钢板在–60℃下的摩擦磨损行为进行仿真，所得的仿真结果如图 6.30 所示。可以发现极寒环境船用钢板在–60℃下的最大接触应力达到 2.245×10⁹Pa，经过 10 个循环的磨痕深度为 2981nm，较室温下磨损量大幅增加，最大应变达到 0.11。通过该有限元模型的分析，可以有效地预测极寒环境船用钢板在–60℃下的摩擦磨损情况，能够有效地解决实际测试环境搭建困难的现实情况。

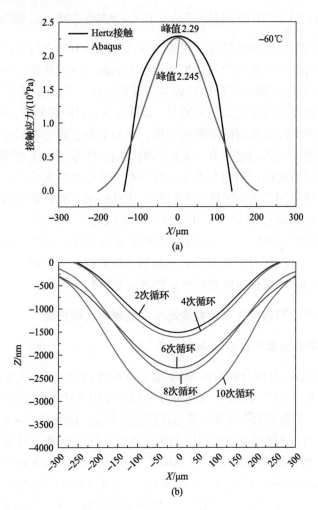

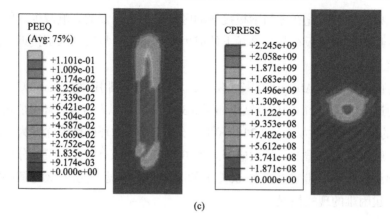

图 6.30　极寒环境船用钢板在-60℃下的摩擦磨损有限元分析结果

　　通过对钢板在不同环境温度、载荷 50N 下与 Al_2O_3 球进行摩擦磨损试验，并将试验过程中得到的摩擦因数与船用钢板在不同温度下的硬度、屈服强度等参数输入到 Abaqus 有限元仿真软件进行数学建模和仿真计算，对比有限元模拟计算与接触磨损试验过程中的应力和变形情况，结果表明：相同载荷下，Al_2O_3 球与船用低温钢板的磨损量随着温度的降低而增加，摩擦磨损过程存在的温升、过渡层、磨屑对于摩擦磨损行为的进行有一定的影响作用，依靠赫兹接触建立的有限元接触模型，采用区域化的网格划分方法，将摩擦磨损过程的实验参数输入到数学模型中，能够计算船用低温钢板的应变情况，仿真结果与实际磨损结果有一定的误差，且该误差随着温度降低而减小，该模型可以有效地预测极寒环境船用钢板在 -60℃下的摩擦磨损行为。在后期的摩擦磨损实验中，可以考虑将温升、表面粗糙度、磨屑、过渡层对于船用低温钢板的摩擦磨损行为因素输入有限元分析模型中，为材料的摩擦磨损研究提供更好的理论分析技术方法。

6.3.2　极寒环境船用钢板在不同盐度海水中的摩擦磨损性能

6.3.2.1　摩擦系数和磨损量分析

　　摩擦系数是表征低碳合金钢和 Al_2O_3 磨球在不同 Cl^- 浓度(0~1.2mol/L)溶液中摩擦特性的一个重要特征。图 6.31(a)显示了钢样在不同质量分数盐溶液中的摩擦系数随时间的变化，摩擦系数在摩擦开始迅速达到稳态值，随后在一定时间间隔内出现幅值的规则波动，这种波动现象可以归咎于磨损碎片的形成。FH36 钢样在不同盐度溶液中的平均摩擦系数从大到小的顺序为 0.38(0mol/L)>0.30(0.3mol/L)>0.25(0.6mol/L)>0.13(0.9mol/L)>0.10(1.2mol/L)。与低 Cl^- 离子浓度溶液相比，在高 Cl^- 浓度溶液中表现出了良好的润滑性，摩擦系数随着海水盐度的上升而下降。这有两个原因，一是摩擦的同时发生了腐蚀行为，协同作用下会产生更多的腐蚀产物，在摩擦系统中起到润滑剂的作用，降低了摩擦系数。另一个原因是环境溶液的黏度会随海水中 NaCl 质量分数的增加而变大，钢样与磨球之间存在的润滑水膜的受载能力提高，这增强了润滑效果，导致摩擦系数降低。图 6.31(b)是不同盐浓度下的材料损失，随着盐度的升高损失量不断增加，这与摩擦系数的趋势恰好相反，说明高盐度加速了摩擦腐蚀的耦合作用。

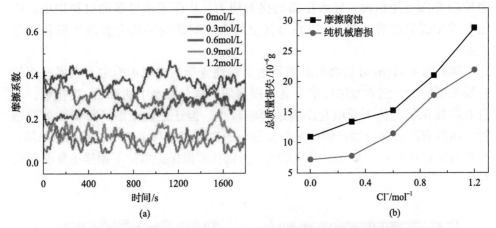

图 6.31　FH36 钢样在不同 Cl 离子浓度海水中的摩擦系数(a)和材料损失(b)

6.3.2.2　磨痕轮廓和形貌分析

图 6.32 为 FH36 钢样在不同质量分数盐溶液中摩擦腐蚀后的磨痕轮廓 3D 图，图 6.33 为其磨痕截面图。观察可知不论是在开路电位还是阴极保护电位下，磨痕轮廓的宽度和深度都随着海水盐浓度的增加而增加，开路电位下不同盐浓度海水中的磨痕宽度依次为 248μm(0mol/L)、295μm(0.6mol/L)和 376μm(1.2mol/L)；相应的阴极保护电位下的磨痕宽度为 187μm(0mol/L)、256μm(0.6mol/L)、323μm(1.2mol/L)，明显小于开路电位下的磨痕宽度。这是由于阴极保护电位的存在，抑制了电化学腐蚀行为，而当钢样处于开路电位时，摩擦腐蚀的耦合作用则会加剧材料损失。

图 6.34 是 FH36 钢样在不同盐浓度下放大 500 倍和 1000 倍的磨痕形貌，其中包括开路电位[图 6.34(a)]和阴极保护电位[图 6.34(b)]两种外加电位环境。观察图 6.34(a)发现在开路电位下，Cl 浓度为 0mol/L 时，磨痕内部出现了裂纹和犁沟，这是由于 Al_2O_3 磨球在对磨过程中对钢样表面产生微切削，部分金属磨屑没有被环境介质带走，呈现与滑动方向平行的犁沟状，是磨粒磨损的典型特征。当 Cl 浓度升高至 0.6mol/L 和 1.2mol/L 时，钢样表面出现了明显的层状剥落、点蚀现象以及腐蚀产物，这是因为 Cl 活性增强和摩擦腐蚀的耦合作用。摩擦行

为促进了上述微裂纹的生长，微裂纹会从表面沿与负载方向成一定夹角向钢样内部扩展延伸，这也为 O 元素和 Cl 元素参与腐蚀扩散提供了通道，环境溶质中的 Cl⁻经扩散作用渗透进基体裂纹中，形成局部电位差，而电位差对电偶腐蚀的影响是首要的，大大促进电化学腐蚀的发生；同时水溶性 O 经过微裂纹扩散进入基体，形成供氧差异腐蚀电池，进一步加剧了腐蚀的发生。此外点蚀使摩擦副界面更加粗糙，导致更高的接触应力，从而带来更多的材料损失，这也与质量损失趋势相符。所以在高盐度海水中的磨损形式为腐蚀磨损和疲劳磨损。

观察图 6.34(b) 可知磨痕表面发生了塑性变形，以犁沟为主。钢样表面氧化层被磨损后，随着盐浓度的升高，裸露的钢样与海水中的活性 Cl⁻接触，尽管在阴极保护电位下受电化学腐蚀影响较小，但还是会增加局部腐蚀的敏感性，所以有磨屑和腐蚀产物的残留。部分游离磨屑转移至磨球上形成微凸体，并在对磨过程中发生硬化，形成犁沟，所以在阴极保护电位下钢样主要受到磨粒磨损。

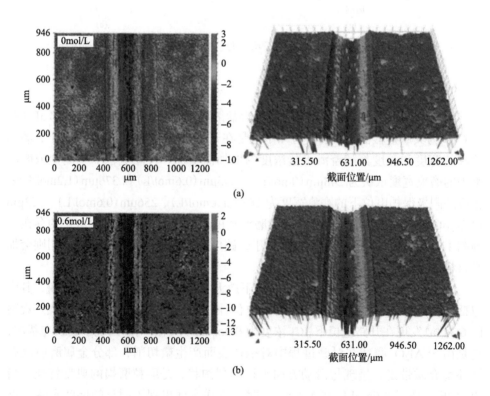

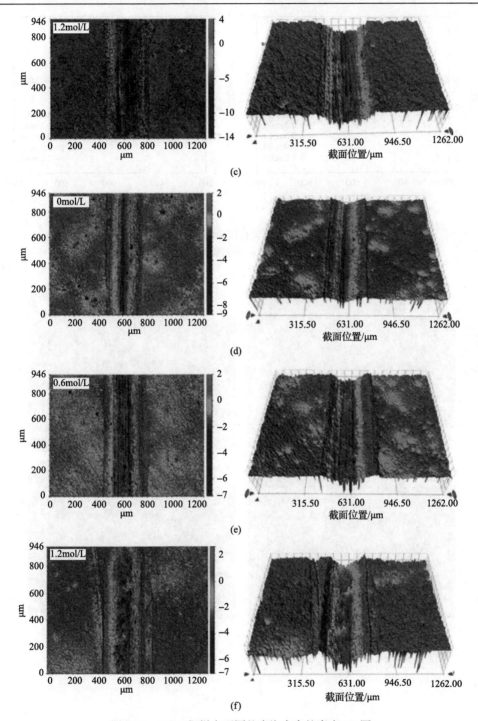

图 6.32　FH36 钢样在不同盐度海水中的磨痕 3D 图

(a)～(c)开路电位；(d)～(f)阴极保护电位

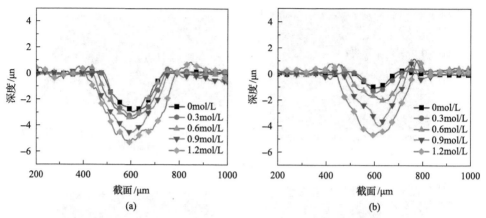

图 6.33　FH36 钢样在不同盐度海水中的磨痕截面轮廓图
(a) 开路电位；(b) 阴极保护电位

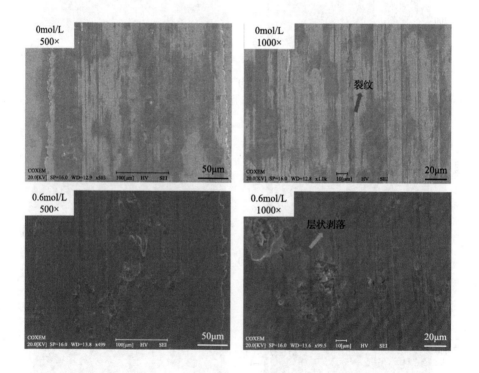

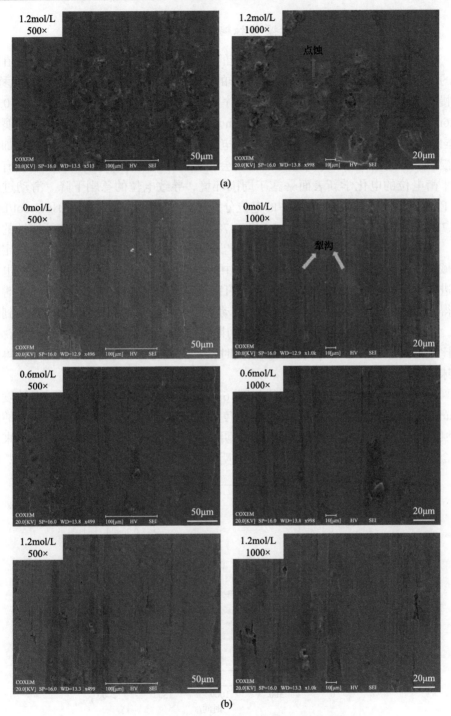

图 6.34　FH36 钢样在不同盐浓度下的磨痕形貌

(a)开路电位下的磨痕形貌；(b)阴极保护电位下的磨痕形貌

6.3.2.3　不同盐度海水中摩擦-腐蚀耦合电化学行为

在摩擦腐蚀试验期间，还对磨蚀系统的电位进行了监测，如图 6.35 所示。在最初的 5min 内，磨球没有滑动，FH36 钢样的开路电位随着 Cl⁻浓度的增加不断负移，缓慢达到平稳值，电位由大至小的顺序为−0.62(0mol/L)>−0.68(0.3mol/L)>−0.70 (0.6mol/L)>−0.71(0.9mol/L)>−0.72(1.2mol/L)，说明高 Cl⁻浓度会增加钢样的腐蚀倾向。一旦滑动摩擦发生，钢样的开路电位迅速下降，且随着摩擦时间的增加而缓慢减小。这是因为 Al_2O_3 磨球的滑动会破坏钢样表面的氧化层，将一个具有较低平衡电位的电化学新表面暴露于周围环境，导致电位的急剧下降。滑动过程中 FH36 钢样在不同盐度溶液中的电位分别降至−0.65(0mol/L)、−0.70(0.3mol/L)、−0.73(0.6mol/L)、−0.76(0.9mol/L)和−0.78(1.2mol/L)，证明摩擦加速了腐蚀的发生。在整个实验中，电位的变化呈现出摩擦腐蚀试验中的典型特征。为了确定纯机械磨损在摩擦腐蚀造成的总材料损失中的作用，在−0.8V(Ag/AgCl)的阴极电位下进行了滑动摩擦实验，该电位低于 FH36 的自腐蚀电位，在摩擦过程中实时监测得到如图 6.36 所示的腐蚀电流图，滑动期间的腐蚀电流为负，表明腐蚀受到限制，材料损失确实是由磨损引起。摩擦初期腐蚀电流的上升与氧化层的破坏有关，在比较不同盐度下 FH36 钢的腐蚀电流时，发现高盐度下的腐蚀电流更大，再次意味着高盐度会加速腐蚀。

FH36 静态腐蚀下的极化曲线如图 6.37(a)所示，值得注意的是，Cl⁻浓度为 1.2mol/L 时的自腐蚀电位和腐蚀电流密度均低于 0.9mol/L，这是因为海水中的溶解氧会随着 NaCl 浓度的升高而降低，阴极发生还原反应所需氧减少，反过来溶解金属的阳极反应也受到阻碍[75]。说明 FH36 钢在 Cl⁻浓度为 0.9mol/L 的

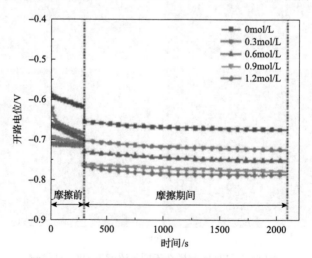

图 6.35　FH36 钢样在不同盐度海水中的开路电位

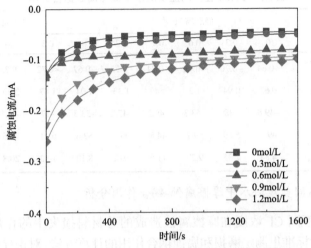

图 6.36　FH36 钢样在-0.8V 阴极电位下磨蚀的腐蚀电流

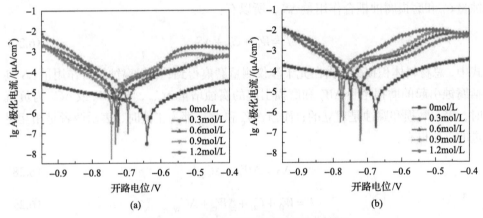

图 6.37　FH36 钢样磨蚀前后的极化曲线

(a) 磨蚀前；(b) 磨蚀后

环境下静态腐蚀最快。从整体来看，当 Cl⁻ 浓度逐步升高，自腐蚀电位随之发生负移，腐蚀电流密度增大。图 6.37(b) 是 FH36 摩擦腐蚀后的极化曲线，也呈现出相似趋势，Cl⁻ 浓度越高，钢样越加速腐蚀。通过 Tafel 外推法拟合了极化曲线，拟合数据如表 6.5 所示。可知当 NaCl 质量分数由 0mol/L 增加到 1.2mol/L，纯腐蚀下 FH36 的电流密度由 $0.62\mu A/cm^2$ 增加到 $1.33\mu A/cm^2$，腐蚀速率由 $4.84\times10^{-3}mm/a$ 增加到 $10.2\times10^{-3}mm/a$；受到摩擦腐蚀协同作用后的腐蚀电流密度和腐蚀速度增幅显著，分别由 $1.04\mu A/cm^2$ 升至 $4.06\mu A/cm^2$，$8.12\times10^{-3}mm/a$ 升至 $31.4\times10^{-3}mm/a$。这些数据进一步证明了 Cl⁻ 浓度的增加导致钢样耐腐蚀性能下降。

表 6.5　FH36 在不同盐度海水中极化曲线拟合数据

Cl^- /(mol / L)	静态腐蚀					摩擦腐蚀				
	0	0.3	0.6	0.9	1.2	0	0.3	0.6	0.9	1.2
E_{corr} / $V_{Ag/AgCl}$	−0.64	−0.70	−0.72	−0.74	−0.73	−0.67	−0.72	−0.75	−0.77	−0.78
i_{corr} / $(\mu A \cdot cm^2)$	0.62	0.94	1.2	1.43	1.33	1.04	1.47	2.96	3.24	4.06
β_c / (mV / dec)	−49.8	−38	−53.3	−49.2	−47.2	−53.5	−57	−72.5	−69.4	−73
β_a / (mV / dec)	49.9	50.9	59.7	44.8	96.7	52.6	61.1	79.6	88.4	64
C - rate(10^{-3} mm /a)	4.84	7.35	9.27	11.6	10.2	8.12	10.3	20.8	23.1	31.4

6.3.2.4　不同盐度海水中摩擦腐蚀-耦合作用分析

为了确定不同 Cl^- 浓度在摩擦腐蚀造成的总材料损失中的作用，本书根据
ASTMG119-09 标准里测定磨损和腐蚀耦合作用的计算方法，对钢样的体积损失量
进行分析。在摩擦腐蚀系统中，总的材料体积损失 T 可以分为纯磨损量 W_0、纯腐
蚀量 C_0 和磨损腐蚀耦合作用量 ΔS，所以有：

$$T = W_0 + C_0 + \Delta S \tag{6.27}$$

式中，总材料体积损失 T 由白光干涉仪测量磨痕得到；磨损腐蚀耦合作用量 ΔS 包
括腐蚀引起的磨损增量 ΔW_c 和磨损引起的腐蚀增量 ΔC_w，当 ΔW_c 或 ΔC_w 为负值
时，表示磨损和腐蚀是对立的；而当 ΔW_c 和 ΔC_w 都为正值时，表示两者是相互促
进的，所以有：

$$\Delta S = \Delta W_c + \Delta C_w \tag{6.28}$$

$$T = W_0 + C_0 + \Delta W_c + \Delta C_w \tag{6.29}$$

同时总磨损量 W 由 W_0 和 ΔW_c 组成，W_0 可以通过阴极保护电位条件下的摩擦
腐蚀实验得到，通常阴极保护电位下的纯腐蚀量忽略不计；总腐蚀量 C 由 C_0 和
ΔC_w 组成，可以通过电化学测得。标准规定当 $\dfrac{\Delta C_w}{\Delta W_c} \geqslant 1$ 时磨损在耦合作用里占主
导，当 $\dfrac{\Delta C_w}{\Delta W_c} < 0.1$ 时腐蚀在耦合作用里占主导，在 $0.1 < \dfrac{\Delta C_w}{\Delta W_c} < 1$ 则起相等作用。
所以有：

$$W = W_0 + \Delta W_c \tag{6.30}$$

$$C = C_0 + \Delta C_w \tag{6.31}$$

此外，标准还用三个无量纲因子，即总耦合因子、磨损作用因子和腐蚀作用因子来描述磨损与腐蚀对总材料损失量的影响程度。

总耦合因子：

$$\frac{T}{T - \Delta S} \tag{6.32}$$

磨损作用因子：

$$\frac{W_0 + \Delta W_c}{W_0} \tag{6.33}$$

腐蚀作用因子：

$$\frac{C_0 + \Delta C_w}{C_0} \tag{6.34}$$

通过表 6.5 中极化曲线拟合数据可知 FH36 钢磨蚀前后的腐蚀速度，且知钢样的密度为 7.88g/cm^3，可得盐浓度由低到高的海水中 FH36 钢样纯腐蚀量依次为 0.11×10^{-6}cm^3、0.16×10^{-6}cm^3、0.21×10^{-6}cm^3、0.26×10^{-6}cm^3 和 0.23×10^{-6}cm^3；磨蚀后的总腐蚀量依次为 0.18×10^{-6}cm^3、0.24×10^{-6}cm^3、0.48×10^{-6}cm^3、0.53×10^{-6}cm^3 和 0.74×10^{-6}cm^3。结合式(6.27)～式(6.31)可得体积损失数据如表 6.6 所示，开路电位下的磨损增量 ΔW_c 从 Cl$^-$ 浓度由低到高的顺序依次为 0.19×10^{-6}cm^3、0.34×10^{-6}cm^3、0.37×10^{-6}cm^3、0.25×10^{-6}cm^3 和 0.07×10^{-6}cm^3；腐蚀增量 ΔC_w 依次为 0.07×10^{-6}cm^3、0.08×10^{-6}cm^3、0.27×10^{-6}cm^3、0.27×10^{-6}cm^3、0.51×10^{-6}cm^3。分析数据和图 6.38 发现，在所有盐浓度海水中 ΔW_c 和 ΔC_w 都为正值，表明磨损与腐蚀之间的耦合作用是相互促进的。且随着盐浓度的升高，总耦合因子并不会一直增大，存在一个限值即 Cl$^-$ 浓度为 0.6mol/L 时达到最大，此时磨损腐蚀耦合作用对材料损失的影响也到达顶峰，其造成的损失量占总材料损失的 31.7%。当 Cl$^-$ 浓度进一步升高至 1.2mol/L 时，尽管腐蚀作用因子不断增大，但是由表 6.7 可知此时磨损在协同作用里占据主导作用，所以总耦合因子也会降低。从总磨损量和总腐蚀量来看，当 Cl$^-$ 浓度为 0mol/L 和 1.2mol/L 时，总磨损量分别占比 86.2%和 78.2%，总腐蚀量分别占比 13.8%和 21.8%，可见磨损还是材料损失的主要形式。

表 6.6　FH36 在不同盐度海水中体积损失数据表

Cl$^-$/(mol/L)	T	W_0	C_0	ΔW_c	ΔC_w	W	C
0	1.3	0.93	0.11	0.19	0.07	1.12	0.18
0.3	1.57	0.99	0.16	0.34	0.08	1.33	0.24
0.6	2.02	1.17	0.21	0.37	0.27	1.54	0.48
0.9	2.53	1.75	0.26	0.25	0.27	2.00	0.53
1.2	3.39	2.58	0.23	0.07	0.51	2.65	0.74

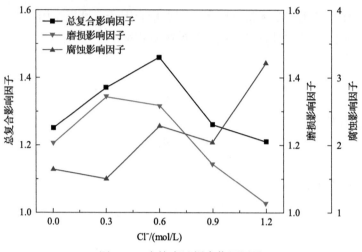

图 6.38　摩擦腐蚀耦合作用因子

表 6.7　摩擦腐蚀耦合作用中的主导因子表

Cl^- / (mol / L)	$\dfrac{\Delta C_w}{\Delta W_c}$
0	0.37
0.3	0.24
0.6	0.73
0.9	1.08
1.2	7.28

6.4　极寒环境船用钢板的腐蚀性能分析

　　与常规船舶一样，冰区加强型船舶不仅仅在极地区域航行，也会航行在全球各地的不同海域，船用钢板也会面临海洋严酷环境下的海水腐蚀问题。海水由复杂的多组分盐溶液组成，含有 Na^+、K^+、Ca^{2+}、Mg^{2+} 等阳离子和 Cl^-、Br^-、HCO_3^-、CO_3^{2-}、F^- 等阴离子。当船用钢板表面受到磨损或者受海洋大气环境作用产生腐蚀时，这些离子易对破坏处产生腐蚀，影响船用钢板的服役性能。本节使用腐蚀失重、SEM 形貌分析、电化学测试等方法对极寒环境船用低温钢板在海水及低温环境下的腐蚀性能进行研究，探索了该钢板在海水及低温环境中的腐蚀性能及其腐蚀机理，以期为其实际服役于冰区船舶提供指导。

　　为保证实验条件的一致性，电化学测试试样使用线切割厚板加工成 10mm×10mm×3mm 的试块，采用 150#、400#、800# 和 1200# 耐水砂纸打磨抛光后，用乙醇和蒸馏水分别超声清洗 10min，待干燥后将背面与铜导线焊接并用环氧树脂封装。

6.4.1　腐蚀实验测试方法

海水全浸试验中使用的模拟海水为 3.5%NaCl 溶液，全浸试验样品为 50mm× 25mm×3mm，分别浸泡在模拟海水中(0d、5d、10d、15d、20d)后取出；为保证试验的准确，每 7 天更换一次浸泡溶液，实验环境温度为(20±0.2)℃。

深冷腐蚀试验中使用的模拟海水同样为 3.5%NaCl 溶液，将试样分为两组，一组采用"先冷后蚀"方式，先放入低温环境箱中保持–80℃低温 3d，另一组采用"同冷同蚀"方式，直接将试样置于 0℃海水中浸泡 6d，并与第一组试样腐蚀结果进行对比。

浸泡完成后用除锈液(500mLHCl+500mL 去离子水+3.5g 六次甲基四胺)除锈，清洗吹干并称量，每组试样采用 3 个平行样，对实验前后的试样经过除锈后用 SartoriusTE124S 天平(精度为 0.1mg)进行称量并记录，根据失重法计算试样的腐蚀速率[134]。实验结束后用 JSM-7500F 型扫描电子显微镜(SEM)观察试样表面腐蚀形貌。

电化学测试在瑞士万通 Autolab 电化学工作站上进行，采用三电极测量体系，Pt 电极为辅助电极，饱和甘汞电极为参比电极(SCE)，经过浸泡的试样作为工作电极(WE)；测量前先将试样放在 NaCl 溶液中静置 30min，待开路电位稳定 1800s 后开始测量。电位扫描范围为：–300～500mV(vs.OCP)，扫描速率为 0.5mV/S。电化学阻抗谱(EIS)测量时，频率范围为 10^5～10^{-2}Hz，激励信号为振幅 10mV 的正弦波，EIS 测试在开路电位下进行，使用 ZSimpWin 软件对阻抗数据进行等效电路拟合分析。

6.4.2　海水环境对极寒环境船用钢板的腐蚀性能影响

6.4.2.1　海水浸泡腐蚀形貌分析

由失重速率(图 6.39)可以发现，极寒环境船用钢板腐蚀速率与时间呈非线性关系。随着腐蚀时间的增加，腐蚀速率有所下降。在浸泡前 5d 期间，材料表面的腐蚀速率最快，达到 1.32mm/a，随着浸泡时间的增加，钢板的腐蚀失重速率降低并趋于稳定，经过 15d 的浸泡后腐蚀速率为 0.68mm/a；浸泡 20d 后，试样的腐蚀速率又略微增加至 0.69mm/a。出现这种现象的原因是由于随着腐蚀行为的发生，金属表面的腐蚀产物分布在试样表面，对基体形成了保护作用，水中的溶解氧渗入基体的阻力增大，腐蚀性离子进一步诱发新腐蚀行为的速度减慢，从而降低了基体的腐蚀速率。

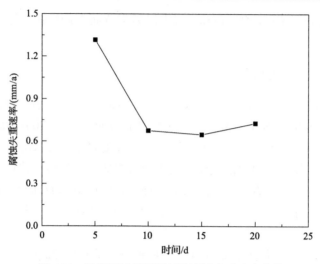

图 6.39　极寒环境船用钢板的腐蚀失重速率曲线

　　为了考察浸泡时间不同对钢板腐蚀行为的影响，使用 SEM 观察在 NaCl 溶液中浸泡不同时间的试样表面形貌，如图 6.40 所示。可以发现，船用低温钢板在浸

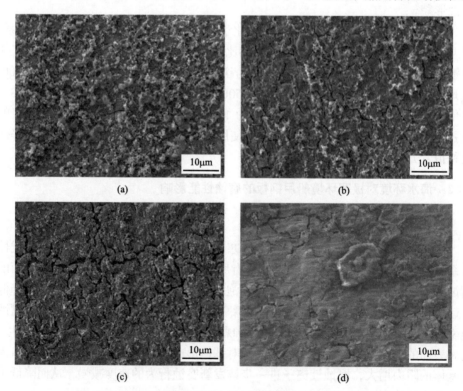

图 6.40　极寒环境船用钢板在不同浸泡时间后的腐蚀产物形貌

(a) 5d；(b) 10d；(c) 15d；(d) 20d

泡 5d 后表面出现均匀腐蚀的形貌，表面粗糙，有腐蚀产物成颗粒状均匀地覆盖在样品表面，腐蚀产物表面偶尔有裂纹出现；随着浸泡时间的增加，腐蚀产物逐渐堆积，基体表面被形成的腐蚀产物完全遮蔽，腐蚀层更加致密，但是在腐蚀层表面经干燥处理后出现较多微小裂纹，在表层还存在少量颗粒状腐蚀产物；浸泡 15d 后，随着腐蚀产物的团聚，在表面形成层状或块状的腐蚀层，表面腐蚀产物层上裂纹数量减少，宽度变宽，表明腐蚀层的厚度增加；经过 20d 浸泡后，在原腐蚀产物层上又出现了新的腐蚀产物层，腐蚀产物层的裂纹减少，表明腐蚀层变得更加致密，在局部区域出现微小腐蚀孔。

　　图 6.41 为将腐蚀层表面的腐蚀产物外锈层超声清洗后的试样表面形貌。从图中可以发现，经过 5d 的浸泡后，表面出现分散的腐蚀产物，部分区域存在着抛光后的划痕；随着浸泡时间的增加，基体表面的腐蚀产物逐渐密集变大，在腐蚀作用开始产生点蚀坑，经过 20d 的浸泡后，表面出现较为致密的且呈区域分布的腐蚀产物，其与基体的结合强度相对较高。

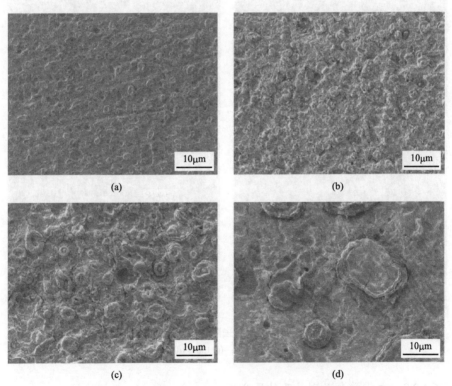

图 6.41　极寒环境船用钢板去除外锈层后的表面形貌
(a) 5d；(b) 10d；(c) 15d；(d) 20d

　　为了进一步观察基体经腐蚀后的形貌，采用除锈溶液对试样表面进行清洗，对去除腐蚀产物的基体表面形貌进行观察可以发现，图6.42(b)中基体钢材中的珠光体和铁素体都发生了腐蚀，但珠光体组织腐蚀较为严重，这可能是因为在金相组织中珠光体是铁素体和渗碳体的共析体，铁素体为贫碳相，渗碳体为富碳相，两者之间由于存在着较大的电位差而形成了腐蚀微电池。在该微电池体系中，阴极相是渗碳体[119]，而铁素体则是微电池的阳极，所以当腐蚀行为发生时会造成珠光体腐蚀较为严重。图6.42(c)中可以发现，在铁素体的边界会出现一些腐蚀坑，这些腐蚀坑的位置与杂质出现的位置相对应，应是由于浸泡后，这些夹杂物溶解脱落所诱发的腐蚀坑，这些腐蚀坑会有碳元素富集形成杂质，其较高的电极电位使之成为阴极，与金属基体接触后组成腐蚀电偶，使该区域的腐蚀速率加快，从而造成点蚀坑的出现。

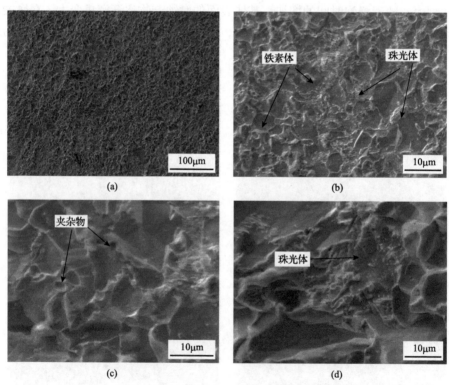

图6.42　极寒环境船用钢板在去除腐蚀产物后的局部放大形貌

(a) 5d；(b) 10d；(c) 15d；(d) 20d

6.4.2.2　电化学参数测量及结果分析

图6.43为极寒环境船用钢板的极化曲线图。通过不同时间的浸泡，自腐蚀电位逐渐负移，浸泡15d后达到最低，在20d后又出现正移现象。浸泡初期阴极

极化曲线斜率大于阳极极化斜率,后期阳极极化斜率增大超过阴极极化斜率。表 6.8 为极化曲线拟合结果,从 0d 到 15d 的浸泡试验过程中可以发现随着水中溶解氧的作用,阴极的吸氧反应逐渐增强,阳极极化斜率 B_a 逐渐从 91.376mV/dec 增加到 415.17mV/dec,而阴极极化斜率 B_c 从 276.72mV/dec 逐渐减弱到 81.167mV/dec,自腐蚀电位从 −649.02mV 逐渐负移至 −791.33mV,自腐蚀电流随着腐蚀行为的发展从 5.4086μA/cm^2 逐渐增大为 18.799μA/cm^2;拟合数据表明经过 15d 的浸泡后,试样的耐腐蚀性能降到最低,而浸泡 20d 后,材料的耐腐蚀性能又略有提高;初步推测在浸泡前期溶液中的溶解氧含量较多,因此阴极极化速率较快;随着溶解氧的消耗以及表面腐蚀产物的堆积会影响到阴极的极化速率和自腐蚀电流,阴极极化速率变慢,主要是由于腐蚀产物起到阻碍作用,阳极极化速率呈现先增大后减小的趋势,阴极极化过程表现出溶解氧还原的极限扩散控制特征。

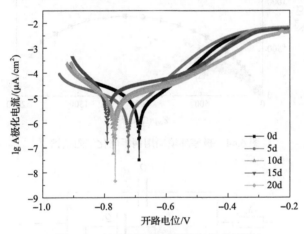

图 6.43　极寒环境船用钢板极化曲线图

表 6.8　极寒环境船用钢板极化曲线拟合结果

T/d	E_{corr}/mV	B_a/(mV/dec)	B_c/(mV/dec)	I_{corr}/(μA/cm^2)	R_p/(Ω·cm^2)	腐蚀速率/(mm/a)
0	−649.02	91.376	276.72	5.4086	5515	0.062848
5	−690.14	96.638	234.84	6.7285	4419	0.078185
10	−791.12	326.92	110.9	9.6851	3713	0.11254
15	−791.33	415.17	81.167	18.799	1568.5	0.21844
20	−765.6	337.68	100.88	8.2941	4067.3	0.096377

图 6.44 为极寒环境船用钢板的电化学阻抗谱,可以发现,随着浸泡时间的增加,阻抗弧呈现先减小后增加的变化。从 Nyquist 曲线可以发现,随着浸泡时间的改变,容抗弧的幅值逐渐减小。将交流阻抗谱采用 ZSimp Win 软件对图 6.45 所示的等效电路图进行拟合得到如表 6.9 所示拟合参数,其中 R_s 为溶液电阻,R_f 为

锈层电阻，Q_f 为等效电容元件，R_{ct} 为电荷转移电阻，Q_d 为双电层电容。随着浸泡时间的增加，R_{ct} 逐渐减少，经过 20d 浸泡后，电荷转移电阻有所增加，同时锈层电阻 R_f 也持续增加，说明溶液与基体的界面腐蚀反应过程中的电荷移动阻力增大。随着水中溶解氧的作用不断增加，腐蚀行为不断加剧，这个规律与极化曲线测试结果基本一致。R_s 溶液电阻随着时间的增加略有降低，表明在反应过程中，随着腐蚀行为的发生，产生了更多的腐蚀产物，因此 R_f 锈层电阻也明显提高。

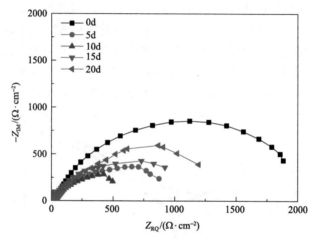

图 6.44　极寒环境船用钢板电化学阻抗谱

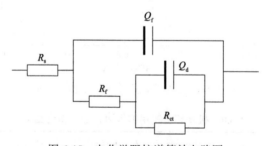

图 6.45　电化学阻抗谱等效电路图

表 6.9　极寒环境船用钢板阻抗谱拟合结果

T/d	$R_s/(\Omega \cdot cm^2)$	Q_f			Q_d		
		$Y_0/(10^{-4}\Omega^{-1} \cdot cm^{-2} \cdot s^n)$	n	$R_f/(\Omega \cdot cm^2)$	$Y_0/(10^{-5}\Omega^{-1} \cdot cm^{-2} \cdot s^n)$	n	$R_{ct}/(\Omega \cdot cm^2)$
0	24.69	6.516	0.8244	20.44	2.473	0.9423	1976
5	24.13	22.79	0.6782	23.44	35.342	0.8504	1330
10	25.215	23.65	0.6005	56.28	377.6	0.7153	1038
15	24.78	135.6	0.9842	124.1	959.4	0.782	845.6
20	22.01	77.4	0.9675	161.6	475.6	0.6807	2162

对试样表面腐蚀产物进行 EDS 分析结果如图 6.46 所示，腐蚀产物以 Fe 元素和 O 元素为主，为进一步确定腐蚀产物的成分，采用软毛刷对浸泡 20d 后的试样进行清理并超声清洗，将清洗产生的腐蚀产物进行清洗并离心分离，再将腐蚀产物冷冻干燥并采用 XRD 进行物相分析，结果如图 6.47 所示，可以发现腐蚀产物由 Fe_3O_4、γ-FeOOH、β-FeOOH 构成，另外还有一些无法被 XRD 区分的非晶物质。研究表明[120]，腐蚀产物层能够阻止基体与锈层间氧元素的扩散，从而使 Fe 无法被完全氧化，在浸泡试验中，最初生成的腐蚀产物为 γ-FeOOH，是一种稀疏的腐蚀产物，与基体的结合力不强，发生的反应如下：

$$\text{阳极：} Fe - 2e^- \longrightarrow Fe^{2+} \tag{6.35}$$

$$\text{阴极反应：} \frac{1}{2}O_2 + H_2O + 2e^- \longrightarrow 2OH^- \tag{6.36}$$

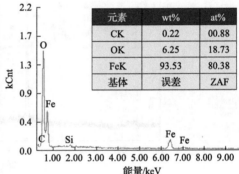

元素	wt%	at%
CK	0.22	00.88
OK	6.25	18.73
FeK	93.53	80.38
基体	误差	ZAF

图 6.46 腐蚀产物表面 EDS 图谱

$$Fe^{2+} + \frac{1}{2}O_2 + H_2O \Longrightarrow Fe(OH)_2 \tag{6.37}$$

$$2Fe(OH)_2 + \frac{1}{2}O_2 \longrightarrow 2FeOOH + H_2O \tag{6.38}$$

γ-FeOOH 在室温下很容易发生反应转换生成 α-FeOOH 和 β-FeOOH，在 γ-FeOOH 与基体之间部分 γ-FeOOH 会生成 Fe_3O_4，反应方程式如下：

$$\text{阳极：} Fe - 2e^- \longrightarrow Fe^{2+} \tag{6.39}$$

$$\text{阴极：} 6FeOOH + 2e^- \longrightarrow 2Fe_3O_4 + 2H_2O + 2OH^- \tag{6.40}$$

极寒环境船用钢板在 3.5%NaCl 溶液腐蚀过程中，在浸泡初期由于基体表面比较光滑，基体中的夹杂物先发生腐蚀，生成微小的点蚀坑，组织中珠光体的存在，也会诱发微电池腐蚀，阳极腐蚀斜率逐渐增大，而阴极极化斜率逐渐减小，自腐蚀电位负移。随着浸泡时间的增长，基体受到腐蚀的区域不断扩散，腐蚀电流逐渐增加，水中的溶解氧越来越多地参与腐蚀反应，从而导致腐蚀产物在基体表面不断堆积，腐蚀反应阳极以 Fe 失电子变为 Fe^{2+} 发生氧化反应为主，由于受到不完全氧化反应，腐蚀产物可以检测出 Fe_3O_4、γ-FeOOH、β-FeOOH，随着腐蚀产物的不断堆积并变得更加致密，极寒环境船用钢板的腐蚀速率逐渐减小，腐蚀过程减缓。

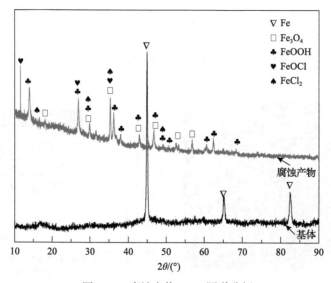

图 6.47　腐蚀产物 XRD 图谱分析

参 考 文 献

[1] Birchon D. The use and abuse of materials in ocean engineering[J]. Proceedings of the Institution of Marine Engineers, 1971, 185（22）: 241-271.

[2] Morgan N. Ocean Environments[M]//Morgan N（ed.）Marine Technology Reference Book. London: Butterworths, 1990: 1-31.

[3] Robert Reuben. Materials in Marine Technology[M]. London: Springer-Verlag, 1994.

[4] 冯士筰, 李凤歧, 李少菁. 海洋科学导论[M]. 北京: 高等教育出版社, 1999: 10-35.

[5] Patel M H. Offshore Structures[M]//Morgan N （ed.）Marine Technology Reference Book. London: Butterworths, 1990.

[6] 司戈. 南极消防探秘[J]. 中国消防, 2011, 366（23）: 52-54.

[7] 孔维栋. 极地陆域微生物多样性研究进展[J]. 生物多样性, 2013, 21（04）: 457-468.

[8] 马红梅, 闫文凯, 程永前, 等. 极地冰川底部微生物多样性及其对气候变化响应的研究概况与前景[J]. 极地研究, 2017, 29（01）: 1-10. DOI: 10. 13679/ j. jdyj. 2017. 1. 001.

[9] 康建成, 王芳, 郑琰明, 等. 南极冰雪圈与全球变化研究——冰盖与全球气候环境记录[J]. 自然杂志, 2005（06）: 351-356.

[10] 张小伟, 康建成, 周尚哲. 极地冰雪环境地球化学指标及其指示意义[J]. 极地研究, 2002（03）: 213-225.

[11] 舒苏. 2011-2018 年南极海冰变化分析[D]. 南京: 南京大学, 2019.

[12] 李欣, 张月, 董琪. 北极海域水文特征变化研究进展[J]. 气象水文海洋仪, 2022, 39（02）: 39-44. DOI: 10.19441/ j. cnki. issn1006-009x. 2022. 02. 014.

[13] Harbron JD. Modem icebreakers[J]. Scientific American, 1983, 249（6）: 53-59.

[14] 沈苏雯. 世界先进科考船技术动向[J]. 中国船检,2011（07）: 54-58, 128, 129.

[15] 刘志兵, 黄嵘, 李志霞, 等. "雪龙" 2 号舱底水系统的设计[J]. 船舶工程, 2020, 42（3）: 80-84.

[16] 崔濛, 刘昕, 张东江, 等. 重型破冰船设计方案分析与综合评估探讨[J]. 舰船科学技术, 2023, 45（03）: 19-26.

[17] КАШКА М М, СМИРНОВ А А, ГОЛОВИНСКИЙ С А, et al. Перспективы развития атомного ледокольного флота[J]. Арктика: Экология и Экономика, 2016（3）: 23.

[18] Wang J, Akinturk A, Brown J, et al. Model tests of the United States coast guard heavy polar icebreaker indicative designs[C]// OTC Arctic Technology Conference. OnePetro, 2018.

[19] Wang J, Millan J, Mcgreer D. Model tests of the new Canadian polar icebreaker （John G. Diefenbaker）[C]// Proceeding of the 11th IceTech. Banff, Canada, 2014.

[20] 黄嵘. 中国极地科考破冰船航行实践和未来极地船型发展建议[J]. 船舶, 2023, 34（01）: 72-79.DOI: 10. 19423/j. cnki. 31-1561/u. 2023. 01. 072.

[21] 师桂杰, 冯加果, 康美泽, 等. 极地海洋工程装备的应用现状及关键技术分析[J]. 中国工程科学, 2021, 23(03): 144-152.

[22] 刘大辉, Gudmestad O T, 白勇, 等. 极地冰区海上钻井平台发展趋势研究[J]. 水利科学与寒区工程, 2019, 2(1): 66-73.

[23] 赵东升, 窦钧, 刘玉君. LNG/LPG 船耐低温材料的焊接发展综述[J]. 船舶, 2019, 30(03): 47-56. DOI: 10. 19423/j. cnki.31-1561/u. 2019. 03. 047.

[24] Kim M H, Lee S M, Lee J M. Fatigue strength assessment of MARK-III type LNG cargo containment system[J]. Ocean Engineering, 2010, 37: 1243-1252.

[25] 宋烨. 低温工程和材料的发展现状[J]. 中国战略新兴产业, 2018, 144(12): 19. DOI: 10. 19474/j. cnki. 10-1156/f.003399.

[26] 胡祎萌, 张浩, 郭风祥, 等. LNG 运输船用低温材料的发展[J]. 应用化工, 2017, 46(07): 1391-1393. DOI: 10. 16581/ j. cnki. issn1671-3206. 20170505. 050.

[27] 芦晓辉, 丁建华, 高珊. 宝钢 LPG 船用低温钢的研制开发[C]//中国金属学会低合金钢分会, 辽宁省金属学会,中信微合金化技术中心. 中国金属学会低合金钢分会第三届学术年会论文集. 2016: 15-24.

[28] 顾俊, 王凡超. 液化气运输船温度场分布研究及钢材匹配[J]. 船舶与海洋工程, 2012(04): 1-5.

[29] 隋月, 包岩, 王志超, 等. 超大型集装箱船的设计优化[J]. 船舶工程, 2015, 37(S1): 23-27, 62. DOI: 10. 13788/j. cnki. cbgc. 2015. S1. 023.

[30] 赵欣, 高茜. 超大型集装箱船全船结构强度分析[J]. 造船技术, 2018, 343(03): 6-12.

[31] 张浩. 超大型集装箱船结构设计研究[D]. 哈尔滨: 哈尔滨工程大学, 2015.

[32] 郎舒妍. 极地船舶发展动态及展望[J]. 船舶物资与市场, 2018(05): 32-34.

[33] 师桂杰, 高大威. 我国极地船舶能力分析与发展建议[J]. 极地研究, 2018, 30(04): 429-438. DOI: 10. 13679/j. jdyj. 20180019.

[34] 孔宪才, 尹宏, 刘志兵, 等. 澳大利亚在建极地科考破冰船"努伊娜"号综合介绍[J]. 船舶标准化工程师, 2021, 54(01): 35-44. DOI: 10. 14141/ j. 31-1981. 2021. 01. 007.

[35] 张羽, 李岳阳, 王敏. 极地破冰船发展现状与趋势[J]. 舰船科学技术, 2017, 39(23): 188-193.

[36] 陈睿童. 极地破冰船发展现状与趋势探究[J]. 船舶物资与市场, 2019(03): 17-18. DOI: 10. 19727/ j. cnki. cbwzysc. 2019. 03. 001.

[37] 叶其斌, 刘振宇, 王国栋.极地船舶用低温钢发展[C]// 中国金属学会, 宝钢集团有限公司. 第十届中国钢铁年会暨第六届宝钢学术年会论文集 II. 冶金工业出版社(METALLURGICAL INDUSTRY PRESS), 2015: 1503-1509.

[38] 秦闯. 极地破冰船用钢低温疲劳性能研究[D]. 镇江: 江苏科技大学, 2019. DOI: 10. 27171/d. cnki.ghdcc. 2019.48.

[39] Tsukada K, Yamazaki Y, Matsumoto K, et al. Development of class 5kgf/mm2 steel for offshore structures and vessels in the arctic-development of OLAC, PART3[J]. Nippon Kokan technical report, 1983(39): 31-41.

[40] 杨恒. 高等级船板钢腐蚀活性夹杂物与耐腐蚀性能研究[D]. 武汉: 武汉科技大学, 2020.

[41] Hang S, Bridges R, Tong J. Fatigue Design Assessment of Ship Structures Induced by Ice Loading[C]. The 21st International Offshore and Polar Engineering Conference. Maui, Hawaii, USA: ISOPE, 2011: 1082-1086.

[42] Riska K, Kämärainen J. A review of ice loading and the evolution of the finnish-swedish ice class rules[J]. Transactions-Society of Naval Architects and Marine Engineers, 2011, 119: 265-298.

[43] 齐奎利. 冰载下极地船舶结构强度评估研究[D]. 上海: 上海交通大学, 2013.

[44] 宋艳平. 极区油船与冰碰撞的非线性有限元仿真研究[D]. 大连: 大连海事大学, 2015.

[45] 吕海娜. EH36 高强度船板 TMCP 工艺优化[D]. 沈阳: 东北大学, 2009.

[46] 中国船级社. 钢质海船入级规范 2022. 第 5 分册[S]. 北京: 中国船级社, 2022.

[47] 中国船级社. 材料与焊接规范 2022[S]. 北京: 中国船级社, 2022.

[48] 陈安福. 高强船钢冲击韧性偏低的原因分析及对策研究[D]. 重庆: 重庆大学, 2006.

[49] 孙杰. A36 高强度钢船体结构用钢的焊接[J]. 现代制造技术与装备, 2007(02): 34-35, 45.

[50] Ma L, Shi L B, Guo J, et al. On the wear and damage characteristics of rail material under low temperature environment condition[J]. Wear, 2017, 394-395.

[51] Yan J, Li W, Ji Y, et al. Mechanical properties of normal strength mild steel and high strength steel S690 in low temperature relevant to Arctic environment[J]. Materials & Design, 2014, 61: 150-159.

[52] Palmer A, Croasdale K. Arctic Offshore Engineering[M]. Singapore: World Scientific Publishing Co. Pte. Ltd., 2012.

[53] Serreze M C. The Arctic climate system[M]. Boulder CO: University of Colorado, 2014.

[54] Elices M, Corres H, Planas J. Behaviour at cryogenic temperatures of steel for concrete reinforcement[J]. ACI J, 1986, 84(3): 405-411.

[55] Lahlou D, AmarK, Salah K. Behavior of the reinforced concrete at cryogenic temperatures[J]. Cryogenics, 2007, 47: 517-525.

[56] Noh M H, Cerik B C, Han D, et al. Lateral impact tests on FH32 grade steel stiffened plates at room and sub-zero temperatures[J]. International Journal of Impact Engineering, 2018, 15: 36-47.

[57] Golioglu E A. Improving the Cold Resistance of 70-100mm Thick Heavy Plates FH40 for Marine Structures Built for Arctic Service[J]. Metallurgist, 2015, 59(5): 1-7.

[58] Choung J, Nam W, Lee D, et al. Failure strain formulation via average stress triaxiality of an

EH36 high strength steel[J]. Ocean Engineering, 2014, 91 (91): 218-226.

[59] José L O, Morales M, Porro J A, et al. Induction of thermo-mechanical residual stresses in metallic materials by laser shock processing[M]. Berlin: Springer Netherlands, 2014.

[60] Zou X, Zhao D, Sun J, et al. An integrated study on the evolution of inclusions in EH36 shipbuilding steel with Mg addition: From casting to welding[J]. Metallurgical & Materials Transactions B, 2017, 49B: 31-39.

[61] Wang Q, Zou X, Matsuura H, et al. Evolution of inclusions during the 1473 K (1200 C) heating process of EH36 shipbuilding steel[J]. Metallurgical & Materials Transactions B, 2017, 49B: 61-65.

[62] Min S H, Jin Ho Kim. Optimization of the CP design in consideration of the temperature variation for offshore structures[J]. Corrosion, 2017, 74 (1): 78-83.

[63] Layus P, Kah P, Gezha V. Advanced submerged arc welding processes for Arctic structures and ice-going vessels[J]. Proceedings of the Institution of Mechanical Engineers Part B Journal of Engineering Manufacture, 2016, 232 (1), 36-43.

[64] 张朋彦, 高彩茹, 朱伏先. 超大热输入焊接用 EH40 钢的模拟熔合线组织与性能[J]. 金属学报, 2012, 48 (3): 264-270.

[65] Cao L, Shao X, Jiang P, et al. Effects of welding speed on microstructure and mechanical property of fiber laser welded dissimilar butt joints between AISI316L and EH36[J]. Metals-Open Access Metallurgy Journal, 2017, 7 (7): 1321-1330.

[66] Yu Y C, Li H, Wang S B. Effect of yttrium on the microstructures and inclusions of EH36 shipbuilding steel[J]. Metallurgical Research & Technology, 2017, 114 (4): 410-421.

[67] Sagaradze V V, Kataeva N V, Mushnikova S Y, et al. Structure and properties of two-layer clad steel used in arctic vessel hull building[J]. Inorganic Materials Applied Research, 2016, 7 (6): 815-823.

[68] 谢强, 陈海龙, 章继峰. 极地航行船舶及海洋平台防冰和除冰技术研究进展[J]. 中国舰船研究, 2017, 12 (1): 45-53.

[69] 李宇, 程刚. 极地航行船舶轮机管理要点探析[J]. 世界海运, 2017 (10): 41-46.

[70] Ryerson C C. Ice protection of offshore platforms[J]. Cold Regions Science & Technology, 2011, 65 (1): 97-110.

[71] Yuan S J, Pehkonen S O. Surface characterization and corrosion behavior of 70/30 Cu—Ni alloy in pristine and sulfide-containing simulated seawater[J]. Corrosion Science, 2007, 49 (3): 1276-1304.

[72] Pan J, Leygraf C, Jargelius-Pettersson R F A, et al. Characterization of high-temperature oxide films on stainless steels by electrochemical-impedance spectroscopy[J]. Oxidation of Metals, 1998, 50 (5-6): 431-455.

[73] Nakashima K, Hase K, Eto T. Development of shipbuilding steel plate with superior low temperature roughness for large heat input welding[J]. Jfe Technical Report, 2015, 53(20): 8-13.

[74] 王雪君, 白秀琴, 袁成清, 等. 船舶机械摩擦学研究进展[J]. 润滑与密封, 2013, 38(04): 113-117, 121.

[75] 严新平, 袁成清, 白秀琴, 等. 船舶摩擦学的发展展望[J]. 自然杂志, 2015, 37(03): 157-164.

[76] Makinen E, Liukkonen S. Friction and hull coatings in ice operations[J]. Friction, 1994, 38: 212-220.

[77] Woolgar R C, Colbourne D B. Effects of hull ice friction coefficient on predictions of pack ice forces for moored offshore vessels[J]. Ocean Engineering, 2010, 37(2-3): 296-303.

[78] ABS. Guide for Ice Load Monitoring System[S]. ABS, Houston, TX, 2011.

[79] Taylor R S, Jordaan I J, Li C, et al . Local design pressure for structures in ice: Analysis of full-scale data[J]. Journal of Offshore Mechanics and Arctic Engineering, 2010, 132: 502-507.

[80] Kujala P, Arughadhoss S. Statistical analysis of ice crushing pressures on a ship's hull during hull-ice interaction[J]. Cold Regions Science and Technology, 2012, 70: 1-11.

[81] Chernov A V. Measuring total ship bending with a help of tensometry during the full-scale in situ ice impact study of icebreaker 'kapitan nikolaev'[C]. Proceedings of the 20th International Conference on Port and Ocean Engineering under Arctic Conditions. Lulea Sweden, 2009, 09: 027-040.

[82] Calabrese S J, Buxton R, Marsh G. Frictional characteristics of materials sliding against ice[J]. Lubrication Engineering, 1980, 36(5): 283-289.

[83] Saeki H, Ono T, Nakazawa N, et al. The coefficient of friction between sea ice and various materials used in offshore structures[J]. Journal of Energy Resources Technology, 1984, 108(1): 65-71.

[84] Cho S R. Study on friction characteristics between ice and various rough plates[C]. The ASME 2015 International Conference on Ocean, Offshore and Arctic Engineering, 2015.

[85] Schulson E M. Brittle failure of ice[J]. Engineering Fracture Mechanics, 2001, 68(17): 1839-1887.

[86] Kietzig A M, Hatzikiriakos S G, Englezos P. Physics of ice friction[J]. Journal of Applied Physics, 2010, 107(8): 4-13.

[87] Formenti F. A review of the physics of ice surface friction and the development of ice skating[J]. Research in Sports Medicine, 2014, 22(3): 276-293.

[88] Nagai Y, Fukami H, Inoue H, et al. YS500N/mm^2 high strength steel for offshore structures with good CTOD properties at welded joints[J]. Energy Journal , 2004, 42: 60.

[89] 陈立人, 张冠军. 国内外钢科技的新进展与石油机械用钢研究[J]. 石油机械, 2005(12): 50-54, 85.

[90] Otani K, Muroka H, Tsuruta S, et al. Development of ultraheavy gauge(210mm thick 800N/mm^2) tensile strength plate steel for racks of jack-up rigs[J]. Nippon Steel Technical Report(Japan), 1993, 58: 1-8.

[91] 陈爱娇, 马光亭, 周平, 等. FH36 耐低温高强度船板钢的试制[J]. 山东冶金, 2011, 33(05): 36-37. DOI: 10.16727/j.cnki.issn1004-4620.2011.05.026.

[92] 杨德云, 杨淼森. 金属学与热处理[M]. 北京: 中国铁道出版社, 2013.

[93] 薛长深. DH36 热轧 H 型钢的开发与研究[D]. 济南: 山东大学, 2013.

[94] 郭文营. 中碳低合金耐磨钢的材料研究与应用[D]. 合肥: 中国科学技术大学, 2016.

[95] Grinberg N A, Livshits L S, Shcherbakova V S. Effect of alloying of ferrite and carbide phase on the wear resistance of steels[J]. Metal Science & Heat Treatment, 1971, 13(9): 768-770.

[96] Cooman D, Bruno C, Estrin, et al. Twinning-induced plasticity(TWIP)steels[J]. Acta Materialia, 2018, 142: 283-362.

[97] 冯端. 金属物理学. 第三卷. 金属力学性质[M]. 北京: 科学出版社, 1999.

[98] Zhao J, Jiang Z. Thermomechanical processing of advanced high strength steels[J]. Progress in Materials Science, 2018, 94: 174-242.

[99] Petch N J. The cleavage strength of polycrystals[J]. Journal of Iron and Steel Research International, 1953, 174(1): 25-28.

[100] Pickering F B. Physical metallurgy and the design of steels[J]. Applied Science, 1978, 32: 63-70.

[101] Buchmayr U. Werkstoff and Productions Technique Mit Mathcad[M]. Heidelberg: Springer Berlin, 2002.

[102] Ranjan R, Beladi H, Singh S B, et al. Thermo-mechanical processing of TRIP-aided steels[J]. Metallurgical & Materials Transactions A, 2015, 46(7): 3232-3247.

[103] Buchmayr B, Degner M, Palkowski H. Future challenges in the steel industry and consequences for rolling plant technologies[J]. BHM Berg and Hüttenmännische Monatshefte, 2018, 163(3): 76-83.

[104] 孙士斌, 杨剔, 王东胜, 等. 硅含量对两相区调质处理的新型船用低温钢摩擦磨损性能的影响[J]. 材料保护, 2020, 53(04): 15-22. DOI:10. 16577/j. cnki.42-1215/tb. 2020. 04. 00.

[105] Zhu X K, Jang S K. J-R curves corrected by load-independent constraint parameter in ductile crackgrowth[J]. Engineering Fracture Mechanics, 2002, 68(3): 285-301.

[106] 李庆芬. 断裂力学及其工程应用[M]. 哈尔滨: 哈尔滨工程大学出版社, 1998: 69-91.

[107] 薛长深. DH36 热轧 H 型钢的开发与研究[D]. 济南: 山东大学, 2013.

[108] 李久林, 高振英. GBT2975—1998 钢及钢产品力学性能试验取样位置及试样制备[J]. 冶金标准化与质量, 1999(5): 35-37.

[109] 王东胜, 王士月, 孙士斌,等. 一种船用低温钢板在干态室温下的往复摩擦特性研究[J]. 表面技, 2017, 46(08): 120-127. DOI: 10. 16490/j. cnki.issn. 1001-3660. 2017. 08. 020.

[110] So H. Characteristics of wear results tested by pin-on-disc at moderate to high speeds[J]. Tribology International, 1996, 29(5): 415-423.

[111] 王元清, 林云, 张延年, 等. 高强度钢材 Q460C 低温力学性能试验[J]. 沈阳建筑大学学报 (自然科学版), 2011, 27(04): 646-652.

[112] American Society for Testing and Materials. ASTM A370-03a, Standard Test Methods and Definitions for Mechanical Testing of Steel Products[S]. ASTM, 2014.

[113] 魏志刚, 魏耀东, 史维良, 等. L245NB 钢的低温力学性能[J]. 金属热处理, 2014, 39(06): 10-14.

[114] 王立平, 刘涛, 常雪婷. "极地环境服役材料与损伤防护" 专题序言[J]. 表面技术, 2022, 51(6): I 0006.

[115] 张艳, 曹荐. NSB 耐蚀钢在 NaCl 溶液干湿交替作用下的电化学腐蚀行为[J]. 宽厚板, 2015, 21(3): 32-35.

[116] Suzumura J, Sone Y, Ishizaki A, et al. In situ X-ray analytical study on the alteration process of iron oxide layers at the railhead surface while under railway traffic[J]. Wear, 2011, 271: 47-53.

[117] American Society for Testing and Materials. ASTM G119-09 Standard guide for determining synergism between wear and corrosion[S]. ASTM, 2009.

[118] 蔡泰信, 和兴锁, 朱西平. 理论力学[M]. 北京: 机械工业出版社, 2007.

[119] Zhou D, Chai F, Ding H L, et al. Effect of PH value on corrosion behavior of corrosion resistant steel for cargo oil tank[J]. Journal of Iron and Steel Research. 2016, 28(6): 67-73.

[120] Hiller J. Phasenumwandlungen im rost[J]. Materials & Corrosion, 2015, 17(11): 943-951.